Der praktische Dachdecker

Ein Nachschlage- und Kalkulationsbuch für das gesamte Baugewerbe

Von

Johann Meyer

geprüfter Dachdeckermeister in Wien, gerichtl. beeid. Sachverständiger und Schätzmeister, Fachlehrer an der gewerblichen Fortbildungsschule für Dachdecker in Wien

Zweite, vollständig neu bearbeitete und veränderte Auflage des Österr.-Ungar. Dachdeckermeisters, herausgegeben von der Genossenschaft der Dachdecker in Wien

Mit 38 Abbildungen und 54 Tabellen im Text

Springer-Verlag Wien GmbH 1928

ISBN 978-3-662-27656-3 ISBN 978-3-662-29146-7 (eBook)
DOI 10.1007/978-3-662-29146-7
Softcover reprint of the hardcover 2nd edition 1928

Vorwort

Einer Anregung von mehreren Seiten, insbesondere der Wiener Dachdeckergenossenschaft folgend, habe ich mich entschlossen, das seit einer Reihe von Jahren vergriffene Handbuch „Der österr.-ung. Dachdeckermeister“ einer gründlichen Umarbeitung zu unterziehen.

Die neue Auflage habe ich hierbei so gehalten, daß sie nicht nur für den Dachdecker alles Wissenswerte bringt, sondern auch allen übrigen Baugewerbetreibenden, ja selbst Fernerstehenden (Hausverwaltern usw.) als wertvoller Behelf dienen kann.

Im ersten Teil „Die Arbeiten des Dachdeckers“ beschreibe ich nicht nur die Deckungen, sondern bringe auch Analysen, Materialkunde, Stückzahltabellen, Lattungseinteilungen, Material- und Zeitaufwand, kurz alles, was zur Durchführung und Berechnung der zeitgemäßen Dachdeckerarbeiten erforderlich ist.

Den zweiten Teil „Der Dachdecker als Gewerbetreibender“ werden gewiß alle Fachkollegen besonders begrüßen. Ein kurzer Blick in diesen Abschnitt wird aber den Leser überzeugen, daß dieser Abschnitt auch für jeden anderen Baufachmann von Interesse und Wichtigkeit ist.

Der dritte, an Umfang kleinste Teil „Der Dachdecker als Genossenschafter“ betrifft nur die Dachdecker allein.

Ich hoffe, mit diesem Buch eine empfindliche Lücke auszufüllen und nehme Wünsche und Anregungen für Ergänzungen und Verbesserungen für spätere Auflagen gerne entgegen.

Herrn Ing. Arnold Ilkow sowie Herrn Oberbuchhalter Johann Frühauf sage ich an dieser Stelle für die Unterstützung bei der Arbeit meinen herzlichsten Dank.

Wien, Januar 1928.

Der Verfasser

Erster Teil: **Die Arbeiten des Dachdeckers**

Inhaltsverzeichnis

Tabellenverzeichnis

Zweiter Teil: Der Dachdecker als Gewerbetreibender

Inhalts- und Tabellenverzeichnis

Dritter Teil: Der Dachdecker als Genossenschafter

Inhaltsverzeichnis

Erster Teil

Die Arbeiten des Dachdeckers

Einleitung

Das Wichtigste bei einem Hausbau ist nächst den Fundamenten unzweifelhaft das Dach, denn es dient nicht nur zum Schutz, sondern stellt auch die Krönung des Hauses dar. Jeder Bauherr sollte sich daher vor Augen halten, daß es das zweckentsprechendste und rationellste ist, hiezu nur das beste Material zu verwenden. Aus demselben Grunde ist es Pflicht jedes ordentlichen Dachdeckermeisters, sich nicht immer widerspruchslos zur Verarbeitung jeden Materiales herzugeben, weil dasselbe etwas billiger zu stehen kommt, denn den Schaden hat nicht nur der Bauherr, sondern auch der Dachdecker, der die Arbeit ausführt, weil der Bauherr hernach mit Recht behaupten wird, als Fachmann hätte der Dachdeckermeister wissen müssen, ob das Material dem Zweck entsprechend war oder nicht.

Jeder Dachdeckermeister soll daher trachten, solchen Einfluß bei seinem Bauherrn zu erlangen, daß ein inniges Zusammenarbeiten schon bei der Auswahl des zu verarbeitenden Materiales entsteht, damit die Qualität der Ausführung nicht leidet. Für steile Dächer wird sich leichter jedes Material verwenden lassen als für solche mit geringerer Neigung, bei welchen die Oberfläche des Materials viel glatter sein muß, um ein rascheres Abfließen des Wassers zu erzielen.

Von den zwei Arten von Deckungen:

1. Weiche Bedachungen (leicht brennbare),
2. harte Bedachungen (feuersichere),

ist nur die zweite für den Dachdecker von Interesse, daher wird im folgenden auch nur diese besprochen.

Zu den harten oder feuersicheren Bedachungen gehören die Deckungen mit allen Arten von Dachziegeln (Strang-, Preß- und Doppelfalz-, Hohl-, Mönch- und Nonnenziegel, Zementplatten), Natur- und Kunstschiefer, Holzzement, Preßkies und Dachpappe.

Für Flächen, welche nicht leicht abgedeckt werden können, wie runde Kuppeln, gebogene Mansarden, Erker, sind meist nur ganz kleine Formate von Schiefer oder Biberschwänzen zu verwenden.

Das größte Augenmerk beim Bedachungsmaterial ist immer auf dessen Dichtigkeit zu verwenden, da es besonders bei Dachziegeln sehr häufig vorkommt, daß sie im neuen Zustand wasserdurchlässig sind. Wenn dies in einer nicht gerade übermäßigen Weise der Fall ist, so verschwindet diese Erscheinung in einiger Zeit von selbst, da sich die Poren mit der Zeit durch Staub und Ruß verlegen. Es kann diesem Übelstand aber auch durch künstliche Mittel abgeholfen werden, indem man solche Ziegel mit einer dünnflüssigen Imprägnierungsmasse überstreicht.

I. Das Ziegeldach

1. Gewöhnliche Dachziegel, Flach-, Segmentziegel, Biberschwänze.
2. Hohlziegel (Harken und Preißen), Mönch- und Nonnen-, Pfannenziegel.
3. Strangfalz-, Preßfalz-, Doppelfalz- und Zementfalzziegel.

A. Die Flachziegeldeckung

Zu den Flachziegeln gehören die verschiedenen Formen von Biberschwanzziegeln (in Halbkreis- und Segmentform), facettiert oder gerade abgeschnitten, von welchen die kleineren Formate Schuppenziegel genannt werden, die Rechteckziegel (Wiener Format), auch Taschenziegel oder Dachplatten genannt, die gotische Form (Fünfeckziegel) usw.

Gute Flachziegel müssen leicht, wetterbeständig, vollkommen eben, frei von Feuerrissen, hellklingend, möglichst gleichfarbig sein. Die Güte erkennt man an hellem Klang, geringem Wasseraufsaugungsvermögen und einer von Sprüngen und Haarrissen freien Oberfläche.

Die Entfernung der Dachsparren voneinander darf bei schweren Ziegeldächern nur zwischen 0,90 bis 1,25 m wechseln.

Die zirka 4 × 6 cm starken Latten erhalten eine Länge von 6 bis 7,50 m. Die unmittelbar am Firste liegende Latte wird nur höchstens 5 cm von der Kante entfernt, bzw., wenn ein Polsterholz zur Befestigung der Hohlziegel angebracht wird, knapp an demselben befestigt, damit die den First abschließenden Hohlziegel die letzten Scharen Flachziegel so weit als möglich übergreifen.

Man unterscheidet hauptsächlich dreierlei Eindeckungsarten mit Flachziegeln, und zwar: I. Das Spließdach; II. das Doppeldach; III. das Kronen bzw. Ritterdach.

1. Das Spließdach

Dasselbe verlangt eine Dachneigung von 35 bis 45°, eine Sparrenweite von 110 bis 125 cm.

Die Eindeckung kann mit jeder Flachziegelgröße und Form geschehen.

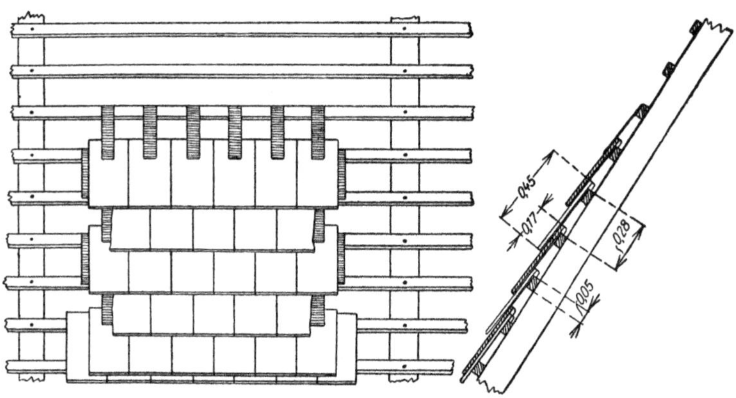

Abb. 1. Das Spließdach

Das Maß der Überdeckung soll mindestens 12 cm, jedoch nicht mehr als die halbe Länge der Ziegel betragen. Bei einer Dachneigung unter 45° soll der Übergriff mindestens 15 cm sein.

Bei Dachziegeln normaler Größe von 45 × 21 cm würde die Lattenteilung bei einer Eindeckung von 12 bis 22 cm Übergriff 23 bis 33 cm betragen, wovon jedoch meistens 26 cm als Regel gelten.

Mit Ausnahme der untersten und der obersten Reihe, die eine Doppelschar Dachziegel tragen, trägt jede Latte nur eine Schar.

Die Spließen, die eine Länge gleich der Ziegellänge und eine Breite von 5 bis 6 cm haben, können aus Holz, Blech oder Pappe bestehen und werden unter die Stoßfugen geschoben.

Diese Art der Deckung ist jedoch selbst bei der sorgfältigsten Ausführung niemals ganz dicht, weshalb sie bei besseren Bauten (wie Wohnhäusern) nicht angewendet wird. Siehe Abb. 1.

2. Das Doppeldach

Diese Deckung ist ebenfalls mit jedem Flachziegel durchführbar.

Die Dachneigung soll möglichst 45°, nicht aber weniger als 28°, betragen. Sparrenweite 90 bis 110 cm von Mittel zu Mittel, bei genügender Versteifung, je nach der Sparrenlänge, da dieses Dach sehr schwer ist. Die *Übergreifung soll mindestens 5 bis 7 cm betragen.*

Die Lattenteilung (Weite) ergibt sich nach Abzug der verlangten Übergreifung aus der Hälfte des übrigbleibenden Längenmaßes der zur

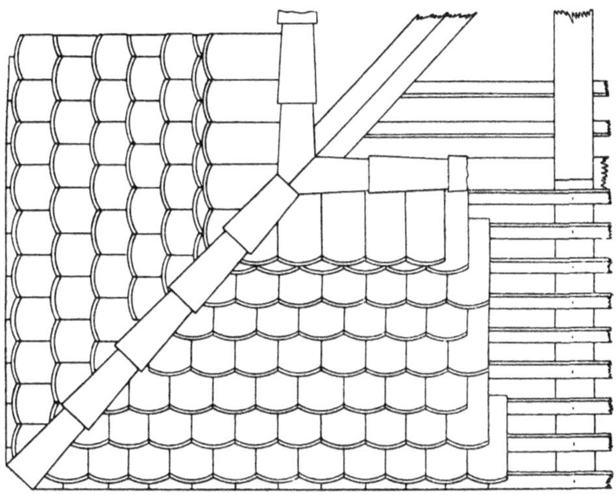

Abb. 2. Das Doppeldach

Verwendung gelangenden Ziegel, z. B. bei Normalziegel von 45 cm Länge, bei einer Überdeckung von 7 cm . 45 cm ab 7 cm — 38 cm, daher zur Hälfte 19 cm Lattenteilung.

Die Ausführung kann verschieden sein, je nachdem jeder Ziegel ganz in Mörtel oder das Dach nur an den Rändern (Fuß, First, Ort, Ichsen und Fenstersäumen) auf zwei Ziegel breit in Mörtel verlegt wird oder wo auch diese Teile vollkommen trocken verlegt bzw. genagelt werden.

Flächen oder Einfassungen, welche in Mörtel verlegt sind, werden nach den hierorts üblichen Gepflogenheiten mit ihrer vollen inneren Fläche in Mörtel eingebettet (eingerieben), wobei darauf zu achten ist, daß der Mörtel an den Stoßfugen beim Anstoß richtig austritt (ausspeit), um keine leeren Räume (sogenannte Schwell-Larsen) zu erhalten, weil dort immer das Wasser eindringen würde.

Der Hoch- und Querschlag (Ritzen) kommt bei uns selten zur Anwendung.

Die trocken eingehängten Ziegel werden im Dachinnern mit extrafeinem, etwas fetterem Mörtel, welchem Kälberhaare beigemengt sind, an ihren Fugen verstrichen (Innenverstrich).

Die neuere, jetzt gebräuchlichere Deckungsart, wo außen am ganzen Dach kein Mörtel zur Verwendung kommt, erfordert Ziegel, die schon vom Werke gelocht sind oder vom Dachdecker gelocht werden müssen, eine Arbeit, die am besten mittels eines Bohrers vorgenommen werden soll,

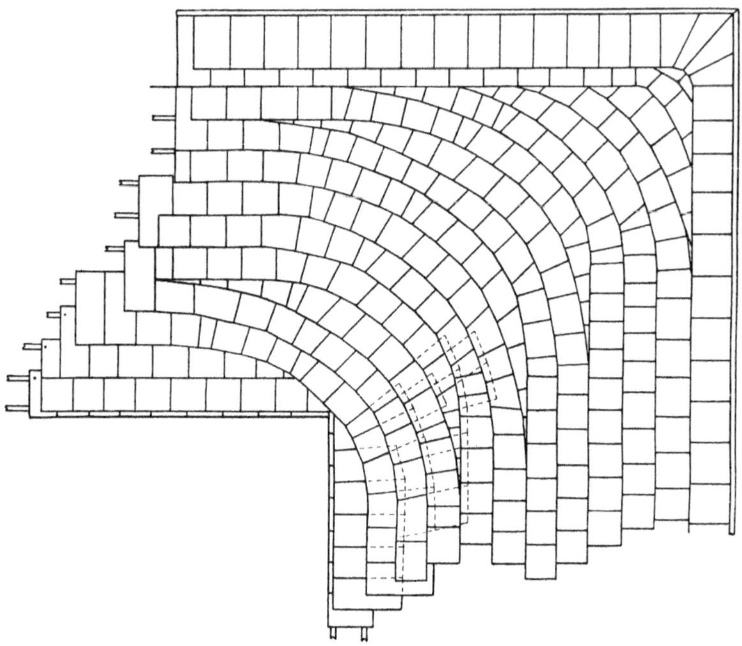

Abb. 3. Böhmische Kehlendeckung eines Doppeldaches

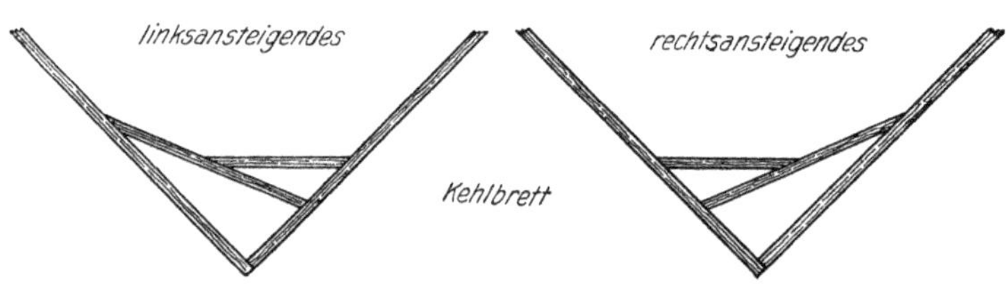

Abb. 4. Kehlbretter für böhmische Kehlendeckung

da das seitliche Einpecken mehr Material und Zeit erfordert und der Ziegel auch schwerer befestigt werden kann.

Meist werden nur die Ränder auf zwei Ziegelbreiten genagelt, doch kann auch vorgeschrieben werden, daß ganze Flächen genagelt werden.

Ichsen (Kehlen), welche nur von wirklich guten Dachdeckern ausgedeckt werden können, sind vorerst mit einem sogenannten Kehlbrett zu versehen, welches die schärfste Einbuchtung in den beiden Flächen etwas vermindert, hernach auszumitteln und vom Mittel nach links und rechts wegzudecken, so daß in jeder Schar mindestens drei bis fünf Dachziegel, ohne behauen zu werden, ohne zu stürzen (gaffen) oder zu reiten, die ganze Länge hinauf zu liegen kommen. Die Scharen sind so einzuteilen, daß sie bald links und bald rechts unter der anderen Dachfläche einschwärmen. Siehe Abb. 2—5.

Der Patent-Anker-Dachziegel

Unter allen Ziegeleindeckungsarten, die im Gebrauche sind, ist das doppelt gedeckte Biberschwanzdach das relativ billigste und beste Dach. Nur in Gegenden, wo sehr starke Stürme die Regel bilden, konnte sich das Biberschwanzdach, da es meist nur gehängt wird, nicht einbürgern; daran änderte auch eine Nagelung aus dem Grunde nichts, weil der Wind bei dem langen Hebelarm der gewöhnlichen Biberschwanzformate (20/40 cm), welcher meist 33 bis 35 cm beträgt, die Ziegel zu stark in Bewegung setzt und ein Ausreißen der Nagellöcher verursacht.

Diesen Übelstand hat man durch verschiedene Hilfsmittel (wie Drahtklammern, Blechklammern usw.) sowie durch Mörtellegung zu beheben versucht. Sie haben jedoch alle nur die Arbeit vermehrt und dadurch die Kosten der Eindeckung erhöht, ohne einen dauernd günstigen Erfolg zu bieten.

Der Herrschafts- und Ziegelwerksbesitzer Franz Kandler in Lannach (Steiermark) suchte diesem Übelstand durch die Patent-Ankerdachziegel (österr. Patent Nr. 50216 und D. R.-G. Nr. 243093) abzuhelfen.

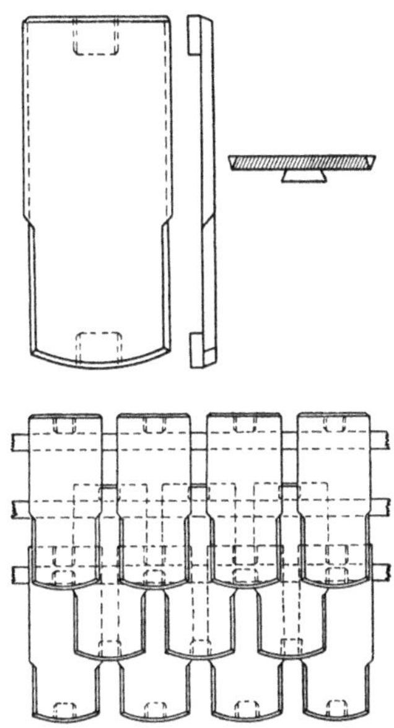

Abb. 5. Das Ankerdach (Eine Spezialart des Doppeldaches)

Der Patent-Ankerdachziegel hat eine dem gewöhnlichen Biberschwanzziegel ähnliche Form, nur sind die beiden seitlichen Kanten von oben nach unten abgeschrägt, so daß zwischen zwei nebeneinanderliegenden Ziegeln eine nach unten breiter werdende Nut entsteht. In diese Nut wird bei der Eindeckung die in der Mitte jedes Ziegels gegenüber der normalen (zum Hängen bestimmten) Nase befindliche schwalbenschwanzförmige Nase eingeschoben, wodurch eine kompakte ziegelgedeckte Fläche erzielt wird, da bei dieser Art der Eindeckung der Sturm überhaupt keinen Hebelarm vorfindet und daher keinen einzigen Ziegel heben kann.

Die abgeschrägten Seitenkanten der Ziegel sind vorn am unteren Teil des Ziegels, soweit derselbe in der Eindeckung von außen sichtbar bleibt, ausgeschnitten, so daß durch Herunterschieben einzelner Ziegel in der Längsrichtung um die Länge der Ankernase die Verankerung aufgehoben und die schadhaften Ziegel leicht ausgewechselt werden können.

Die oben dargestellte Abbildung gibt ein Bild dieser Patent-Ankerdachziegel im Querschnitt, Längsschnitt und Draufsicht, ferner die Ansicht einiger Scharen einer solchen Eindeckung.

Das Aussehen einer Patent-Ankerdachziegeldeckung ist bei richtiger und sorgfältiger Ausführung ein schönes; eine solche Eindeckung unterliegt selten einer Reparatur, da die originelle Art der Eindeckung nur fehlerloses und gutes Material, wie das aus den Lannacher Werken zuläßt und eine genaue Eindeckung erfordert.

Die Eindeckung ist nur von einer Seite aus zu beginnen und hat von unten nach oben zu geschehen; der Fußsaum wird mit speziellen Traufziegeln, der Firstsaum mit Abschlußziegeln gedeckt.

Die Einlattung ist wie bei gewöhnlichen Biberschwanzziegeln vorzunehmen.

Um vollkommen luft- und staubsicheren Abschluß der Eindeckung zu erzielen, kann der im Dachinnern ersichtliche Zwischenraum zwischen zwei Ziegeln, durch Verstreichen mit Mörtel abgeschlossen werden.

Ein bei der Kalkulation stark ins Gewicht fallender Faktor liegt bei den Patent-Ankerdachziegeln darin, daß für diese Eindeckung weniger Ziegel benötigt werden, als für jene mit gewöhnlichen Biberschwanzziegeln.

Es erfordern Doppeldeckung

	mit Patent-Ankerdachziegeln	mit gew. Biberschwanzziegeln
bei 8 cm Übergreifung per m²	Stk. 27,77	Stk. 31,25
„ 5 „ „	„ „ „ 25,38	„ 28,57

Es sind daher bei 8 cm Übergreifung um 3,48 Stück, d. i. 3½ Ziegel, bei 5 cm Übergreifung um 3,19 Stück, d. i. etwas mehr als 3 Ziegel, bei Eindeckung mit Patent-Ankerdachziegel weniger erforderlich als bei einer Eindeckung mit gewöhnlichen Biberschwanzziegeln desselben Formates.

Außerdem ist zu bedenken, daß bei einer Eindeckung mit Patent-Ankerdachziegel, dort wo mit gewöhnlichen Biberschwanzziegeln eine 8 cm

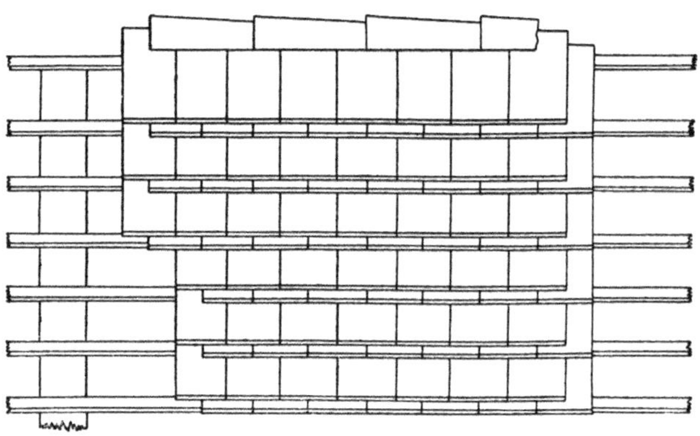

Abb. 6. Das Kronen- oder Ritterdach

Übergreifung nötig ist, infolge seiner Verankerung nur eine solche von 5 cm genügt und daher eigentlich um 6 Stück Dachziegel per Quadratmeter weniger gebraucht werden.

Es ist daher die Bedachung mit Patent-Ankerdachziegeln billiger, sie wird schneller hergestellt, und ist wegen der geringen Ziegelanzahl im Gewichte geringer.

Die Dachziegel aus dem Ziegelwerke Lannach in Steiermark sind von prima Qualität, haben einen hellen, metallischen Klang, geringes Aufsaugungsvermögen, speziell die Patent-Ankerdachziegel sind nur 13 mm stark.

Erwähnen wollen wir noch, daß diese Ziegel bei Staatsbauten, unter anderem in Triest (k. k. Lagerhäuser des neuen Freihafens, zirka 20000 m²) Verwendung fanden und den Borastürmen glänzend standhielten.

3. Das Kronen- oder Ritterdach

Bei diesem Dach trägt jede Latte zwei Scharen Ziegel.

Die Lattenteilung bei diesem Dach soll gleich der Dachziegellänge weniger mindestens 8 cm sein, das entspricht bei einem Ziegel 36 × 18 einer Lattenentfernung von 24 cm. Bei Dachneigung unter 35° sind anstatt 8 cm sogar 10 cm abzuziehen.

Dieses Dach ist etwas schwerer wie das Doppeldach, jedoch bedeutend dichter, läßt sich durch die weitere Lattung leichter ausbessern und kann ansonsten genau so billig wie ein Doppeldach hergestellt werden.

Diese Deckung kann ebenfalls, wie vor beschrieben, in Mörtel oder auch trocken hergestellt werden. Siehe Abb. 6.

B. Die Falzziegeldeckung

4. Strangfalz-, Preß- oder Doppelfalzziegel

Das sind Ziegel, welche an den Rändern Falze und Nuten (Rillen) haben, welche genau ineinander passen, was folgende große Vorteile hat.

a) Dichter Zusammenschluß in den Falzen.

b) Bester Abschluß gegen Regen, Schnee und Staub.

c) Sehr großer Widerstand gegen Sturm bei richtiger Verlegung.

Es ist daher besonders darauf zu achten, daß nur tadelloses Ziegelmaterial verwendet wird. Die Ziegel dürfen weder geworfen, noch verzogen, oder in den Falzen ausgesprengt sein, müssen in diese sehr gut einfallen (passen), dürfen weder zu weit noch zu eng verlegt werden. Bei gewöhnlichen Strangfalzziegeln ist die gewünschte Überdeckung (mindestens 7 cm) abzuziehen, bei den anderen Falzziegelgattungen wird meist schon vom Ziegelwerke aus die verlangte Lattenweite in den Ziegeln an der Innenseite eingebrannt und ist nach diesen Angaben zu verfahren, da sonst die Ziegel niemals passen würden.

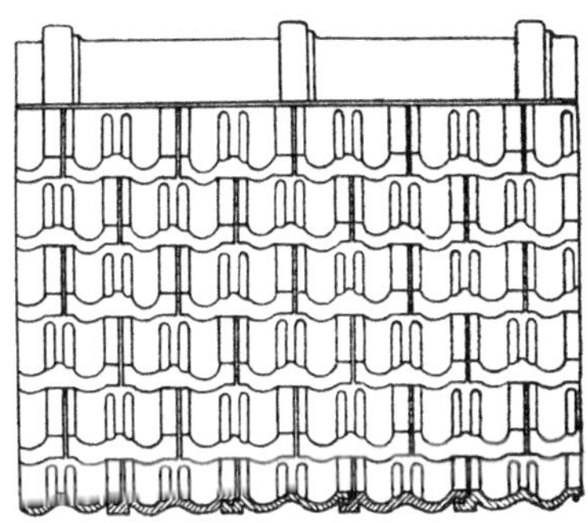

Abb. 7. Das Falzziegeldach (Doppelfalzziegel)

Strangfalzziegel können durchwegs genagelt und außerdem von innen mit ausgeglühtem Draht an den Latten niedergezogen werden.

Preßfalz-, Doppelfalzziegel werden nur von innen mit Draht an den Latten befestigt und zwar wird je nach Auftrag jeder dritte oder vierte Ziegel niedergebunden.

Innenverstrich wie beim Doppeldach. Siehe Abb. 7.

Die Unterdachkonstruktion „Patent Haussen". Diese macht speziell Doppelfalz (Patentfalz-, Preßfalz)ziegel und Strangfalzziegeldeckung vollkommen dicht, sodaß hiebei der innere Mörtelverstrich entfällt.

Sie wird derart ausgeführt, daß vorerst in einer Entfernung von zirka 50 bis 60 cm patentierte Blechstreifen (sogenannte Haussenfedern, zirka 29 bis 31 cm lang) auf der zweiten Latte, von der Traufe beginnend, mit flachköpfigen Nägeln derart befestigt werden, daß sie, von Latte zu Latte reichend, auf der unteren Latte frei aufliegen. Sodann wird die Unterlagsdachpappe in Streifen von zirka $33^1/_3$ cm parallel zur Traufe abgerollt und ebenfalls nur auf der höherliegenden Latte mit flachköpfigen Nägeln angenagelt. Die Haussenfedern haben nur den Zweck, die Dachpappe zu stützen. Nunmehr wird die erste Schar Doppelfalzziegel gehängt und es kommt der obere, mit seiner Unterkante frei aufliegende Dachpappestreifen sowie die Haussenfedern mit ihrem unteren, eingebogenen Ende in den äußeren, oberen Querfalz der Ziegelschar eingebogen zu liegen, worauf die zweite Ziegelschar wieder über den von den Haussenfedern gestützten Dachpappestreifen gehängt, eventuell auch genagelt wird usf. Das bei den Stoßfugen der Ziegel eindringende Wasser wird nun auf diese Weise durch die Pappe wieder auf die untere Ziegelschar nach außen geleitet.

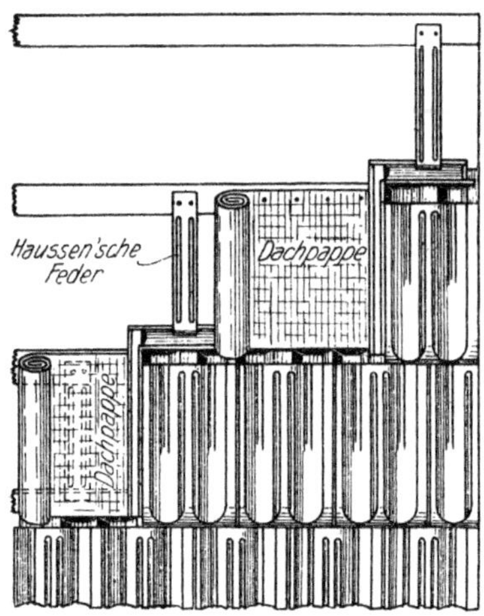

Abb. 8. Die Unterdachkonstruktion „Patent Haussen“

Zur größeren Sicherung gegen Stürme bringt Haussen ebenfalls patentierte Sturmklammern aus Draht zur Anwendung, welche auf die Lattung geschoben den Falzziegel von außen an der unteren Kante festhalten.

Da aber diese Drahtklammer bei vollständiger Nagelung des Ziegels nicht vollkommen knapp auf der Lattung ansitzt, sondern etwas absteht und daher kein unverrückbares Gefüge bildet, empfiehlt es sich, die Sturmklammern außerdem von innen noch mit einem sogenannten Hakennagel (Stukkaturnagel) zu befestigen.

Mit dem Bezuge der für diese Unterdachkonstruktion erforderlichen Blechfedern entweder von dem Erfinder, Sigmund Haussen in Nürnberg oder seinen Vertreter, und der Bezahlung der Lizenzgebühr an ihn oder seinen Vertreter ist auch das Ausführungsrecht dieser gesetzlich geschützten, sehr vorteilhaften Unterdeckung für Falzziegel erworben.

Selbstanfertigung von Blechstreifen zu diesem Zwecke wird gerichtlich bestraft.

Die Unterdachkonstruktion „Patent Haussen“ läßt eine Dachneigung von 22° zu.

Abb. 8.

C. Die Hohlziegeldeckung

5. Italienische Deckung

Diese wird heute selten ausgeführt, da sie durch die modernen Formen (Mönch und Nonnen) ersetzt wurde. Sie wird mit konisch verlaufendem First oder Gratziegel (Haken oder Preissen, Skobie) ausgeführt, welche mit den entsprechend notwendigen kleinen Nasen versehen sind.

Die unteren, Nonnen genannt, hängen mit den Nasen an den Latten und fallen mit dem schmalen Ende in das weitere Ende der vorhergehenden Scharen ein. Sie sind durch Auslegung der seitlichen Zwischenräume, entweder mit etwas Mörtel oder mit Ziegelstücken an ihrer Basis festzuhalten. Hernach werden die oberen (Mönche), breites Ende unten, schmales oben, so gelegt, daß durch das genaue Einfallen des weiteren Endes in das schmale der Ziegel seine Hauptstütze findet.

Es ist daher bei Arbeitsbeginn notwendig, die Ziegel nach ihren konischen Verhältnissen zu sortieren und einzuteilen.

Um dieses Dach sturmsicher zu machen, ist es meist notwendig, die Mönche ganz in Mörtel zu verlegen, wodurch das Dach aber ein sehr bedeutendes Gewicht erhält.

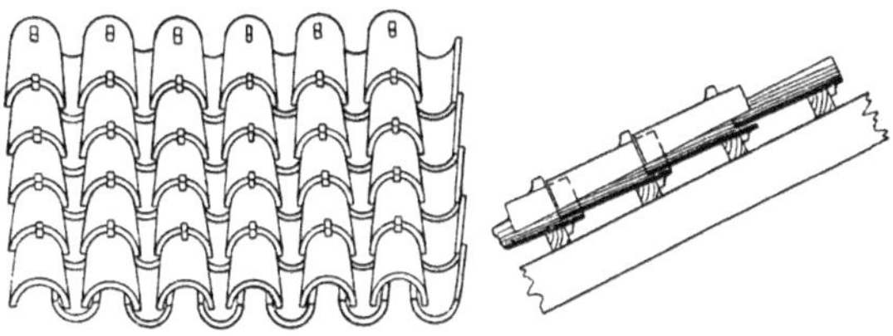

Abb. 9. Die Hohlziegeldeckung (Italienische Deckung)

6. Mönch- und Nonnendach (Klosterdach)

Im Prinzipe gleich ist das Mönch- und Nonnendach, nur sind die einzelnen Ziegel besser durchkonstruiert. Es kommt in neuerer Zeit wieder häufiger zur Anwendung, wo eine kräftige Profilierung gewünscht wird. Die Nonnen sind breiter als die Mönche. Die Lattenlänge beträgt Ziegel-

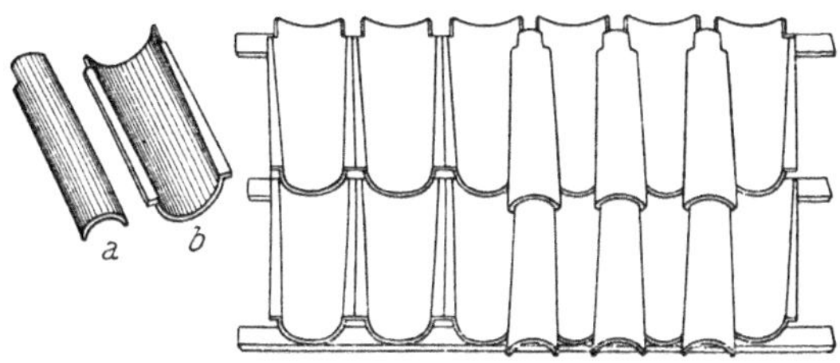

Abb. 10

länge weniger mindestens 8 cm. (Beim Wienerberger Fabrikat 34½ bzw. 20½ cm.) Der Abstand der Nonnen ergibt sich aus der Breite der Mönche und ihrer sachgemäßen Mörtelbettung.

Mönch und Nonne ergeben ein herrliches Dach, welches durch sein Aussehen, der sinnreichen Übergreifung bei tadelloser Lagerung der einzelnen Scharen auf der Unterkonstruktion, leichter Handhabung beim Verlegen, bei nur geringem Mörtelverbrauch und wenig Gewicht, sturm sicher und haltbar ist.

D. 7. Pfannenziegeldeckung

Dies sind jene Ziegel, die im Querschnitt einer rollenden Welle gleichsehen, seit neuerem auch bei uns Eingang gefunden haben und auf einigen Gemeindebauten oder in der Provinz, auch bei kleineren Privatbauten, verwendet wurden.

Die Deckung ist eine sehr hübsche, mit sehr raschem Wasserabfluß, welcher durch die Form des Ziegels (Doppelgefälle) in der Quere und durch die Neigung des Daches in der Längsrichtung herbeigeführt wird.

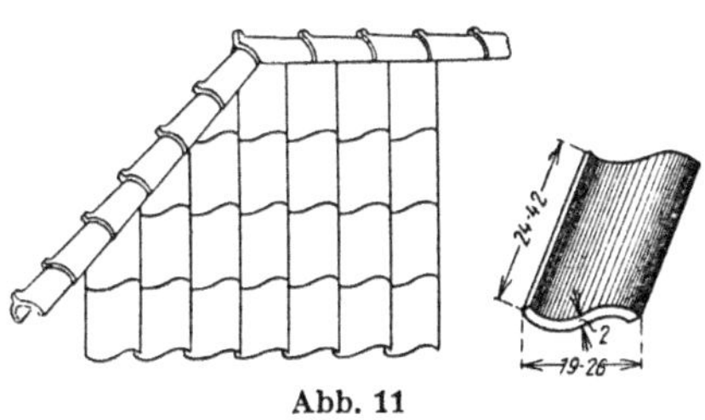

Abb. 11

Die Befestigung ist analog der anderer Ziegelbedachungen vorzunehmen, die Lattungsweite richtet sich ebenfalls nach Größe der verwendeten Ziegel. (Siehe Abb. 11).

8. Das S- und Hohlpfannendach

(*Holländische Pfannen*)

Diese in Holland, Norddeutschland und Belgien seit vielen Jahren verwendete Type, wird in letzter Zeit auch bei uns ausgeführt, insbesondere um größeren Bauten eine wirkungsvolle Bedachung zu geben.

Die holländische Pfanne besitzt an je zwei Seiten Falze, sowohl an der Vorder- als auch an der Rückseite, ferner Anhängenase und Nagelloch.

Die Lattenweite beträgt Pfannenweite weniger höchstens 7 cm. Bei dem Wienerberger Fabrikat mit 40 × 24½ cm beträgt sie 34½ cm. Der Übergriff auf den Nachbarziegel ist sehr gering, so daß 15 Stück auf einen Quadratmeter Dachfläche zu rechnen sind. Sie werden trocken oder mit Innenverstrich verlegt. Statt des Innenverstriches können unter die Ziegel auch Pappstreifen gelegt werden.

II. Das Zementplattendach

Die Deckung mit Zementplatten geschieht analog den vorher besprochenen Ziegelarten, wobei Größen und Fabrikate verschiedener Behandlung unterworfen sind, welche aber jeder Dachdecker ohne weitere Erläuterung sofort treffen wird.

III. Das Schieferdach

A. Naturschiefer

Von den zur Dachdeckung in Betracht kommenden Schiefersorten unterscheiden wir nach Qualität und Dauerhaftigkeit folgende:

Rot englischen Schiefer: Penryhn, prima Qualität;

Carnavon, II. Qualität;

blau englischen Schiefer: Oakeley, Palmerston, prima Qualität, Neugruben, II. Qualität;

deutschen Schiefer: rheinischen, blauen Lehestener, Thüringer, Mayener usw.;

französischen Schiefer: dunkelblauen Angerschiefer, roten Fumayschiefer, blauen und grünen Rimognerschiefer;

mährischen Schiefer (schwarzblau), deutschen Moselschiefer (schwarzblau), böhmischen Schiefer (grün und blaugrün) aus der Eisenbroder Gegend.

Englischer Dachschiefer, entschieden der beste, zeichnet sich durch seine langen gleichmäßigen Fasern aus, läßt sich daher viel leichter spalten und in größeren Platten verwenden als der deutsche Schiefer. Der englische Schiefer kommt in schwächeren und daher auch leichteren Platten vor, wird mit der Anzahl der Jahre immer härter und blättert nicht ab. Seine Farbe ist meist rotviolett oder tiefblau.

Französischer Schiefer ist etwas weicher und lichter in der Farbe, ist elastischer und schmiegt sich daher allen Dachneigungen und Verwendungsarten leichter an.

Dasselbe gilt für sämtliche deutsche Schiefergattungen.

Mährischer Schiefer ist meist sehr stark und spröde, die Plattenstärke daher sehr wechselnd und ist stark verschieden im Gewichte.

Ein guter Dachschiefer muß folgende Eigenschaften besitzen:

Glatte Oberfläche, feines gleichmäßiges Korn, keine Wasseraufnahme und schnelle Ableitung von Wasser, reinen hellen Klang beim Anschlag, nicht gar zu dunkle Farbe, da derartige Schiefer zu viel Kohlenstoff enthalten, Farbenbeständigkeit, leichte Spaltbarkeit in dünnen Platten und die Möglichkeit, die Platte zu durchlochen.

Fehlerhaft sind Dachschiefer, welche zuviel Schwefelkies oder kohlensauren Kalk enthalten; es läßt sich dies am leichtesten feststellen, wenn man solche Schiefer in Salzsäure taucht; Aufbrausen zeigt das Vorhandensein von kohlensaurem Kalk an.

Schwefelkies ist mit freiem Auge an den gelbglänzenden Flecken erkennbar.

Qualitätsware in dieser Beziehung liefern fast alle Schieferbrüche und sind speziell die deutschen Gruben, welche alle gangbaren Sorten erzeugen, von uns stets den anderen ausländischen Werken, mit Rücksicht auf die Transportspesen und Zollsätze vorzuziehen. Alle Deckungen, welche einfach durchgeführt werden sollen, lassen sich mit deutschem Schiefer, vermöge seiner größeren Stärke auch sicherer durchführen als mit englischem oder französischem Schiefer.

Solche Schiefer sind in Waggonladungen am besten aus den Schiefergruben von Obermosel der Gebrüder Rother in Frankfurt a. M., der Schieferbergbau A.-G. in Nuttlar a. d. Ruhr, Westfalen, den Schieferbrüchen bei Lehesten in Sachsen-Meiningen, Lehestener Schiefer von M. J. Helff, G. m. b. H. in Köln usw., zu beziehen.

Schiefereindeckungen werden im Deutschen Reiche fast ausschließlich auf Schalung hergestellt, während bei uns die Ausführung auf Lattung üblicher ist.

Bei verschalten Dächern ist es gleichgültig, welche Größe der verwendete Schiefer hat. Es ist leichter zu arbeiten und die Dächer werden homogener, zumal wenn gleich mit einer Unterlagspappe vorgedeckt wird. Nun ist es aber auch im Reiche üblich, trotz der Verschalung, Latten darüber anzubringen, wenn ein größeres Schieferformat in Anwendung kommt. In diesem Falle werden Latten zuerst vertikal zum Dache befestigt und hernach den Schiefern entsprechend die Lattenteilung, diagonal oder horizontal, darüber verlegt, so daß eindringendes Wasser nicht durch die Latten am Abflusse behindert wird, da die Schiefer hohl liegen.

Bei Einlattungen der Dächer, wie sie bei uns üblich ist, kommt immer ein Innenverstrich wie beim Ziegeldache. Dort wo jedoch Schalbretter zur Verwendung kommen, wolle man sogleich Dachpappe unterlegen, da der Verstrich bei Schalbrettern nicht von Dauer ist.

Die Schalungsbretter sollen nie schwächer als 25 mm und nicht breiter als 16 cm und an den Sparren sehr gut und möglich weit an der Außenkante genagelt sein; Bretter, welche breiter sind und solche, welche oft nur mit einem Nagel in der Mitte befestigt werden, werfen sich sehr leicht und sprengen mitunter sogar die aufgedeckten Schieferplatten ab.

Auch muß darauf gesehen werden, daß alle Bretter oder Latten, die zur Verwendung kommen, gleichmäßig stark sind, da es sonst Sutten oder erhöhte Stellen geben würde, über welche mit Schiefer schwer zu decken ist,

Alle Gattungen Schiefer sind vor ihrer Verarbeitung gründlich zu sortieren, welche Arbeit am besten beim Lochen geschieht.

Die Platten werden so verlegt, daß die stärksten Platten an die Traufe, die schwächsten an den First kommen. Dazwischen ist die Plattenstärke von der Traufe zum First abnehmend zu wählen.

Nagellöcher sind im Schiefer so anzubringen, daß der Kopf des Nagels in dem durch die Lochung entstehenden Trichter der Aussprengung versenkt wird und sind daher Schiefer immer auf ihrer Unterseite, also verkehrt, zu lochen, denn bei Verwendung von Maschinennägeln, wie bei uns üblich (im Deutschen Reiche nicht zulässig), kommt es sonst vor, daß der Nagelkopf mit der Schieferoberfläche nicht in eine Ebene kommt, so daß der darüber liegende Schiefer reitet und bei Begehen des Daches durchgetreten wird.

Schieferdächer sollten so steil gehalten werden, daß ein freies Begehen und Herumsteigen ausgeschlossen ist, denn ein gut gedecktes, von einem Fachmann ausgeführtes Schieferdach wird bei Verwendung von erstklassigem Material jahrzehntelang keiner Reparatur bedürfen; nur durch das so leicht möglich gemachte Herumsteigen auf unseren Dächern und die Unkenntnis der Behandlungsweise der verschiedenen Schiefersorten durch nicht versierte Dachdecker und Laien wurde diese Deckung in den letzten Jahren einigermaßen in Verruf gebracht. Nicht jeder, der einige Zeit beim Dachdeckergewerbe in Verwendung stand, ist schon ein guter Schieferdecker, wenn er auch schon so manches Ziegeldach hergestellt hat. Gerade das Schiefermaterial und dessen Deckung erfordert tüchtige Technik und Kenntnis.

Es trifft dies auch bei der Verarbeitung von Kunstschiefer zu, obwohl zumeist von den Fabriken behauptet und in Broschüren die Anleitung gegeben wird, daß jeder Laie sein Dach selber eindecken kann, wenn er nur das Material nach Angabe verarbeitet.

Als Eindeckungsarten unterscheiden wir:

1. Die altdeutsche Deckung mit Schuppen.
2. Die Deckung mit deutschen Schuppenschablonen (einfach und doppelt).
3. Die Doppeldeckung mit rechteckigem Schiefer.
4. Die französischen Deckungen.

1. Die altdeutsche Deckung mit Schuppen (Zentnerschuppen)

Sie wird mit festen dickeren Schieferplatten verschiedener Größe ausgeführt.

Die Einteilung der Aufschnürung ist bei dieser Deckung nur von Gebinde zu Gebinde durchführbar, da die Schiefer niemals die gleiche Höhe haben, oder es werden die Platten gleich auf ihre Überdeckung im Quer- und Längsschnitt angerissen, da ja bei diesem Schiefer fast alle Größen angeliefert werden. Die größten Platten werden vom Anfang an so aufgedeckt, daß die folgenden Gebinde bis zur Firstkante immer kleiner auslaufen.

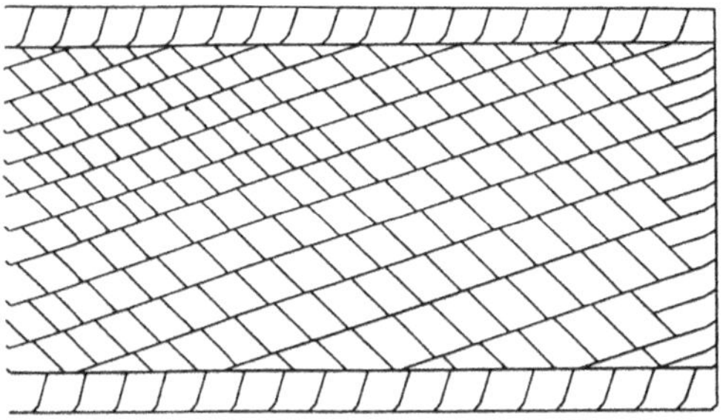

Abb. 12

Diese Art der Deckung ist nur auf Schalung auszuführen; meist werden dabei auch allen Kehlen (Ichsen), Fensterbacken mit Schiefer ausgedeckt.

Je nach ihrer Lage führen diese Steine verschiedene Namen und Formen.

So hat man an der Traufe (am Saum) die Trauf- oder Fußsteine (untere Rollschar).

Am Firste, den Ortsbandeln, der sonstigen Einfassungen, die First- oder Strackortsteine.

Ansetzer, linke oder rechte Ausspitzer (Beihauer).

Alle übrigen sind Decksteine.

In den Kehlen unterscheiden wir: den Herz- oder Wasserstein, den rechten oder linken Kehlstein.

2. Die Deckungen mit deutschen Schuppenschablonen

Die Schuppendeckung mit Schablonen ist bedeutend einfacher und leichter herzustellen, da ja alle Schiefer im Format gleich sind und einfach oder doppelt, sowie horizontal, wie auch diagonal, verlegt werden können.

Da alle Gebinde in der Höhe immer gleich sind, ist die Einteilung, ob zur Aufschnürung auf Schalung oder zum Abstrich für Lattung, leicht zu ermitteln.

Bei einfacher Deckung, diagonal, beträgt die Einteilung immer die Schieferlänge nach Abzug des verlangten Übergriffes.

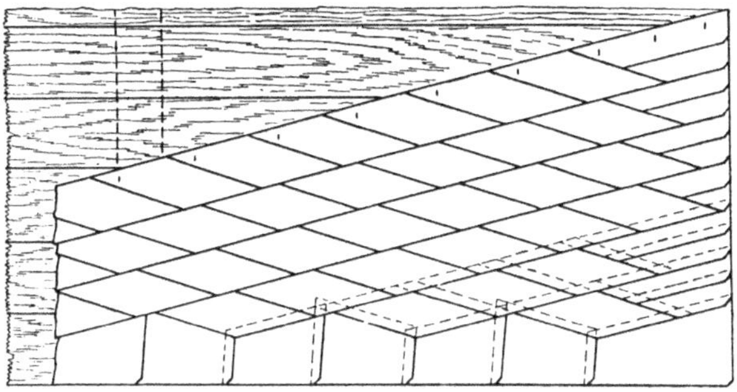

Abb. 13. Deckung mit deutschen Schuppenschablonen

Bei doppelter Deckung immer die Hälfte der Schiefer der nach Abzug der Überdeckung übrig bleibenden Längen.

Beispiel bei Format 8 × 16 Zoll oder 41 × 20 cm mit 8 cm Übergriff 41 — 8 = 33 cm Einteilung beim einfachen Dache.

Hingegen nach Abzug der 8 cm Überdeckung, die Hälfte von 33 cm = 16½ cm für Doppeldeckung.

3. Die Doppeldeckung mit rechteckigem Schiefer (englische Deckung)

Wird nur parallel zum Firste gedeckt und ist mit allen Rechteck-(Quadrat)steinen ausführbar.

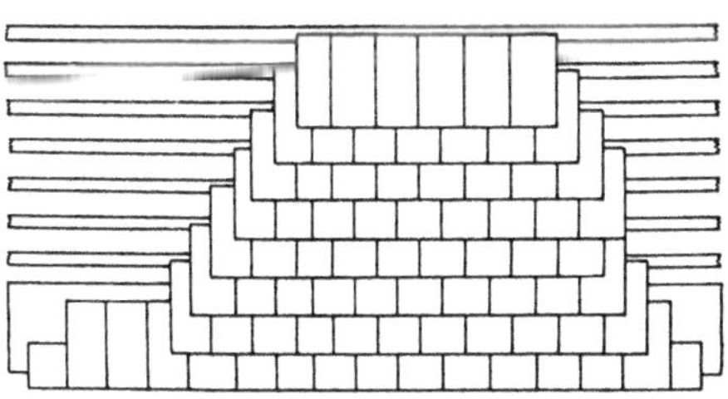

Abb. 14. Englische Doppeldeckung (Doppeldeckung)

Die Einteilungsweise wird wie oben beschrieben bestimmt. Im allgemeinen übergreift jede dritte Schicht die erste.

4. Die französischen Deckungen

Womit alle Deckungen mit Normal-, spitzwinkeligen Sechsecke, Litra-(fünfeckige) Schablonen, parallel oder diagonal ausgeführt werden können.

Bei uns werden diese Schiefer meist nur mit den größeren Formaten verarbeitet und daher fast immer auf Latten verlegt.

Die kleineren Formate kommen für Zierdeckungen, wie Türme, Kuppeln,

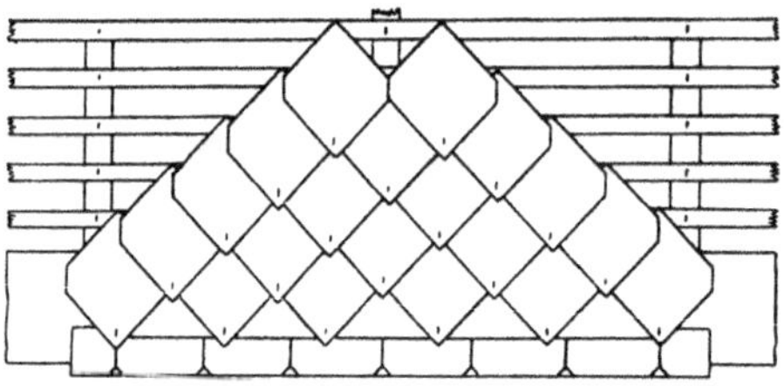

Abb. 15. Französische Deckung mit Normalschablonen

Fensterwangen, runde oder geschweifte Flächen in Frage, die mehr auf das Auge wirken sollen und welche meistens in verschiedenen Farben gemustert sind.

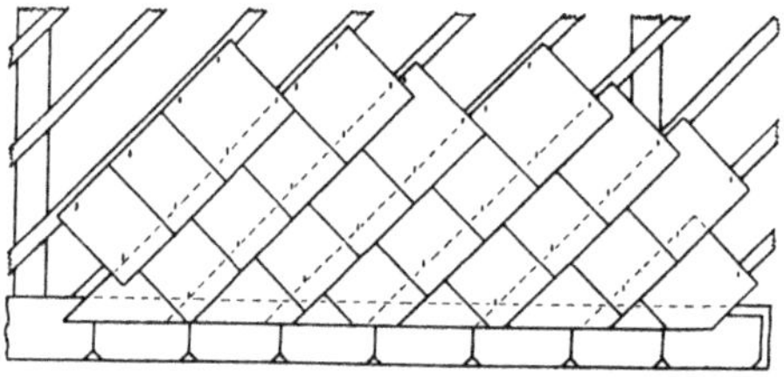

Abb. 16. Diagonale Deckung mit Quadratsteinen

Zeichnungen, ob am glatten Dach oder in geschweiften Flächen, Türmen usw. müssen immer aus dem Mittel heraus gearbeitet werden, um links und rechts in gleicher Figur zu enden. Es muß daher zu diesem Zwecke

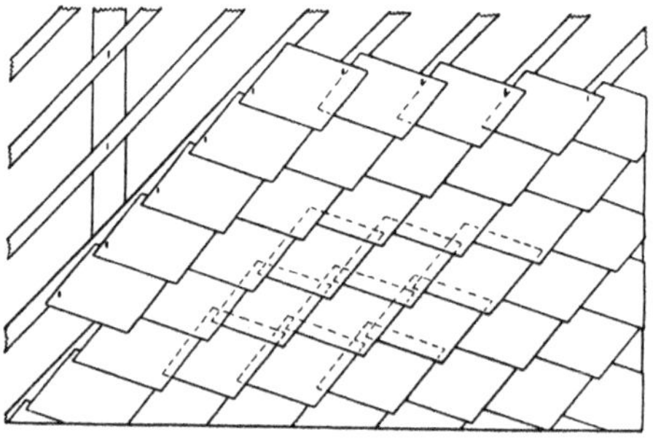

Abb. 17. Diagonale Deckung mit Rechtecksteinen

das genaue Ausmaß der Fläche ermittelt, aufgezeichnet und dem zu verarbeitenden Schiefer entsprechend eingeteilt und ausgearbeitet werden. Vom ästhetischen Standpunkt wäre wohl an dieser Deckung die allzugroße Regelmäßigkeit auszusetzen.

B. Kunstschiefer

Kunstschiefer, welcher unter verschiedenen Namen und von verschiedenen Fabriken hergestellt wird, ist ein Produkt, das aus Portlandzement und Asbestfasern, zwei Materialien, deren Feuer- und Wetterbeständigkeit bekannt ist, besteht. Die Platten werden auf eigenen Maschinen unter sehr hohem Druck im frischen Zustande behandelt, erlangen hiedurch eine außerordentliche Zug- und Druckfestigkeit, sind vollkommen frost- und wetterbeständig, wasserundurchlässig und besitzen ein geringes Wärmeleitungsvermögen.

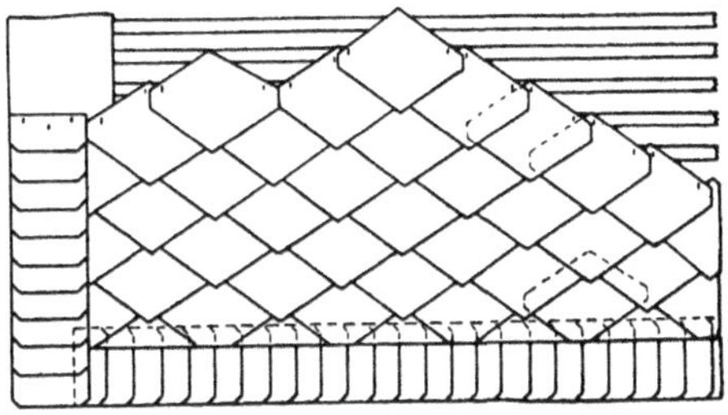

Abb. 18. Deckung mit stumpfwinkeligen Schablonen

Die Platten werden in noch frischem Zustande geschnitten, wodurch es möglich ist, alle gewünschten Formen und Größen jeder Stärke, rund oder scharfkantig, abgebogen, und in letzterer Zeit sogar in Röhrenform, anzufertigen.

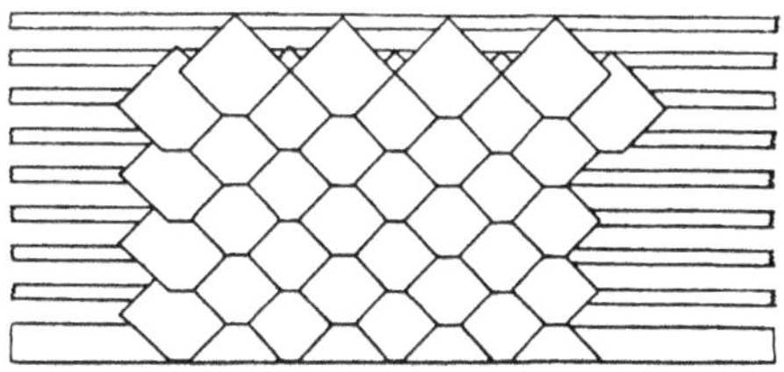

Abb. 19. Deckung mit Wabenschablonen

Es lassen sich damit alle gewünschten Deckungen herstellen, die Verarbeitung geschieht analog dem Naturschiefer, nur ist der Kunstschiefer, vermöge seiner größeren Elastizität leichter zu behandeln.

Speziell für Wandverkleidungen ist dieses Material allen anderen vorzuziehen und kann durch die angewendeten Klammern sturmsicher in allen Klimaten gedeckt werden.

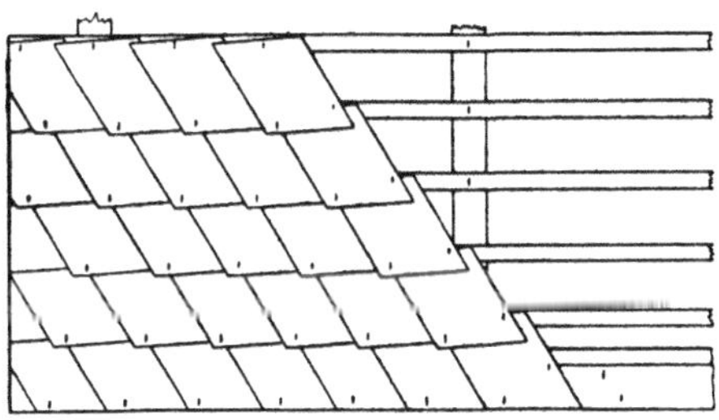

Abb. 20. Deckung mit Rhombussteinen (vertikal gedacht)

Der gebräuchlichste Kunstschiefer bei uns ist das Eternit, welches in verschiedenen Farben und Formen hergestellt wird. Vom ästhetischen Standpunkte wäre es wünschenswert, die hellgrauen Quadratschablonen möglichst zu vermeiden, da die Dachfläche zu nackt wird. Auch die des öfteren am Lande zur Ausführung gelangende Deckung in rot und grau sieht nicht gut aus.

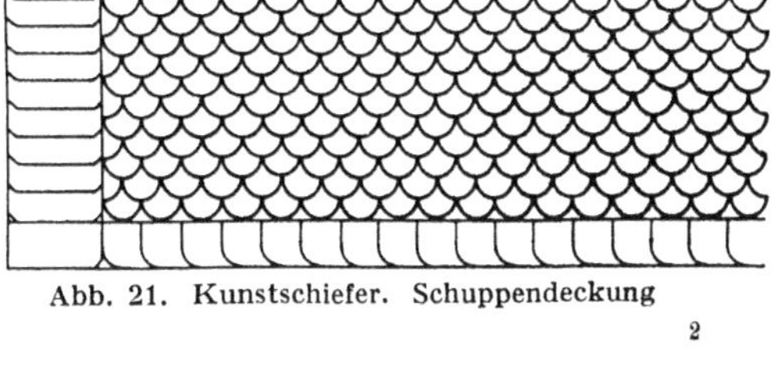

Abb. 21. Kunstschiefer. Schuppendeckung

Sehr vorteilhaft und in architektonischer Hinsicht am wirksamsten sind die Deckungen mit rostbraunen Rhombusschiefern, wenn die Gebinde in diagonal ansteigender Richtung ausgeführt werden, ebenso auch die sogenannte (Schweizerdeckung) mit Rechtecksteinen.

Für große Flächen werden die in der letzten Zeit durch die Eternit-Werke „Hatschek" hergestellten und neu auf den Markt gebrachten gewellten Platten in verschiedener Größe verwendet.

IV. Pappdächer

Einfaches Pappdach, Doppelpappdach, Leistendach, Holzzementdach, Preßkiesdach.

1. Einfaches Pappdach (schlicht gedeckt)

Bei dieser Deckung werden die Pappebahnen parallel zur Traufenkante auf Schalung verlegt, jede folgende Bahn muß die vorhergehende um die gewünschte Überdeckung (mindestens 8 cm) übergreifen und an dieser festgenagelt werden. Zur Nagelung sind in Abständen von 4 bis 6 cm sehr breitköpfige Nägel (Dachpappestiften) zu verwenden.

Diese Deckung kommt nur bei untergeordneten Bauten zur Ausführung.

2. Das Leistenpappdach

Gewöhnlich wird vorerst eine Pappbahn in der Mitte nach der Länge zerschnitten und dieser Streifen von 50 cm Breite parallel zur Traufenkante verlegt, hernach die zu deckende Fläche mit senkrecht zur Traufe laufenden Dreikantenleisten in Abständen von der Breite der zu verlegenden Dachpappe, normal 98 cm, versehen, d. h. benagelt. Die hiezu verwendeten Leisten müssen aus trockenem, möglichst astfreiem Holz geschnitten sein und bei einer Basis von 65 mm, 32 mm Höhe haben.

Bei Verlegung der Leisten auf nicht gespundeter oder gefalzter Schalung ist darauf zu achten, daß der Stoß der Leisten nicht auf eine Fuge zu liegen kommt, da sonst beim Betreten des Daches oder beim Werfen der Bretter die Deckung sehr leicht an dieser Stelle reißen könnte. An den Enden sind die Leisten etwas abzuschrägen.

Die zu verlegenden Pappbahnen werden zwischen diesen Leistenfeldern verlegt und geheftet, am Firste möglichst gleich zur anderen Seite hinüber überschlagen; sodann werden Pappstreifen in der Breite von 10 cm, welche zur leichteren Verarbeitung im Mittel abgebogen sind, genau im Mittel auf den Leisten mit Dachpappenstiften in 4 bis 6 cm Abständen so festgenagelt, daß die darunter liegenden Pappbahnen mit befestigt werden.

Beim Nageln, ebenso aber auch beim Begehen des Daches, ist darauf zu achten, daß die Dachpappe nicht an den Leistenrändern durchgeschlagen oder durchgetreten wird, weil solche Stellen hinterher schwer ausgebessert werden können, gewöhnlich wieder aufgeschnitten werden müssen und ein neues Stück an dieser Stelle eingearbeitet werden müßte.

Alle Pappdächer müssen mit heißem Teer oder Asphaltlack überstrichen werden.

Solche Anstriche dürfen nur bei sehr trockenem Wetter erfolgen, da sonst eine innige Verbindung zwischen Dachpappe und Anstrichmasse nicht stattfindet.

Bei guter und gleichmäßiger Auftragung des Anstriches ist ein Bestreuen mit Sand nicht nur unnötig, sondern direkt schädlich, da der Sand mit der Anstrichmasse bald eine harte Kruste bildet, welche sehr leicht Sprünge und Risse im Dach erzeugt.

Die Meinung, daß Pappdächer, welche wasserdurchlässig sind, durch einen neuen Anstrich und starkes Sandeln wieder dicht werden, ist eine irrige. Der Anstrich schließt keine in der Deckung befindlichen Löcher und Risse, da er höchstens so durchläuft wie das Wasser, sondern er soll bloß konservierend auf die Dachpappe wirken, indem er die der Einwirkung der Sonne, des Regens und Schnees ausgesetzte Pappe geschmeidiger erhält. Daher muß ein Pappendach mindestens jedes dritte Jahr gestrichen werden.

Ein Besteigen von Pappdächern mit Schuhen ist zu vermeiden; dieses soll nur mit weicher Beschuhung, wie Kletterschuhen, deutschen Telephon- oder Dachdeckerschuhen, mit Fetzen umwickelten Füßen erfolgen.

Gerüstungen sind mit Strohbauschungen zu unterlegen.

Materialbedarf beim einfachen Dach:

1,10 m² Dachpappe, 0,60 bis 0,75 kg Steinkohlenteer oder Asphaltlack, 40 bis 50 Stück Dachpappenstifte.

Beim Leistendach:

1,10 m² Dachpappe, 0,10 m² Kappstreifen, 1,10 lfd. m. Leisten; fünf bis sechs Stück 2½ bis 3 Zoll Nägel zum Befestigen der Leisten, 60 bis 80 Dachpappenstifte zum Heften der Dachbahnen und Nageln der Kappstreifen und zirka 0,60 bis 0,80 kg Steinkohlenteer oder Lack.

3. Das Doppelpappdach

Diese Deckung besteht aus zwei Lagen Dachpappe. Die erste Lage wird genau so verlegt wie beim einfachen Dach, jedoch werden die Ränder meist mit Klebmasse gestrichen, und zwar so, daß die Masse nicht auf die Schalung kommt, hernach genagelt; die zweite Lage wird mit einer halben Bahn begonnen, hierauf die heiße, dünnflüssige Klebmasse mittels eines Teerschrubbers (Teerbürste) gleichmäßig aufgetragen und die weiteren Bahnen in ihrer ganzen Breite so geklebt, daß sie sich mit der unteren Schicht gut verbinden.

Bei dieser Deckung ist die untere Lage gewöhnlich immer stärker als die obere; es können aber beide Lagen in gleicher Stärke genommen werden.

4. Das Holzzementdach

Die Holzzementdächer sind in ihrer Ausführung ähnlich den doppellagigen Klebdächern.

Auf die Verschalung kommt eine Lage Dachpappe, auf welche der Spängler seine Einfassung, Kiesleisten, Dunstrohre usw. montiert; hernach werden die folgenden Lagen (holzfreies Papier) in vorher aufgetragener heißer Klebmasse parallel zur Traufenkante verlegt, wobei man erstmalig mit der ganzen Breite des Papieres beginnt, die zweite Lage jedoch mit einer halben Breite anfängt, so daß die eine Lage die andere um die Hälfte übergreift. Vorteilhaft ist es, wenn noch eine dritte Lage Papier kommt. Das Papier muß so aufgeklebt werden, daß sich keine Rillen oder Blasen bilden; diese Blasen sind beim Verlegen durch rasches aus der Mitte Herausstreichen, solange es die heiße Masse noch zuläßt, zu beseitigen.

Auf die letzte Lage wird ebenfalls eine Schicht Holzzementmasse aufgetragen und hernach mit einer Schicht lehmigen Sandes, welcher nicht leicht abgeschwemmt werden kann, 5 bis 6 cm hoch überzogen; auf diesen Sand kommt eine ebenso hohe Schicht Kieselschotter, um das Abwehen des Sandes zu vermeiden.

Dachneigung von 2 bis 3 cm pro 1 lfm.

Materialverbrauch beim zweilagigen Dach:

1,10 m² Dachpappe, zirka 20 Stück Nägel, 2,30 m² Holzzementrollenpapier, 3,30 bis 3,50 kg Holzzementmasse, 20 bis 25 l Sand und 50 bis 60 l Kies.

5. Die Preßkiesdeckung

Das neuere Holzzementdach wird genau so ausgeführt wie das vorher beschriebene, jedoch verwendet man statt des Papieres eine oder zwei Lagen Dachpappe.

Auf den letzten Strich mit heißer Holzzementmasse wird eine nur 5 bis 6 mm hohe Lage gleichmäßigen erbsengroßen Rieselschotters in die noch warme Masse eingewalzt, so daß derselbe eine kompakte und gleichmäßig hohe Schicht ergibt.

An der Stelle, wo dieses Dach begangen werden soll, ist es zweckmäßig, einen Lattenrost oder Lauftreppen aus Brettern anzubringen, da sonst leicht der feinkörnige Riesel durch die Pappe tritt, was zu Undichtheiten führt.

Der Materialverbrauch ist analog wie beim Holzzementdach anzunehmen; Sand und Kies entfällt, dafür kommen 10 l Riesel.

V. Deckungen auf Beton

Deckungen auf Beton sind genau so wie auf Schalung durchzuführen, nur daß die Nagelung durch Kleben ersetzt wird und daher etwas mehr Klebmasse erforderlich ist. Der Beton muß vollkommen trocken sein und soll nicht allzu grob in der Fläche liegen.

VI. Deckung mit teerfreier Dachpappe

Alle Dächer, die mit Dachpappe und Teeranstrich gedeckt werden, können auch in teerfreier Dachpappe mit teerfreier Klebmasse gedeckt werden. Als Kappstreifen kommen Nesselstreifen zur Verwendung; auch eine Farbgebung nach Wunsch ist bei dieser Deckung möglich.

Selbstkostentabellen für Dachdeckungsmaterialien

1. Anleitung zur Benutzung der Selbstkostentabellen

In die Tabellen sind vom Meister die Preise für die benötigten Ziegel oder Schiefer entweder ab Werk bzw. Bruch oder franko seiner Bahnstation bzw. der Station des Baues einzutragen. Diese Preise werden unter des betreffenden Rubrik entweder mit dem Bruttopreis (d. i. der Preis de-Lieferanten ohne den eventuell gewährten Nachlaß) oder mit dem Netto, preis (d. i. der reine Kostenpreis unter Abzug des Nachlasses) ab Werk, bzw. wenn der Lieferant den Preis franko Bestimmungsstation offeriert unter der Rubrik „franko Bahnhof" eingesetzt.

Nunmehr ist die Zufuhr vom Bahnhof zum Lagerplatz oder Bauobjekt zu ermitteln. Z. B.: unter der Annahme, daß das Ausladen und Zuführen eines Waggons (laut Tabelle 5000 Stück) Dachziegeln 20/40 cm groß, von seiten des Fuhrmannes S 40,— kostet stellt sich die Zufuhr für 1000 Stück Ziegel auf den fünften Teil, d. i. 40 : 5 = S 8,— per 1000 Stück, welcher Betrag in die Rubrik „Zufuhr" unter der betreffenden Ziegelgröße einzusetzen ist.

Der Preis franko Bahnhof vermehrt um die Zufuhrkosten ergibt den Selbstkostenpreis franko Platz oder Bau.

Das dreimalige Wiederholen derselben Ziegelgrößen in der Tabelle hat den Zweck, die Preise für naturfarbige, imprägnierte und glasierte Ziegeln einsetzen zu können.

Für die Kalkulation und Offertlegung hat der Dachdeckermeister einen Prozentsatz für Verdienst zuzuschlagen, der sich nach der Kunde (Architekten, Baumeister, prompte Zahler usw. richtet).

Die Stückzahltabellen geben das Erfordernis an Ziegel oder Schiefer pro Quadratmeter an, wobei der Übergriff zu beachten ist.

Wünscht der Meister z. B. den Preis per Quadratmeter blau englische Schieferdeckung 7/14", doppelt, 6 cm Übergriff, zu ermitteln, so hat er aus der Stückzahltabelle die Anzahl der auf 1 m² gehenden Steine zu entnehmen und mit dem Selbstkostenpreis aus der Selbstkostentabelle zu multiplizieren und das ganze durch 1000 zu dividieren.

In unserem Beispiel benötigt 1 m² laut Stückzahltabelle bei 7/14" große Schiefer, 6 cm Übergriff, doppelt gedeckt, 37 Stück, daher kostet $1\ m^2 = \frac{98{,}60 \times 37}{1000}$ = S 3,65 (Selbstkosten der Schiefer), wobei der Preis mit S 98,60 franko Platz pro 1000 angenommen ist.

2. Selbstkosten- und Stückzahltabellen

Tabelle 1. Selbstkostentabelle

für flache Dachziegel (Biberschwanzziegel, Rechteckziegel, Wiener Formatziegel usw.)

Größe cm	Gewicht per 1000 St. kg	Ladung per 10 t-Waggon Stück	Preise per 1000 Stück				
			ab Werk		franko Bahnhof	Zufuhr zum Platz oder Bau	franko Platz oder Bau
			brutto	netto			
46,5/20	2500	4 000					
"	"	"					
"	"	"					
46/19	"	"					
"	"	"					
"	"	"					
45/20	"	"					
"	"	"					
"	"	"					
40/20	2000	5 000					
"	"	"					
"	"	"					
37/17	1700	6 000					
"	"	"					
"	"	"					
37/16	"	"					
"	"	"					
"	"	"					
37/15	"	"					
"	"	"					
"	"	"					
36/15	"	"					
"	"	"					
"	"	"					
26,5/12	850	12 000					
"	"	"					
"	"	"					
26/12,5	"	"					
"	"	"					
"	"	"					
26/12	"	"					
"	"	"					
"	"	"					
27/10	770	13 000					
"	"	"					
"	"	"					
23/10	700	14 000					
"	"	"					
"	"	"					
18/11	350	30 000					
"	"	"					
"	"	"					
18/10	"	"					
"	"	"					
"	"	"					
17/10	"	"					
"	"	"					
"	"	"					
15,5/8	150	70 000					
"	"	"					
"	"	"					
15/7,5	"	"					
"	"	"					
"	"	"					

Anmerkung:

Tabelle 2. **Ziegelbedarf pro m²**

für Doppeldeckung

Größe cm	Stückzahl bei Übergreifung in cm			
	5	6	7	8
46,5/20	24,1	24,7	25,3	26
46/19	25,7	26,3	27	27,7
45/20	25	25,5	26,3	27
40/20	28,6	29,4	30,3	31,2
37/17	36,7	37,9	39,2	40,5
37/16	39	40,3	42,3	43,1
37/15	41,7	43	44,4	45,9
36/15	43	44,4	46	47,7
26,5/12	77,5	81,8	85,5	90,1
26/12,5	76,2	80	84,2	88,8
26/12	79,3	83,3	87,7	92,6
27/10	90,9	95	100	105
23/10	111,1	117,6	125	133,3
18/11	139,8	151,5	165,3	181,8
18/10	153,8	166,6	181,8	200
17/10	166,6	181,8	200	222,2
15,5/8	238,1			
15/7,5	266,6			

Tabelle 3. **Ziegelbedarf pro m²**

für Kronen- und Ritterdachdeckung

Größe cm	Stückzahl bei einer Übergreifung in cm				
	8	9	10	11	12
46,5/20	26	26,6	27,4	28	28,8
46/19	27,7	28,4	29,3	30	30,8
45/20	27	27,8	28,6	29,5	30,3
40/20	31,2	32,2	33,3	34,5	35,7
37/17	40,5	42,1	42,4	44,3	47,1
37/15	45,9	47,6	48,1	51,2	53,2
36/15	47,7	48,1	51,2	53,2	55,4
26,5/12	81,1	95,2	100	107.5	119
26/12,5	88.8	94	100	108,8	114
26/12	92,6	98	140	111	118,8

Tabelle 4. **Selbstkostentabelle**
für Mönch- und Nonnendeckung

Nonnen-größe	Mönch-größe	Gewicht kg	Ladung per 11-t-Waggon	per 1000 Stück ab Werk brutto	ab Werk netto	franko Bahnhof	Zufuhr z. Platz oder Bau	franko Platz oder Bau
20/40		2	4000 und					
	11/37	0,8	4000					

Tabelle 5. **Selbstkostentabelle**
für Hohlziegel (italienische Deckung)

Größe	Gewicht kg per 1000 St.	Ladung per 10-t-Waggon Stück	Preise per 1000 Stück ab Werk brutto	ab Werk netto	franko Bahnhof	Zufuhr z. Platz oder Bau	franko Platz oder Bau
47/14		1300					
47/11,5		1300					
45/17		1300					
45/12		1300					

Tabelle 6. **Ziegelbedarf für Mönch- und Nonnendeckung**[1]

Große Mönche, Modell 218, Lattenweite 34 cm, Stück 15
„ Nonnen, „ 219, „ 34 „ „ 15

Kleines Modell für Zier- und Turmdeckungen
Nr. 224—225 KL, Lattenweite 31 cm, ca. Stück 30

Tabelle 7. **Ziegelbedarf pro m²**
für Hohlziegel (italienische Deckung)

Größe cm	Stück bei Übergreifung in cm 7	8
47/14	36	37
47/11,5	45	46
45/17	31	32
45/12	44	45

[1] Wienerberger Fabrikat.

Tabelle 8. **Selbstkostentabelle per m²**
für flache Dachziegeldeckung (doppelt gedeckt)

Gattung	Übergriff	Ziegelformat in cm					
		46,5/20	46/19	45/20	40/20	37/17	37/16
natur	5						
	6						
	7						
	8						
imprägniert	5						
	6						
	7						
	8						
glasiert	5						
	6						
	7						
	8						
		37/15	36/15	26,5/12	26/12,5	26/12	27/10
natur	5						
	6						
	7						
	8						
imprägniert	5						
	6						
	7						
	8						
glasiert	5						
	6						
	7						
	8						
		23/10	18/11	18/10	17/10	15,5/8	15/7,5
natur	3						
	4						
	5						
	6						
imprägniert	3						
	4						
	5						
	6						
glasiert	3						
	4						
	5						
	6						

Tabelle 9 und 10

Selbstkostentabelle
für Hohlziegel (zur First- und Gratdeckung)

Länge	Nase	Preise per 1000 Stück				
		ab Werk		franko Bahnhof	Zufuhr zum Platz oder Bau	franko Platz oder Bau
		brutto	netto			
50	mit					
47	mit					
,,	ohne					
45	mit					
,,	ohne					
40	mit					
,,	ohne					
37	mit					
,,	ohne					
36	mit					
,,	ohne					
35	mit					
,,	ohne					
30	mit					
,,	ohne					
28	mit					
,,	ohne					
26	mit					
,,	ohne					
25	mit					
,,	ohne					
21	mit					
,,	ohne					
19	mit					
,,	ohne					
15	mit					
,,	ohne					

Anmerkung:

Ziegelbedarf per m
für Hohlziegel (zur First- und Gratdeckung)

Länge	Stück bei einer Übergreifung in cm			
	8	7	6	5
50	2,38			
47	2,56			
45	2,7			
40		3,13		
37		3,33		
36		3,45		
35		3,57		
30			4,12	
28			4,54	
26			5,—	
25			5,26	
21				6,25
19				7,14
15				8,33*

Anmerkung: * Übergriffe 3 cm

Tabelle 11. **Selbstkostentabelle für Falzziegel**

Gattung	Größe cm	Gewicht per 1000 St. kg	Ladung per 10-t-Waggon Stück	Farbe	Preise per 1000 Stück: ab Werk netto	Preise per 1000 Stück: franko Bahnhof	Preise per 1000 Stück: Zufuhr zum Platz oder Bau	Preise per 1000 Stück: franko Platz oder Bau
Strang	41/21,5	2300	4 400	Natur				
"	"	"	"	impr.				
"	"	"	"	glas.				
Doppel	40/20	2500	4 000	Natur				
"	"	"	"	impr.				
"	"	"	"	glas.				
Schuppen	39/22	2100	5 000	Natur				
"	"	"	"	impr.				
"	"	"	"	glas.				
Turm	23,5/10	800	12 000	Natur				
"	"	"	"	impr.				
"	"	"	"	glas.				

Tabelle 12. **Ziegelbedarf per m² für Falzziegel**

Gattung	Größe cm	cm Übergriff	Stück per m²
Strang	41/21,5	7—8	15
Doppel	40/20	6	15
Schuppen	39/22	13—15	20
Turm	23,5/10	6—7	60—70

Anmerkung:

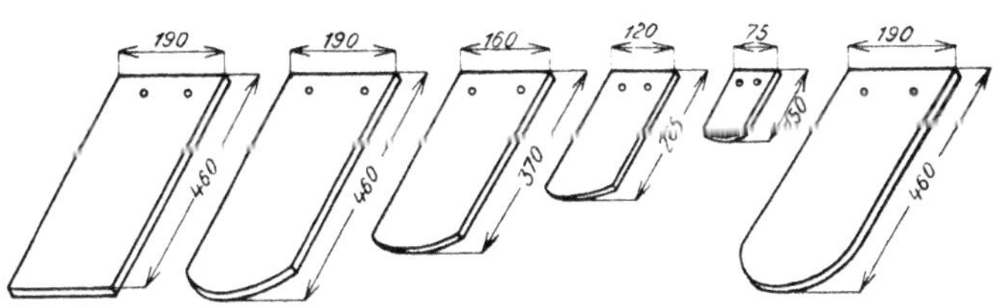

Abb. 22. Flache Dachziegel (Wienerberger Formate)

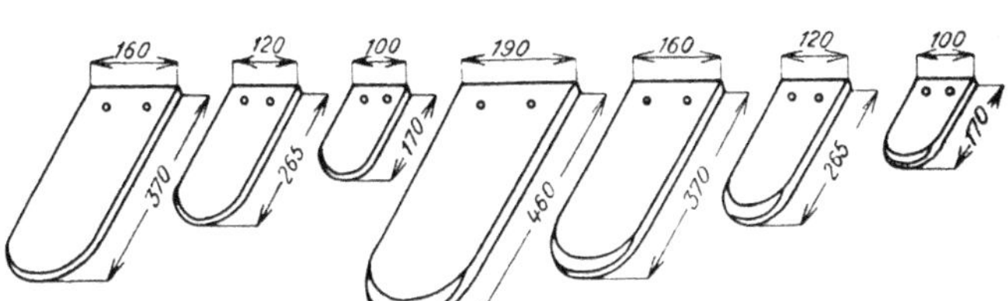

Abb. 23. Biberschwanzziegel (Wienerberger Formate)

Tabelle 13

Ziegelmaterial der Wienerberger Ziegelfabriks- und Baugesellschaft, Wien

Patentfalzziegel	Modell C	15 Stück per 1 m²	1000 Stück S 148,—
Halbe hiezu	„ C		
Strangfalzziegel	„ D	15 „ „ 1 „	1000 „ „ 142,—
Halbe hiezu	„ D		
Rautenfalzziegel	„ B	15 „ „ 1 „	1000 „ „ 148,—
Halbe hiezu	„		

Halbe Ziegel zu allen vorstehenden Modellen werden über Verlangen mitgeliefert, sind aber im Preise den ganzen Ziegeln gleichgehalten.

Imprägniertes Material aller Sorten um 30% teurer

Firstziegel für obige Sorten	Modell a	3 Stück für 1 lm	1 Stück S —,33
	„ b	$2^1/_2$ „ „ 1 „	1 „ „ —,40
	„ c	2 „ „ 1 „	1 „ „ —,50
	„ e	2 „ „ 1 „	1 „ „ —,50

Laut Musterliste Nr. 304	Gewölbtes	Dach-fenster	S 2,50
„ „ „ 300	Flaches		„ —,60
„ „ „ 301	Flaches		„ 1,—doppeltbreit
„ „ „ 308	Gewölbtes		„ 3,50 „

Flache Dachziegel

Nr.	Stück per 1 m²	Schilling per 1000 Stück
2	28	105,—
5	28	105,—
6	43	95,—
7	75	85,—
9	210	32,—
10	28	105,—
11	43	95,—
12	75	85,—
13	135	65,—
20	28	120,—
21	43	110,—
22	75	90,—
23	135	70,—

Firstziegel

Modell Nr.	Stück per lfm	Schilling per Stück
50	2,5	—,12
55	2,5	—,30
65	2,5	—,40
69	3,5	—,30
71	4,0	—,25
73	4,5	—,20
75	5,5	—,12
81	4,0	—,35
83	3,5	—,40

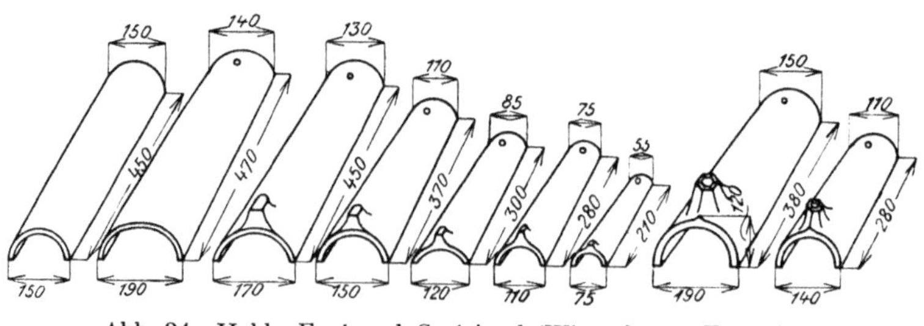

Abb. 24. Hohl-, First und Gratziegel (Wienerberger Formate)

Wienerberger Mönch- und Nonnendachziegel

Für größere Dachflächen (Fabriksmodell Nr. 218, 219, H/J) 1000 Paar S 275,—.

Die passenden Firstziegel hiezu, Modell m (Fabriksnummer 274), per Stück S —,55.

Für kleinere Flächen und für Turmeindeckungen, Modell K/L (Fabriksnummer 224, 225). 1000 Paar S. 210,—.

Firstziegel, Modell o (Fabriksnummer 276), per Stück S —,65.

Wienerberger holländische Pfannen

Modell G. Eindeckung geschieht analog der der Strangfalzziegel. Ziegelgröße 40 × 24½ cm, Verbrauch 15 Stück per 1 m², Lattenweite 34½ cm. 1000 Stück S 165,—. Die hiezu passenden Firstziegel 40 cm lang, überdecken zwei Reihen holländische Pfannen. Für den laufenden Meter First sind daher 2½ Stück erforderlich, per Stück S —,65.

Sämtliche Nonnen und Mönche oder holländische Pfannenziegel werden nur naturfarbig erzeugt, für deren gleichmäßige Farbe die Werke nicht haften, selbe können jedoch auch in anderen Farben hergestellt werden, wenn die Fabrik rechtzeitig den Auftrag hiefür erhält.

Bei solchen Ausnahmsarbeiten empfiehlt es sich, vorerst bei den Werken anzufragen.

Alle Ziegelpreise verstehen sich loko Werk, ohne Warenumsatzsteuer, welche gegenwärtig 2,25% beträgt.

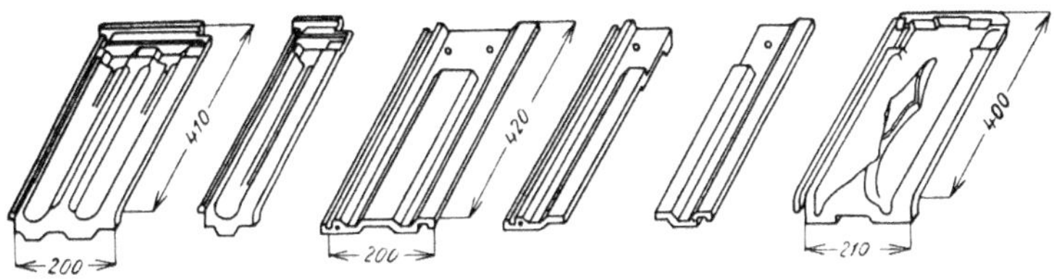

Abb. 25. Doppel-, Strang und Rautenfalzziegl (Wienerberger Formate)

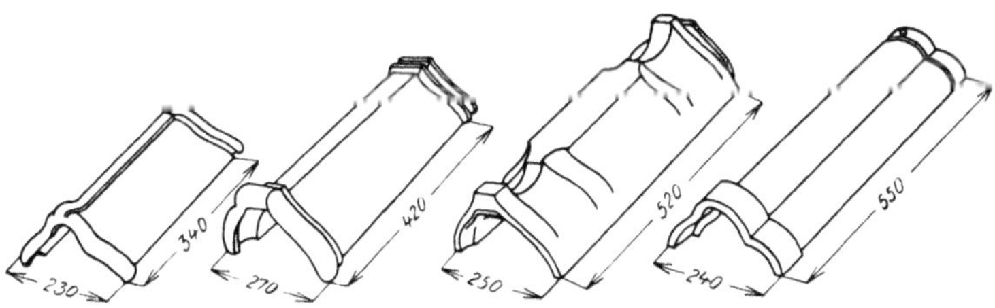

Abb. 26. First- und Gratziegel zur Falzziegeldeckung (Wienerberger Formata)

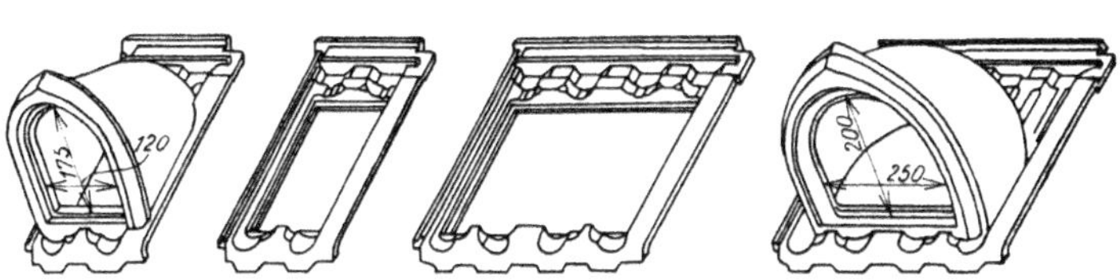

Abb. 27. Formfalzziegel (Dachlucken Glasoberlichtziegel)

Tabelle 14. **Stückzahltabelle per m²**
für Schiefer

Größe in Zoll	Übergreifung in cm, einfach gedeckt						Übergreifung in cm, doppelt gedeckt					
	8	7	6	5	4	3	8	7	6	5	4	3
26/16	5,22	5,—	4,76	4,55	4,36	—	8,41	8,26	8,13	8,—	7,88	—
24/14	6,74	6,38	6,06	5,75	5,48	—	10,48	10,30	10,10	9,92	9,75	—
24/12	8,58	8,05	7,57	7,14	6,74	—	12,58	12,34	12,12	11,90	11,69	—
22/12	9,47	8,87	8,33	7,85	7,40	—	13,90	13,60	13,33	13,07	12,82	—
22/11	10,42	9,80	9,10	8,53	8,—	—	14,88	14,57	14,28	14,—	13,73	—
20/12	10,57	9,88	9,25	8,69	8,18	7,72	15,50	15,26	14,80	14,49	14,18	13,89
20/10	13,68	12,62	11,70	10,35	9,67	9,06	17,89	17,48	17,10	16,72	16,37	16,02
18/12	11,96	11,14	10,41	9,76	9,15	8,61	17,54	17,10	16,66	16,26	15,88	15,50
18/10	15,48	14,25	13,16	12,20	11,33	10,57	21,05	20,51	20,—	19,51	19,05	18,60
18/9	17,54	16,03	14,70	13,55	12,53	11,63	22,88	22,30	21,74	21,20	20,70	20,22
16/12	13,77	12,79	11,90	11,11	10,37	9,75	20,20	19,60	19,05	18,52	18,02	17,54
16/10	17,82	16,34	15,04	13,90	12,87	11,95	24,27	23,50	22,86	22,22	21,62	21,05
16/9	20,20	18,38	16,77	15,44	14,22	13,16	26,38	25,58	24,85	24,15	23,50	22,88
16/8	25,25	22,62	20,40	18,52	16,89	15,48	30,30	29,41	28,57	27,77	27,02	26,32
16½/8½	22/62	20,40	18,52	16,90	15,48	14,25	28,—	27,21	26,46	25,75	25,06	24,42
14/12	16,23	15,—	13,88	12,90	12,02	11,22	23,81	23,—	22,22	21,50	20,83	20,20
14/10	21,22	19,16	17,54	16,13	14,88	13,77	28,57	27,58	26,80	25,56	25,—	24,24
14/8	29/76	26,53	23,80	21,50	15,53	17,84	35,71	34,48	33,30	32,25	31,25	30,30
14/7	35,71	31,34	27,78	24,82	22,32	20,20	39,68	38,31	37,—	35,86	34,72	33,67
13/10	23,53	21,36	19,50	17,86	16,42	15,15	32,—	30,77	29,63	28,57	27,58	26,67
13/7	40,—	34,96	30,86	27,50	24,63	22,22	44,44	42,74	41,15	39,70	38,31	37,04
12/10	26,70	24,15	21,93	20,—	18,31	16,84	36,36	34,72	33,33	32,—	31,08	29,70
12/8	—	33,44	29,76	26,60	24,05	21,79	—	43,48	41,67	40,—	38,46	37,04
12/6	—	—	46,30	40,—	34,96	30,86	—	57,80	55,56	53,33	51,28	49,38
11/7	—	—	37,80	33,41	29,76	26,27	—	52,91	50,50	48,31	46,30	44,44
11/5½	—	—	57,—	48,30	41,66	36,36	—	68,03	64,50	62,11	59,52	57,14
10/8	—	—	37,59	33,33	29,76	26,74	—	54,63	52,63	50,—	46,66	45,45
10/6	—	—	58,48	50,—	43,29	37,88	—	—	70,—	66,66	63,49	60,60
12/6½	—	—	—	—	—	—	—	—	50,50	48,49	46,62	44,44

Tabelle 15. **Selbstkostentabelle**
für blau englische Schiefer

Umrechnungskurs: 1 M. = S 1,70

Bezeichnung	Größe		Ladung per 10-t-Waggons	Preise per 1000 Stück									
				laut Tarif des Bruches				franko Bahnhof		Zufuhr zum Platz		franko Platz	
				brutto		netto							
	Zoll	cm	Stück	M.	Pf.	M.	Pf.	S	g	S	g	S	g
	26/16	66/41	3300										
	24/14	61/36	4200										
	24/12	61/30	4800										
	22/12	56/30	5600										
	22/11	56/28	6000										
	20/10	51/25	7200										
	18/10	46/25	8400										
	18/9	46/23	9000										
	16/10	41/25	9000										
	16/9	41/23	10000										
	$16^1/_2/8^1/_2$	42/23	10500										
	16/8	41/20	11000										
	14/12	36/30	9000										
	14/10	36/25	10500										
	14/8	36/20	13500										
	14/7	36/18	15400										
	13/10	33/25	11000										
	13/7	33/18	16500										
	12/8	30/20	15400										
	12/6	30/15	21000										
	$11/5^1/_2$	28/14	25000										
	10/8	25/20	18000										
	10/6	25/15	25000										

Tabelle 16. **Selbstkostentabelle per m²**
für blau englische Schiefer

Übergriff	einfach gedeckt						doppelt gedeckt					
	16/26	14/24	12/24	12/22	11/22	10/20	16/26	14/24	12/24	12/22	11/22	10/20
8												
7												
6												
5												
4												
3												
	10/18	9/18	10/16	9/16	$8^1/_2/16^1/_2$	8/16	10/18	9/18	10/16	9/16	$8^1/_2/16^1/_2$	8/16
8												
7												
6												
5												
4												
3												
	12/14	10/14	8/14	7/14	10/13	7/13	12/14	10/14	8/14	7/14	10/13	7/13
8												
7												
6												
5												
4												
3												
	8/12	6/12	$5^1/_2/11$	8/10	6/10		8/12	6/12	$5^1/_2/11$	8/10	6/10	
8												
7												
6												
5												
4												
3												

Tabelle 17. **Selbstkostentabelle**
für rot englische Schiefer

Umrechnungskurs: 1 M. = S 1,70

Bezeichnung	Größe		Ladung per 10-t-Waggon	Preise per 1000 Stück: laut Tarif des Bruches: brutto		netto		franko Bahnhof		Zufuhr zum Platz		franko Platz	
	Zoll	cm	Stück	M.	Pf.	M.	Pf.	S	g	S	g	S	g
	24/14	61/36	4000										
	24/12	61/30	4600										
	22/12	56/30	5300										
	22/11	56/28	5700										
	20/12	51/30	5700										
	20/10	51/25	6500										
	18/12	46/30	6000										
	18/10	46/25	7400										
	18/9	46/23	8400										
	16/12	41/30	6700										
	16/10	41/25	8400										
	16/9	41/23	9000										
	16/8	41/20	10000										
	14/12	36/30	8000										
	14/10	36/25	9500										
	14/8	36/20	12000										
	14/7	36/18	13000										
	13/10	33/25	10000										
	13/7	33/18	15000										
	12/10	30/25	11000										
	12/8	30/20	14300										
	12/6	30,15	18000										
	10/8	25/20	16500										
	11/7	28/18	16500										

Tabelle 18. Selbstkostentabelle per m²
für rot englische Schiefer

Übergriff	einfach gedeckt						doppelt gedeckt					
	14/24	14/24	12/22	11/22	12/20	10/20	14/24	12/24	12/22	11/22	12/20	10/20
8												
7												
6												
5												
4												
3												
	12/18	10/18	9/18	12/16	10/16	9/16	12/18	10/18	9/18	12/16	10/16	9/16
8												
7												
6												
5												
4												
3												
	8/16	12/14	10/14	8/14	7/14	10/13	8/16	12/14	10/14	8/14	7/14	10/13
8												
7												
6												
5												
4												
3												
	7/13	10/12	8/12	6/12	8/10	7/11	7/13	10/12	8/12	6/12	8/10	7/11
8												
7												
6												
5												
4												
3												

Tabelle 19. **Selbstkostentabelle**

für blau französische Schiefer

Umrechnungskurs: 1 M. = S 1,70, 1 Fr. = S —,28

Bezeichnung	Größe		Ladung per 10-t-Waggon	Preise per 1000 Stück									
				laut Tarif des Bruches				franko Bahnhof		Zufuhr zum Platz		franko Platz	
				brutto		netto							
	Zoll	cm	Stück	M.	Pf.	M.	Pf.	S	g	S	g	S	g
	24/14	60/36	3 600										
	24/12	60/30	4 300										
	22/12	56/30	4 700										
	22/11	56/28	5 200										
	20/10	50/25	6 600										
	18/10	46/25	7 500										
	18/9	46/23	8 400										
	16/10	40/25	8 500										
	16/8	40/20	11 000										
	14/10	36/25	10 000										
	14/8	36/20	12 500										
	14/7	36/18	14 300										
	12/8	30/20	15 100										
	12/6	30/15	21 300										
	12/6½	30/16	21 000										
	11/7	28/18	19 000										
	10/8	25/20	18 500										
	10/6	25/15	25 000										
	Quadrate:												
	16	40	5 200										
	14	36	7 000										
	13	33	8 200										
	12	30	10 000										
	10	26	14 300										
	9	22	20 000										

Tabelle 20. **Materialbedarf per m²**

Quadrate: einfache Deckung

□ Zoll	16	14	13	12	10	9
Übergriff cm	(40 cm)	(36 cm)	(33 cm)	(30 cm)	(26 cm)	(22 cm)
8	9,77	12,76	16,—	20,66	30,86	—
7	9,47	12,02	15,39	19,76	29,24	44,44
6	9,19	11,49	14,27	18,12	28,29	41,67

Tabelle 21. **Selbstkostentabelle per m²**
für blau französische Schiefer

Übergriff	einfach gedeckt						doppelt gedeckt					
	14/24	12/24	12/22	11/22	12/20	10/20	14/24	12/24	12/22	11/22	12/20	10/20
8												
7												
6												
5												
4												
3												
	12/18	10/18	9/18	12/16	10/16	9/16	12/18	10/18	9/18	12/16	10/16	9/16
8												
7												
6												
5												
4												
3												
	8/16	12/14	10/14	8/14	7/14	10/13	8/16	12/14	10/14	8/14	7/14	10/13
8												
7												
6												
5												
4												
3												
	7/13	10/12	8/12	6/12	8/10	7/11	7/13	10/12	8/12	6/12	8/10	7/11
8												
7												
6												
5												
4												
3												

Tabelle 22. **Selbstkostentabelle**

für grün (rot) französische Schiefer

Umrechnungskurs: 1 M. = S 1,70, 1 Fr. = S —,28

Bezeichnung	Größe		Ladung per 10-t-Waggon	Preise per 1000 Stück									
				laut Tarif des Bruches				franko Bahnhof		Zufuhr zum Platz		franko Platz	
				brutto		netto							
	Zoll	cm	Stück	M.	Pf.	M.	Pf.	S	g	S	g	S	g
	24/14	60/36	4000										
	24/12	60/30	4300										
	22/12	56/30	4700										
	22/11	56/28	5500										
	20/10	50/25	7000										
	18/10	46/25	7600										
	18/9	46/23	8500										
	16/10	40/25	8700										
	16/8	40/20	11000										
	14/10	36/25	10100										
	14/8	36/20	12800										
	14/7	36/18	14600										
	12/7	30/18	16700										
	12/6	30/15	19900										
	10/7	25/18	19900										

für rot französische Schiefer

	24/12	60/30	4500										
	20/10	50/25	7200										
	18/10	46/25	8000										
	18/9	46/23	9000										
	16/10	40/25	9000										
	16/8	40/20	12000										
	14/10	36/25	10500										
	14/8	36/20	13700										
	14/7	36/18	16000										
	13/7	33/18	17500										
	12/6	30/15	22000										
	10/8	25/20	20000										

Tabelle 23. **Selbstkostentabelle per m²**
für grüne und rote französische Schiefer

Übergriff	14 24	12/24	12/22	11/22	10/20	10/18
8 7 6 5 4 3						
	9/18	10/16	8/16	10/14	8/14	7/14
8 7 6 5 4 3						
	7/12	6/12	7/10			
8 7 6 5 4 3						
	12/24	10/20	10/18	9|18	10/16	8/16
8 7 6 5 4 3						
	10/14	8/14	7/14	7/13	6/12	8/10
8 7 6 5 4 3						

(Wegen Stückanzahl pro m² siehe Stückzahltabelle Seite 30)

Tabelle 24. **Selbstkostentabelle**
für französische spitzw. Schablonen
Umrechnungskurs: 1 M. = S 1,70, 1 Fr. = S —,28

Bezeichnung	Größe		Ladung per 10-t-Waggon	Preise per 1000 Stück									
	der Schiefer	des Abschnittes		laut Tarif des Bruches				franko Bahnhof		Zufuhr zum Platz		franko Platz	
				brutto		netto							
	cm	cm	Stück	M.	Pf.	M.	Pf.	S	g	S	g	S	g
V	42,7/28,5	10,7	12000										
VI	38,0/25,0	10,7	15200										
VII	35,6/23,8	9,5	17600										
VIII	33,2/21,4	7,3	23300										
IX	30,8/20,2	7,3	26700										
X	28,5/19,0	7,3	29000										
XI	26,2/17,8	7,3	32800										
XII	23,8/15,4	6,0	42500										
XIII	21,4/13,0	4,8	52600										

Tabelle 25. **Stückzahl per m²**
für französische spitzw. Schablonen

	V	VI	VII	VIII	IX	X	XI	XII	XIII
Stück	21,9	29,3	32,2	36,—	42,1	49,6	59,4	72,9	92,6
Preis									

Tabelle 26. Selbstkostentabelle für deutsche Rechteckschiefer

Umrechnungskurs: 1 M. = S 1,70

Bezeichnung	Größe		Ladung per 10-t-Waggon	Preise per 1000 Stück									
				laut Tarif des Bruches				franko Bahnhof		Zufuhr zum Platz		franko Platz	
				brutto		netto							
	Zoll	mm	Stück	M.	Pf.	M.	Pf.	S	g	S	g	S	g
1	24/14	610/356	2 950										
2	24/12	610/305	3 750										
3	22/12	559/305	4 050										
4	22/11	559/279	4 650										
5	20/10	508/254	5 700										
6	18/10	457/254	6 250										
7	16/10	406/254	7 400										
8	18/9	457/229	6 850										
9	16/9	406/229	8 300										
10	16/8	406/203	9 500										
11	14/8	356/203	10 500										
12	14/7	356/178	12 500										
13	13/7	330/178	14 250										
14	12/6	305/152	18 150										

Tabelle 27. Selbstkostentabelle per m²

Übergriff	Deckung	14/24	12/24	12/22	11/22	10/20	10/18	10/16
8	e							
8	d							
7	e							
7	d							
6	e							
6	d							
		9/18	9/16	8/16	8/14	7/14	7/13	6/12
8	e							
8	d							
7	e							
7	d							
6	e							
6	d							

(Wegen Stückanzahl pro m² siehe Stückzahltabelle Seite 30)

e = einfache Deckung

d = doppelte „

Tabelle 28. **Selbstkostentabelle**
für deutsche Normalschablonen

Umrechnungskurs: 1 M. = S 1,70

Bezeichnung	Größe		Abschnitt	Gewicht per Mille	Preise per 1000 Stück									
	Diagonalbreite				laut Tarif des Bruches				franko Bahnhof		Zufuhr zum Platz		franko Platz	
					brutto		netto							
NN	cm	Zoll	cm	kg	M.	Pf.	M.	Pf.	S	g	S	g	S	g
1	66,2/55,5	18	10,7	3750										
2	61,7/51,0	16,5	10,7	3100										
3	56,8/46,1	15	10,7	2550										
4	52,1/41,4	14	10,7	2100										
5	47,4/36,7	$12^{1}/_{2}$	10,7	1500										
6	42,7/32,0	$11^{1}/_{2}$	10,7	1200										
7	38,0/27,3	10	10,7	1000										
8	35,6/24,9	$9^{1}/_{2}$	10,7	700										
9	33,2/23,7	9	9,5	600										
10	30,8/21,3	8	9,5	550										
11	28,5/21,5	$7^{1}/_{2}$	7,2	450										
12	26,2/19,0	7	7,2	350										
13	20,4/16,4	6	4,0	200										

Tabelle 29. **Stückzahl per m²**

Größe	18	16,5	15	14	$12^{1}/_{2}$	$11^{1}/_{2}$	10
Stück . . Preis . . .	6,5	7,8	9,5	11,8	15	19,8	27,3
Größe	$9^{1}/_{2}$	9	8	$7^{1}/_{2}$	7	6	
Stück . . Preis . . .	32,8	36,1	44,6	44,6	54,6	75,7	

Tabelle 30. Selbstkostentabelle
für deutsche spitzw. Schablonen
Umrechnungskurs: 1 M. = S 1,70

Bezeichnung	Größe		Abschnitt	Gewicht per Mille	Preise per 1000 Stück									
					lautTarif des Bruches				franko Bahnhof		Zufuhr zum Platz		franko Platz	
	Diagonalbreite				brutto		netto							
Nr.	cm	Zoll	cm	kg	M.	Pf.	M.	Pf.	S	g	S	g	S	g
0	66,4/45,0	16	10,7	2650										
I	61,6/41,5	15	10,7	2250										
II	56,7/37,9	13³/₄	10,7	2000										
III	52,1/35,5	12³/₄	10,7	1700										
IV	47,4/30,3	11¹/₂	10,7	1200										
V	42,7/28,5	11	10,7	1000										
VI	38/25	9¹/₂	10,7	800										
VII	35,6/23,8	9	9,5	650										
VIII	33,2/21,4	8	7,3	500										
IX	30,8/20,2	7¹/₂	7,3	450										
X	28,5/19	7	7,3	400										
XI	26,2/17,8	6¹/₂	7,3	300										
XII	23,8/15,4	6	6	250										
XIII	21,4/13,2	5¹/₂	4,8	200										

Tabelle 31. Stückzahl per m²

Größe	16	15	13³/₄	12³/₄	11¹/₂	11	9¹/₂
Stück . .	8	9,5	11,5	13,6	17,7	21,9	29,3
Preis . . .							
Größe	**9**	**8**	**7¹/₂**	**7**	**6¹/₂**	**6**	**5¹/₂**
Stück . .	32,2	36	42,1	49,7	59,5	72,9	92,6
Preis . . .							

Tabelle 32. **Selbstkostentabelle**
für deutsche Litera-Schablonen
Umrechnungskurs: 1 M. = S 1,70

Bezeichnung	Größe		Gewicht per Mille	Preise per 1000 Stück									
	Diagonalbreite			laut Tarif des Bruches				franko Bahnhof		Zufuhr zum Platz		franko Platz	
				brutto		netto							
Litera	cm	Zoll	kg	M.	Pf.	M.	Pf.	S	g	S	g	S	g
AA	66,4/52,1	16½	3000										
A	61,6/48,6	15	2500										
B	56,7/45	14	2000										
C	52,1/42,7	12½	1600										
D	47,4/38	11½	1250										
E	42,7/35,6	11	1050										
F	38/32	10	800										
G	35,6/29,8	9	700										

Tabelle 33. **Stückzahl per m²**

Übergriff		16½	15	14	12½	11½	11	10	9
8	Stück Preis	8,41	9,7	13,2	17,36	20,6	27,7	—	—
7	Stück Preis	8,16	9,18	12,3	16	18,88	25	34,9	44,44
6	Stück Preis	7,71	8,65	11,5	14,8	17,36	22,68	30,19	39,04
5	Stück Preis							27,7	34,6
4	Stück Preis							25	30,86

Tabelle 34. **Selbstkostentabelle**
für Schuppen-Schablonen

Größe cm		Übergriff	Gewicht per Mille	Preis per 1000 Stück									
				laut Tarif des Bruches				franko Bahnhof		Zufuhr zum Platz		franko Platz	
				brutto		netto							
Höhe	Breite	cm	kg					S	g	S	g	S	g
32	25	8/6	1050										
30	25	8/6	1000										
28	24	8/6	800										
28	23	8/6	750										
28	21	7/5½	700										
26	21	7/5½	675										
26	17	7/5	500										
24	21	7/5½	625										
24	19	6/5	550										
24	17	6/5	500										
23	15	6/4½	375										
22	19	6/5	500										
18	15	5/3½	275										

Tabelle 35. **Stückzahl per m²**

	Bruch	32/25	30/25	28/24	28/23	28/21	26/21	26/17
Stück Preis		21,9	23,9	27,7	29,4	30,8	34	43,8

	Bruch	24/21	24/19	24/17	23/15	22/19	18/15	
Stück Preis		38	39,7	46,3	56,1	44,6	67	

Tabelle 36. **Selbstkostentabelle**
für mährisch-schlesischen Schiefer

Quadrate:

Größe		Gewicht per Mille	Preise per 1000 Stück									
			laut Tarif des Bruches				franko Bahnhof		Zufuhr zum Platz		franko Platz	
			brutto		netto							
Zoll	cm	kg	S	g	S	g	S	g	S	g	S	g
8/8	21	570										
9/9	23	780										
10/10	26	1000										
11/11	29	1300										
12/12	32	1560										
13/13	34	2000										
14/14	37	2300										
15/15	40	2800										
18/18	47	4300										
Rechtecke:												
7/12	18/32	600										
8/12	21/32	925										
7/14	18/37	1000										
8/16	21/42	1350										
9/18	23/47	2000										
10/18	26/47	2500										

Tabelle 37. **Stückzahltabelle**
für mährisch-schlesischen Schiefer

Quadrate: Rechtecke:

Größe Zoll	Übergreifung in cm				Größe Zoll	Übergreifung in cm							
						bei einfacher Deckung				bei doppelter Deckung			
	8	7	6	5		8	7	6	5	8	7	6	5
8/8	—	—	—	37,9	7/12	—	—	32,1	39,9	—	—	42,7	41,2
9/9	—	—	—	30,9	8/12	—	30,8	27,5	24,7	—	38,1	36,6	35,3
10/10	—	—	24,4	23,8	7/14	32,0	30,3	29,0	26,0	38,3	37,0	35,8	34,7
11/11	—	20,7	18,9	17,7	8/16	22,7	22,0	21,4	20,9	28,0	27,2	26,7	25,7
12/12	18,2	16,7	15,4	14,3	9/18	17,1	16,7	16,3	15,9	22,3	21,7	21,2	20,7
13/13	14,5	13,5	12,6	—	10/18	14,3	13,9	13,6	13,2	19,7	19,2	18,8	18,3
14/14	11,9	11,2	10,4	—									
15/15	10,1	9,5	8,9	—									
18/18	6,9	6,4	6,1	—									

Tabelle 38. **Selbstkostentabelle**
für Kunstschiefer

Benennung	Größe	Gewicht p. 1000 Stück	Preise per 1000 Stück							
			ab Werk netto		franko Bahnhof		Zufuhr zum Platz		franko Platz	
	cm	kg	S	g	S	g	S	g	S	g
Schablonen . .	40/40	1200								
„ . .	40/40	1200								
„ . .	30/30	700								
„ . .	30/30	700								
Quadratsteine	40/40	1200								
„ . .	40/40	1200								
„ . .	30/30	700								
„ . .	30/30	700								
Rechtecksteine	40/20	650								
„ . .	40/20	650								
„ . .	30/15	350								
„ . .	30/15	350								
Saum- und Firststeine . .	40/20	650								
Saum- und Firststeine . .	30/15	350								
Schuppensteine	40/20	435								
„ . .	40/13	310								
„ . .	40/10	245								
Hohlsteine . .	40/12	475								
Sturmklammern . .		2,9								
Hohlklappenklammern . .		11,5								

Tabelle 39. **Stückzahltabellen per m²**
für Kunstschiefer

Französische Deckung mit Schablonen

Übergriff	30/30 cm wagrechte Lattung cm	30/30 cm Stück per m²	40/40 cm wagrechte Lattung cm	40/40 cm Stück per m²
7	15	18,9	22	9,2
8	14	20,7	21	9,8
9	14	22,7	21	10,4
10	13	25	20	11,2

Deutsche Deckung mit Quadratsteinen

Übergriff	30/30 cm diagonale Lattung cm	30/30 cm Stück per m²	40/40 cm diagonale Lattung cm	40/40 cm Stück per m²
7	23	18,9	33	9,2
8	22	20,7	32	9,8
9	21	22,7	31	10,4
10	20	25	30	11,2

Doppeldeckung mit Quadratsteinen

Übergriff	30/30 cm wagrechte Lattung cm	30/30 cm Stück per m²	40/40 cm wagrechte Lattung cm	40/40 cm Stück per m²
6	12	27,8	17	14,7
7	11,5	29	16,5	15,2
8	11	30,3	16	15,7
9	10,5	31,8	15,5	16,2

Doppeldeckung mit Rechtecksteinen

Übergriff	30/15 cm wagrechte Lattung cm	30/15 cm Stück per m²	40/20 cm wagrechte Lattung cm	40/20 cm Stück per m²
6	12	55,6	17	29,4
7	11,5	58	16,5	30,4
8	11	60,6	16	31,3
9	10,5	63,5	15,5	32,3

Schuppendeckung

Übergriff	40/20 cm (3 Zacken) Stück per m²	Übergriff	40/13 cm (5 Zacken) Stück per m²	Übergriff	40/10 cm (5 Zacken) Stück per m²
5	33	3	50	2	63
5	33	3	50	2	63

Anmerkung:

Tabelle 10. Deckungen

I. Deckung mit Normalschablonen mit überhängenden Spitzen

Überdeckung	Lattenteilung von Ober- zu Oberkante in cm mit Steinen		Anzahl der Steine per m²	
cm	30 × 30	40 × 40	30 × 30	40 × 40
7	15,50	22,60	18,90	9.18
8	14,80	22,00	20,70	9,76
9	14,10	21,20	22,65	10,40
10	13,40	20,50	25,00	11,11

II. Deutsche Deckung mit Quadrat- oder Rechtecksteinen

Überdeckung	Lattenteilung von Ober- zu Oberkante in cm mit Steinen		Anzahl der Steine per m²	
cm	30 × 30	40 × 40	30 × 30	40 × 40
7	23	33	18,90	9,18
8	22	32	20,70	9,76
9	21	31	22,65	10,40
10	20	30	25,00	11,11

III. Doppeldeckung mit Rechtecksteinen

Überdeckung	Lattenteilung von Ober- zu Oberkante in cm mit Steinen		Anzahl der Steine per m²	
cm	30 × 60	25 × 50	30 × 60	25 × 50
7	26,5	21,5	12,58	18,60
8	26,0	21,0	12,82	19,00
9	25,5	20,5	13,24	19,23
10	25,0	20,0	13,33	20,00

IV. Deckung mit rhombusförmigen Steinen horizontal verlegt (altdeutsch)

Überdeckung	Lattenteilung von Ober- zu Oberkante in cm mit Steinen		Anzahl der Steine per m²	
cm	30 × 33	40 × 44	30 × 33	40 × 44
7	23	33	17,01	8,26
8	22	32	18,58	8,79
9	21	31	20,41	9,36
10	20	30	22,50	10,00

V. Deckung der Rhombusschablonen nach französischer Art

Überdeckung	Lattenteilung von Ober- zu Oberkante in cm mit Steinen		Anzahl der Steine per m²	
cm	30 × 33	40 × 44	30 × 33	40 × 44
7	12,82	18,72	17,06	8,28
8	12,23	18,13	18,66	8,80
9	11,64	17,54	20,49	9,38
10	11,05	16,95	22,59	10,02

VI. Doppeldeckung mit Quadrat- oder Rechtecksteinen

Überdeckung	Lattenteilung von Ober- zu Oberkante in cm mit Steinen		Anzahl der Steine per m²	
cm	30 × 15	40 × 20	30 × 15	40 × 20
5	12,50	17,50	53,32	28,58
6	12,00	17,00	55,54	29,40
7	11,50	16,50	57,96	30,34
8	11,00	16,00	60,60	31,25
cm	20 × 36		20 × 36	
7	14,50		34,48	
8	14,00		35,70	
9	13,50		37,03	
10	13,00		38,46	

VII. Deckung mit Rechtecksteinen auf diagonaler Lattung (einfach)

Überdeckung	Lattenteilung von Ober- zu Oberkante in cm mit Steinen		Anzahl der Steine per m²		Überdeckung	Lattenteilung von Ober- zu Oberkante in cm mit Steinen	Anzahl der Steine per m²
cm	20 × 36	25 × 50	20 × 36	25 × 50	cm	30 × 60	30 × 60
7	29	43	26,52	12,70	7	53	8,00
8	28	42	29,76	14,00	8	52	8,74
9	27	41	33,67	15,72	9	51	9,33
10	26	40	38,46	16,70	10	50	10,00

Bei diesen drei einfachen Deckungen ist im Mittel noch eine sogenannte Brustlatte einzusetzen, so daß die Teilung auf die Hälfte der angegebenen Maße sich herabsenkt.

Tabelle 41. Wandverkleidungen

Verkleidung mit rhombusförmigen Schablonen-Schiefern

Überdeckung	Lattenteilung von Ober- zu Oberkante in cm mit Steinen			Anzahl der Steine per m²		
cm	20 × 22	30 × 33	40 × 44	20 × 22	30 × 33	40 × 44
3	17			31,01		
4	16	26	36	35,01	13,26	6,93
5	15	25	35	39,80	14,34	7,32
6	14	24	34	45,64	15,55	7,76
7		23	33		17,01	8,26

Wandverkleidungen mit Wabenschablonen

Überdeckung	Lattenteilung von Ober- zu Oberkante in cm mit Steinen			Anzahl der Steine per m²		
cm	gest.	30 × 30	40 × 40	gest.	30 × 30	40 × 40
3	2/1	17,00			13,70	7,30
4	3/1	15,60	23,30	3/1	14,80	7,70
5	4/1	14,30	22,30	3/2	16,00	8,10
6	5/1	13,00	21,50	4/2	17,40	8,65

Verkleidungen mit Schuppenschiefern

Als Unterlage kommt bei diesen Schiefergattungen nur eine kompakte Bretterverschalung in Betracht, wobei man sich die einzelnen Gebinde mittels Aufschnürung bezeichnet.

Der Schieferverbrauch ist bei den Größen von 40 × 10 und 40 × 30 cm minimal 60 Stück, von der Größe 40 × 20 cm zirka 30 Stück.

Tabelle 42. **Preise und Dimensionen der Kunstschiefer (Eternit, naturgrau)** ab Lager Wien IX

Gegenstand in cm	100 Stück kosten S
Schablonen	
15 × 15	7,50
20 × 20	10,80
30 × 30	21,70
40 × 40	37,—
Saumsteine	
20 × 10	5,40
30 × 15	11,60
40 × 20	19,70
Ansetzer	
30 × 30	19,40
40 × 40	27,80
Rhombusschiefer	
16,5 × 15	7,10
25,5 × 20	11,90
33,4 × 30	23,80
44,5 × 40	40,80
First und Saumsteine	
16,7 × 7,5	3,80
22,5 × 10	6,20
33,4 × 15	13,—
44,5 × 20	21,80
Ansetzer	
16,7 × 15	7,50
22,5 × 20	12,40
33,4 × 30	34,30
44,5 × 40	41,50
Hohlkappen	
30 × 10	32,40
40 × 12	37,—
40 × 18	43,50
Schuppen für Zierdächer	
40 × 10	12,80
40 × 13	16,70
40 × 20	23,50
Rechtecke und Quadrate	
20 × 36	20,80
25 × 50	36,—
30 × 60	51,80
33 × 33	31,30
46 × 46	60,80

Dunkelgraue Schiefer sind um 10% teurer

Rotes Material um 15% der vorstehenden Preise

Eternitstiften per 1 Paket in S		
30 mm	1 Paket	3,30
35 „	„	3,50
40 „	„	3,80
45 „	„	4,20

Sturmklammern (Kupfer) S 2,10

Firstklammern (verz.)

Große .... St. S 2,92

Kleine .... „ „ 3,80

Eternitrohre mit Muffen, 1200 mm

Länge	Durchmesser	Stärke des Rohres	Preis in S
in mm			
1125	50	5	2,15
1105	75	6	2,65
1085	100	6	3,—
1065	125	7	3,60
1050	150	8	5,40
1040	175	10	—,—
1040	200	10	7,20
1030	250	12	10,20
1025	300	14	18,—
Stücklänge	einschließlich	Muffe	2500 mm
2385	100	6	6,—
2365	125	7	7,20
2350	150	8	10,80
2340	200	10	14,40
2330	250	12	20,40
2325	300	14	36,—
Stücklänge	einschließlich	Muffe	3700 mm
3685	100	6	8,90
3665	125	7	10,60
3650	150	8	16,20
3640	200	10	21,90
3630	250	12	28,40
3625	300	14	52,20

Sämtliche Preise für nicht imprägnierte Rohre ab Fabrik, plus 2,46% Wust

Für Innenanstrich werden 10%, für beiderseitigen Anstrich (innen und außen) 20% Aufschlag auf obige Preise berechnet

Kamin- oder Dunstaufsätze

1350	100	6	6,—
1550	150	8	12,—
1650	200	10	21,60

Tabelle 43. **Regiepreistabelle**

Post	Gegenstand	Selbstkosten brutto	Selbstkosten netto
1	1 Geselle per Tag		
	1 „ „ Stunde		
	1 Handlanger männlich per Tag		
	1 „ „ „ Stunde		
	1 „ weiblich per Tag		
	1 „ „ „ Stunde		
	1 Steiger oder Lehrling per Tag		
	1 „ „ „ „ Stunde		
2	1 Schaff gewöhnlicher Mörtel		
	1 „ Haarmörtel		
	1 „ verl. Portlandmörtel		
3	1 „ Kalk		
4	1 „ Portlandzement		
	1 kg Portlandzement		
5	1 Schaff Romanzement		
	1 kg „		
6	1 Schaff feiner Sand		
	1 „ rescher Sand		
	1 m³ Sand für Holzzementd.		
7	Ziegel: Siehe Selbstkostentabellen		
	Aufschlag für Privatkunden . . . %		
	„ „ Baumeister . . . %		
8	1000 Stück Mauerziegel		
9	Schiefer: Siehe Selbstkostentabellen		
	Aufschlag für Privatkunden . . . %		
	„ „ Baumeister . . . %		
10	1000 Stück Ziegelhafter		
	1000 „ Schieferhafter		
11	1000 „ verz. Eisennägel		
	1000 „ unverz. Eisennägel		
	1000 „ Kupfernägel		
	1000 „ Dachpappestiften		
	1 Paket „		
	1000 Stück Lattennägel		
	1 Paket „		
	1 Kreuznagel samt Splinte		
12	1 Stück Haussenfeder		
13	1000 Stück Sturmklammern (Hatschek)		
	1000 „ Sturmklammern (ander. Ursprungs)		
14	1 kg Kupferdraht . . . Stärke		
	1 m „ . . . „		
	1 kg verz. Eisendraht . . . „		
	1 m „ „ . . . „		

Post	Gegenstand	Selbstkosten brutto	Selbstkosten netto
15	1 m Firstblech verzinkt		
	1 m „ schwarz gestrichen		
16	Dachpappe:		
	1 Rolle........................... Dachpappe		
	1 m² .... „		
	1 Rolle........................... „		
	1 m² .... „		
	1 Rolle Unterlagspappe Nr..................		
	1 m² „ „		
	1 Rolle „ „		
	1 m² „ „		
	1/3 Rolle „ „		
	1 m² in 1/3 Rollenstreifen Unterlagspappe Nr...		
17	1 Stück Ziegellatte .....lang..................		
	1 m „		
	1 Stück Schindellatte.....lang................		
	1 m „		
	1 Laden .....lang,.....breit,.....stark.........		
	1 m Laden..................................		
	1 Laden .....lang,.....breit,.....stark.........		
	1 m Laden..................................		
	1 m Deckleisten △..........................		
	1 Sack Brennholz		
18	1 kg Holzzement		
	1 m² „ 1 mal gestrichen		
	1 m² „ 4 „ „		
19	1 kg Holzzementpapier		
	1 m² „ 1 mal gelegt		
	1 m² „ 3 „ „		
20	1 kg Teer		
	1 m² Teer 1 mal gestrichen		
21	1 kg Engelrot		
	1 „ Minium		
	1 „ Ölfarbe		
	1 „ Eisenlack		
	1 „ Dranguß..............................		
22	1 „ Ziegelimprägnierungsmasse		
	1 „ Dichtungsklebemasse....................		
23	1 „ Kälberhaare		
24	1 Stück Mauerhaken		
	1 „ Rohrhaken verzinkt..................		
	1 „ Leiterhaken „		
25	1 Glasziegel .....groß........................		
	1 Glasbiberschwanzziegel .....groß...........		
	1 Glasstrangfalzziegel		
	1 Glasdoppelfalzziegel		

Post	Gegenstand	Selbstkosten	
		brutto	netto
26	1 Schnürlglastafel.....cm groß		
	1 „ ..... „ „		
	1 „ ..... „ „		
	1 Drahtglastafel ...... „ „		
	1 „ ...... „ „		
	1 „ ...... „ „		
27	1 Pinsel		
	1 Besen		
28	Kaminaufsätze: per Stück		
	aus Ton.....cm hoch, ...cm Durchmesser...		
	„ Ton.....cm „ .....cm „ ...		
	„ Ton.....cm „ .....cm „ ...		
	„ verz. Eisenblech...cm hoch, ...cm Durchm..		
	„ „ „ ...cm „ ...cm „		
	„ „ „ ...cm „ ...cm „		
	Drehbarer Aufsatz ...cm hoch, ...cm Durchm..		
	„ „ ...cm „ ...cm „		
	„ „ ...cm „ ...cm „		
	1 m Verlängerungsrohr		
	aus Ton.....cm innere Weite (Durchmesser)...		
	„ Ton.....cm „ „ „ ...		
	„ Ton.....cm „ „ „ ...		
	„ verz. Eisenblech..........cm innere Weite (Durchmesser)		
	„ verz. Eisenblech ....cm innere Weite (Durchmesser)		
	„ verz. Eisenblech ....cm innere Weite (Durchmesser)		
29	1 Wasserbottich gefüllt und entleert		
	1 Wasserbottich verrohrt (gerichtet)		
30	1 Fuhre Schutt (ca. $1\,{}^1/_2\,m^3$)		
	1 Fuhre Material (für 1 Tag)		
	1 „ „ (für $^1/_2$ „)		

Tabelle 44. **Normalarbeitsleistungen**
in Neueindeckungen sowie Akkordlohntabelle
bei Annahme einer normalen Arbeitszeit von 8 Stunden im Tage

Art der Neueindeckung	Gehilfe	Steiger	Handlanger	Stellen per Tag fertig m²	Selbstkosten per m²	Akkord per m²
Ziegeleindeckung:						
1. Einfach:						
Spließdach mit Pappespließe	1	1	—	18—20		
„ „ Holzspließe	1	1	—	20—22		
„ bei Türmen	2	2	—	10—20		
2. Doppelt:						
Gew. Dachziegel hängen	1	1	1	100—120		
„ „ jeden Ziegel 1 mal nageln	1	1	1	25—30		
„ „ „ „ 2 „ „	1	1	1	18—24		
„ „ in Mörtel gelegt	1	1	1	15—18		
„ „ (Türme) 2 mal genagelt	2	2	1	10—24		
Biber (ca. 20/25) gehängt	1	1	1	100		
„ jeder Ziegel 1 mal genagelt	1	1	1	25		
„ „ „ 2 „ „	1	1	1	18		
„ (ca. 16/37) gehängt	1	1	1	90		
„ jeder Ziegel 1 mal genagelt	1	1	1	20		
„ „ „ 2 „ „	1	1	1	16		
„ (ca. 12/26) auf Schalung, 2 mal nageln	1	1	—	6		
„ (ca. 11/18) „ „ 2 „ „	1	1	—	4		
„ (ca. 75/15) „ „ 2 „ „	1	1	1	2		
Kronendach gew. Fläche	1	1	1	25		
„ Türme	2	2	1	10		
Strang- und Doppelfalzziegel, jeder dritte Ziegel gehaftelt, Säume genagelt	1	1	1	30		
Doppelfalzziegel mit Patent „Haussen“	1	1	1	20		
Ixenausdeckung (ca. 20/45) pro m	1	1	—	4		
„ (ca. 16/37) „ m	1	1	—	3—4		
„ (ca. 12/26) „ m	1	1	—	1,5—2		
Firste und Grate eindecken	1	1	—	30—40		
1 mittleres Dachfenster unter 2 m²	1/2	1/2	—	—		
1 großes „ über 2 m²	1	1	—	—		
Innerer Fugenverstrich	1	1	—	50		
Gewöhnliches altes Ziegeldach abtragen	1	1	1	70—80		
Ziegelleisten anziehen pro m	1	1	—	40—60		
Mönch- und Nonnendeckung	1	1	—	16—20		
Pfannendeckung	1	1	—	16—20		
Schiefereindeckung:						
Einfach diagonal, Rechteck	1	1	—	20—25		
„ Schablonen	1	1	—	15—20		
Doppelt	1	1	—	15—20		

Art der Neueindeckung	Gehilfe	Steiger	Handlanger	Stellen per Tag fertig m²	Selbstkosten per m²	Akkord per m²
Wand- und Mansardedeckung mit Dessin	$1^1/_2$	$1^1/_2$	—	10—14		
„ „ „ ohne Dessin	1	1	—	10—14		
Türme und geschweifte bzw. runde Flächen:						
Einfach Diagonal	1	1	—	5—8		
„ Schablonen	1	1	—	5—8		
doppelt	1	1	—	3—5		
Kunstschiefer,						
Schablonen 40 × 40 cm o. Verstr.	1	1	—	40—50		
„ 30 × 30 cm „ „	1	1	—	18—22		
Verstreichen derselben von innen	1	1	—	60—80		
Ixenausdeckung	2	1	— m	10—12		
1 Leiterhaken eindecken	½	½	—	—		
1 Schneefangstütze eindecken	½	½	—	—		
Schutt räumen bei Schieferdach auf ca. 70 m² angenommen 2 m³	1	1	1	6 m³		
1 normales Dachfenster in Ziegel o. Schiefer	1	1	—	5—6		
1 Gerüstriegellocher	1	1	—	10—14		
Dachpappeneindeckungen:						
Einfach	1	1	—	60—80		
Doppelt	1	1	—	25—35		
Auf Dreikantleisten	1	1	—	30—40		
Zur Unterlage für Deckungen	1	1	—	160-200		
Spezial-Dachpappe Ruberoid, Anduro oder dergleichen:						
Schlicht gedeckt	1	1	—	35—40		
„ „ die Nähte geklebt und mit Plaks genagelt	1	1	—	22—25		
Fertige Dachpappendeckungen teeren	1	1	1	180—250		
Teeren einer Feuermauer bei gutem Putz	1	1	1	100—120		
Holzzementdeckung, mit 2 Lagen und Beschüttung	1	1	1	15—18		
Mit 3 Lagen und Beschüttung	1	1	1	10—12		
Preßkies	1	1	1	20—25		

Anmerkung:

Der Akkordlohn betrage nie mehr als höchstens 75% der Selbstkosten der Arbeit per m².

Die Selbstkosten per m² werden aus obiger Tabelle derart ermittelt, daß die Summe der Taglöhne der betreffenden Arbeiter durch die Normalleistung per Tag dividiert wird, z. B. Gewöhnliche Dachziegel hängen, im Mittel 110 m², 3 Personen: à 8 Stunden,

1 Gehilfe	(Selbstkosten inkl. soziale Lasten)	S 16,96
1 Steiger	„ „ „ „	„ 11,44
1 Handlanger (weibl.)	„ „ „ „	„ 8,32
		S 36,72

S 36,72 : 110 m² = S 0,34 per m².

(Selbstkostenpreise)

Preisverzeichnis

für das Dachdeckergewerbe unter Zugrundelegung der Löhne und Marktpreise

ab 11. Juli 1927

A. Löhne

Arbeitszeit: Montag bis Freitag von 7 bis 12 Uhr (½ Stunde Frühstückspause) und von 1 bis 5 Uhr; Samstag von 7 bis 1 Uhr (½ Stunde Frühstückspause).

Stundenlöhne ab 17. Juni 1927:

Gesellen bzw. Gehilfen

a) in den ersten zwei Gehilfenjahren .... S 1,57
b) welche bereits das zweite Gehilfenjahr zurückgelegt oder die Gesellenprüfung mit Erfolg abgelegt haben .... S 1,61
c) alle übrigen Gesellen oder Gehilfen .... S 1,63

Männliche Hilfsarbeiter

a) unter 16 Jahren.. S 0,56
b) über 16 Jahre bis zum vollendeten 18. Jahre .... S 0,72
c) „ 18 „ „ „ „ 22. „ .... S 0,82
d) „ 22 „ .... S 1,01

Bei qualifizierten Arbeiten am Dache verwendbare männliche Hilfsarbeiter erhalten um 5% höhere Stundenlöhne, und zwar:
b) S 0,04 c) S 0,04 d) S 0,05

e) welche zu selbständigen Gehilfenarbeiten verwendet werden, erhalten für diese Verwendungszeit den Gehilfenlohn a) ...... S 1,57

Weibliche Hilfsarbeiter............. S 0,78

Dazu an sozialen Lasten ca. 30%!

B. Material

1. Ziegel siehe S. 21, 23, 25, 26 bis 28.
2. Schiefer (Natur) siehe S. 30, 32, 34, 36, 38, 39 bis 44.
3. Schiefer (Kunst) siehe S. 45 und 49.
4. Sand, grob, per 2 m² .... S 40,— bis 48,—
   „ fein, „ 2 m² .... S 32,— bis 40,—
   Ein Zugschaff Mörtel zu 20 l .... S 0,80
5. Kalk. Weißkalk per 100 kg .... S 5,50 bis 6,—
   Ein Zugschaff Weißkalk........................ S 1,10
6. Roman-Zement (Hydrauer) per 100 kg........................ S 5,85
7. Portland per 100 kg .... S 8,05
8. Engelrot per 100 kg .... S 32,— bis 40,—
9. Teerprodukte:
   a) Dachpappe Nr. 80 .... S 9,50
   „ Nr. 90 .... S 8,60
   „ Nr. 100 .... S 8,10
   „ Nr. 120 .... S 6,80
   „ Nr. 150 .... S 5,60
   „ Nr. 200 .... S 5,40

Kapp-Streifen 15% Zuschlag.
Dreikantleisten pro 1 m .... S 0,15 bis 0,25
Fugleisten pro 1 m .... S 0,12 bis 0,16

b) Spezialpappe (Anduro, Ruberoid usw.):
Nr. 00 .... S 15,—
Nr. I .... S 14,—
Nr. II .... S 13,—
Nr. III .... S 12,—

c) Dachlack pro Faß .... S 19,80
d) Karbolineum pro Faß.......................... S 26,—
e) Holzzement pro Faß .... S 19,80

8. Kaminaufsätze aus Blech:
Fabrikate der Firmen J. A. John A. G., sowie „Turban“-Schornsteinaufsätze.

Preise der gangbarsten Typen:

Durchm. in mm	Rohr $^1/_2$ m S	Rohr 1 m S	Jeder weitere 1 m Rohr S
140	18—19	22—25	9—13
160	22—23	27—30	13—17
180	26—27	32—36	15—19
200	29—31	37—41	17—21
220	33—35	42—46	18—24
240	37—38	48—50	19—26
260	44—46	58—62	29—33
280	47—50	62—67	32—36
300	51—54	68—73	33—38

Die Preise verstehen sich für die Fabrikate „John“ und „Bertrams“ je nach Ausführung und Qualität.

Preise der „Turban“-Schornstein- und Ventilationsaufsätze:

Durchm. in cm	Normale Länge		Verlängerungsrohr per $^1/_2$ m	
	rund S	viereckig S	rund S	viereckig S
14	22	24	6,40	7,20
16	24	30	7,60	8,—
18	28	35	8,—	9,—
20	32	40	9,—	14,20
24	40	50	11,00	16,—
30	56	56	16,—	20,—

9. Schornsteinaufsätze aus Ton:

Höhe zirka 1 Lfm. Lichter Rohrdurchmesser:

100	125	150	175	200	225	250	300	mm
16,—	18,—	20,—	24,—	28,—	33,—	40,—	50,—	Schilling

(Fabrikat der Tonwarenabteilung der Niederösterreichischen Eskompte-Gesellschaft.)

17. Schiefernägel:

	$^5/_4$″	$^6/_4$″	$^7/_4$″	$^8/_4$″
per 1 kg unverzinkt:	S 1,—	0,95	0,90	0,88
per 1 kg verzinkt	S 1,60	1,60	1,60	1,60

18. Dachpappestifte:

großköpfig	25/25	25/30
per 1 kg S	0,85	0,80

19. Drahtstifte 1 kg 22/45.............................. S 0,45
1 kg Haftendraht verzinkt und geschnitten, 12 cm lang..... S 1,20
1 kg Ziegeldraht, verzinkt und geschnitten, 28 cm lang........ S 1,40

Die Berechnung der Dachflächen

Nach dem reinen Ausmaße

1. Das Quadrat (gleichseitiges Viereck = Länge mal Breite (Abb. 28).
2. Das Rechteck = Länge mal Breite (Abb. 29).
3. Rhombus (verschobenes Quadrat) und Rhomboid (verschobenes Rechteck, siehe Abb. 30 und 31) = Grundlänge mal Höhe (nicht seitliches Maß der Figur).

Abb. 28. Das Quadrat

Abb. 29. Das Rechteck

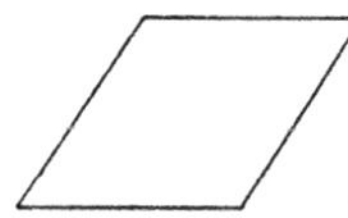

Abb. 30. Rhombus

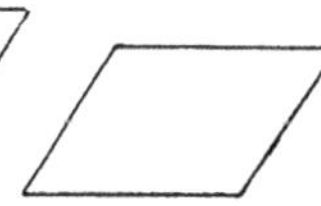

Abb. 31. Rhomboid

4. Das Trapez (Abb. 32) = $\frac{\text{obere Länge} + \text{untere Länge}}{2}$ mal Höhe.
5. Das Trapezoid (Abb. 33) = man zerlege dasselbe durch eine Diagonale in zwei Dreiecke und berechne diese.

Abb. 32. Das Trapez

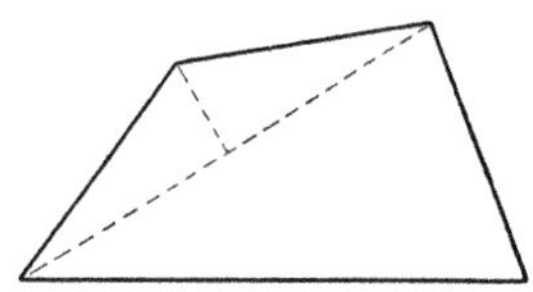

Abb. 33. Das Trapezoid

6. Das Dreieck (Abb. 34) = Grundbreite mal halber Höhe.
7. Das Vieleck (Abb. 35) wird in Dreiecke oder Vierecke zerlegt und diese berechnet.

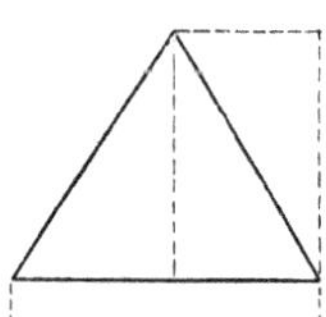

Abb. 34. Das Dreieck

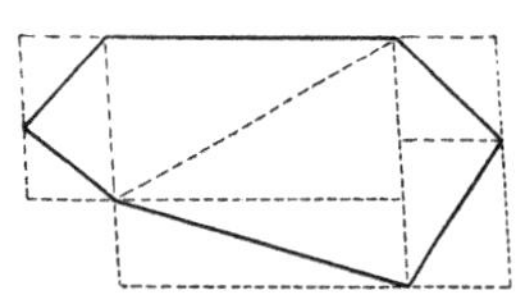

Abb. 35. Das Vieleck

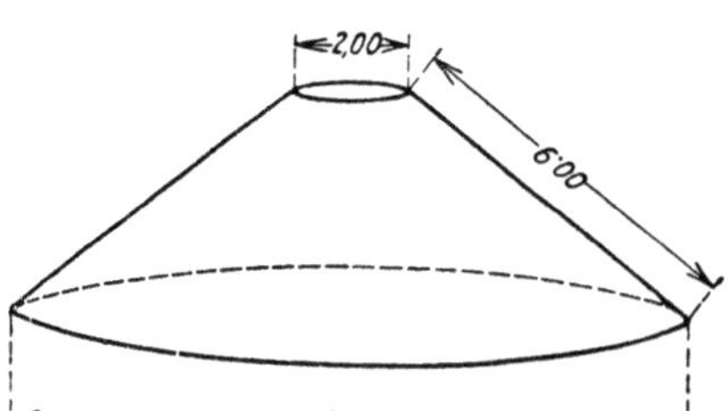

Abb. 36. Ein kegelförmiger Turm

8. Ein kegelförmiger Turm (Abb. 36) wird derart berechnet, indem man das Mittel zwischen dem oberen und dem unteren Umfange mit der Seitenlänge multipliziert, z. B.

$$\frac{2{,}00 + 12{,}00}{2} \times 6{,}00 = \text{m}^2\ 42{,}00.$$

9. Die Kuppel (Abb. 37) wird derart berechnet, indem man selbe in möglichst viele Streifen zerlegt und deren Flächeninhalt addiert. Z. B.:

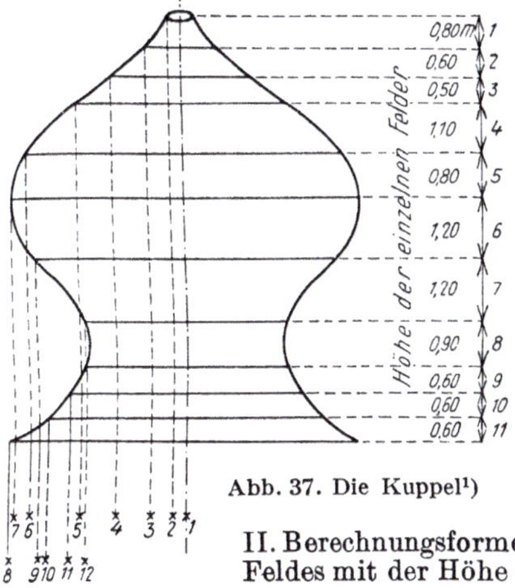

Abb. 37. Die Kuppel[1])

I. Umfang der einzelnen Kreise:

1.	1,20
2.	3,60
3.	5,90
4.	7,85
5.	9,60
6.	10,80
7.	10,80
8.	8,20
9.	8,20
10.	9,40
11.	10,80
12.	12,20

II. Berechnungsformeln — beide Kreislängen (Umfang) des Feldes mit der Höhe der einzelnen abgewickelten Streifen.

1. $\frac{1,20 + 3,60}{2} \times 0,80 = \text{m}^2 \ 1,92$

2. $\frac{3,60 + 5,90}{2} \times 0,60 = \text{m}^2 \ 2,85$

3. $\frac{5,90 + 7,85}{2} \times 0,50 = \text{m}^2 \ 3,43$

4. $\frac{7,85 + 9,60}{2} \times 1,10 = \text{m}^2 \ 9,59$

5. $\frac{9,60 + 10,80}{2} \times 0,80 = \text{m}^2 \ 8,16$

6. $\frac{10,80 + 10,80}{2} \times 1,20 = \text{m}^2 \ 12,96$

7. $\frac{10,80 + 8,20}{2} \times 1,20 = \text{m}^2 \ 11,40$

8. $\frac{8,20 + 8,20}{2} \times 0,90 = \text{m}^2 \ 7,38$

9. $\frac{8,20 + 9,40}{2} \times 0,60 = \text{m}^2 \ 5,28$

10. $\frac{9,40 + 10,80}{2} \times 0,60 = \text{m}^2 \ 6,06$

11. $\frac{10,80 + 12,20}{2} \times 0,60 = \text{m}^2 \ 6,90$

Die Kuppel hat also insgesamt m² 75,93

[1]) Die in der Zeichnung angeführten Höhenmaße (0,80 m, 0,60 m, 0,50 m usw.) sind längs des Mantels gemessen.

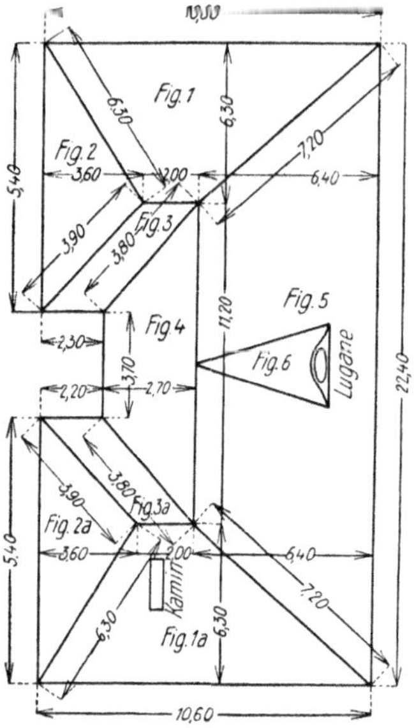

Abb. 38. Dachflächenskizze einer Villa

Die Berechnung der Dachfläche einer Villa

Die Berechnung der Dachfläche einer Villa laut nebenstehender Skizze, Abb. 38, nach reinem Ausmaß, erfolgt derart, daß man die einzelnen geometrischen Figuren des Daches auf der Berechnungsskizze fortlaufend numeriert, wobei gleich große bzw. in Ausmaß und Form vollkommen übereinstimmende Flächen die gleiche Nummernbezeichnung erhalten können und mit dem Beifügen der Buchstaben a, b, c, d usw. gekennzeichnet werden. In unserer Dachskizze sind dies die Flächen Fig. 1, 2 und 3, welche doppelt vorkommen.

Sodann werden die einzelnen Figuren berechnet.

Der Übersichtlichkeit halber sind im vorliegenden Beispiel alle Figuren separat skizziert und berechnet worden, was aber in der Praxis nicht nötig ist.

Fig. 1 - 1a

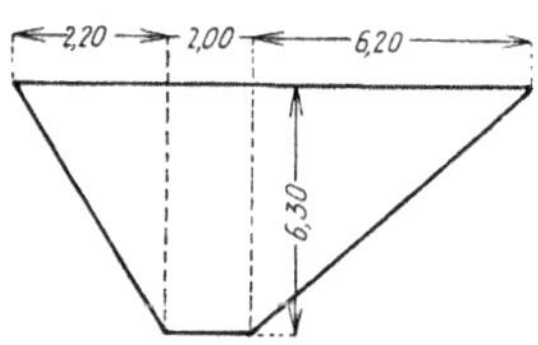

Fig. 1 und 1 a, zerlegt in drei Teile

$$1 = \frac{2{,}20 \times 6{,}30}{2} \times 2 = \qquad \text{m}^2\ 13{,}86$$

$$2 = 2{,}00 \times 6{,}30 \times 2 = \qquad \text{,, } 25{,}20$$

$$3 = \frac{6{,}20 \times 6{,}30}{2} \times 2 = \qquad \text{,, } 39{,}06$$

Fig. 2 - 2a

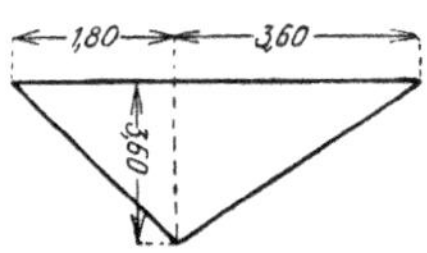

Fig. 2 und 2 a, zerlegt in zwei Teile

$$1 = \frac{3{,}60 \times 3{,}60}{2} \times 2 = \qquad \text{m}^2\ 12{,}96$$

$$2 = \frac{3{,}60 \times 1{,}80}{2} \times 2 = \qquad \text{,, } 6{,}48$$

Fig. 3 - 3a

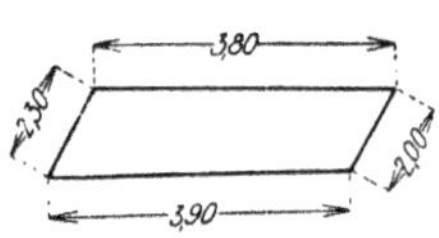

Fig. 3 und 3 a

$$\frac{2{,}30 + 2{,}00}{2} \times \frac{3{,}90 + 3{,}80}{2} \times 2 = \text{m}^2\ 33{,}11$$

Transport m² 130,67

Transport m² 130,67

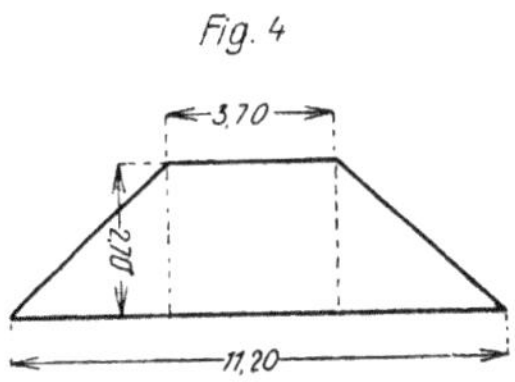

Fig. 4

$\frac{11,20 + 3,70}{2} \times 2,70 =$ m² 20,11

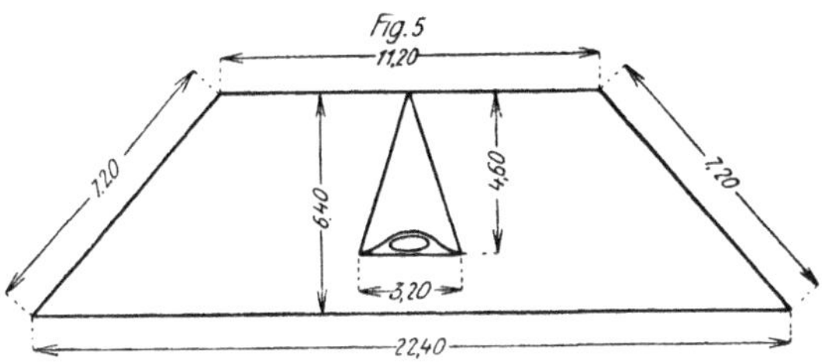

Fig. 5

$\frac{22,40 + 11,20}{2} \times 6,40 =$ m² 107,52

Ausmaß des Villendaches nach vorstehender Berechnung ..... m² 258,30

(hievon Abzug des Dreieckes für die Lugane) per $\frac{3,20}{2} \times 4,60 =$ m² 7,36

verbleiben reines Ausmaß für das Villendach................ m² 250,94

Mit Zuschlägen

Nach den Normen des Wiener städtischen Preistarifes kommen zu dem vorstehend ermittelten reinen Ausmaß folgende Zuschläge:

Für je 1 m Doppelfirst, Grat oder Ixe 1 m².

Für je 1 m Fuß oder Ortsaum, Halbfirst, Halbgrat oder Halbixe ½ m².

Bei mit Ziegeln oder Schiefer gedeckten Dachfenstern, bis zu 80 cm Breite, darf für die Herstellung der Eindeckung nichts in Rechnung gestellt werden, dagegen wird für jedes derartiges Dachfenster ein Zuschlag von 4 m² vergütet.

Öffnungen bis je 4 m² kommen nicht in Abzug, dagegen darf auch keine Umsäumung gerechnet werden.

Blechixen sind Öffnungen.

Runde, kuppelförmige, geschweifte Dachflächen werden mit dem 1½fachen ihrer tatsächlichen (ohne Zuschläge) ermittelten Fläche berechnet.

Die Lattungseinteilung
für den Zimmermann

Da vom Dachdeckermeister bei den meisten Bauten die Lattungen nicht selbst hergestellt, sondern nach seinen Angaben vom Zimmermann gemacht werden, so führen wir nachfolgend einige Beispiele für derartige Vorschreibungen an den Zimmermann an.

1. Gewöhnliches Ziegeldach (doppelt), First und Grat mit gewöhnlichen Hohlziegeln gedeckt

Bei Hängerinne

Einlattung für den Bau ....

Diese hat parallel zum First mit einer Lattenweite von .... cm ('' = Zoll) von Ober- zu Oberkante gemessen, zu geschehen. Längs des Fußsaumes ist eine oben etwas abgeschrägte Doppellatte zu befestigen, von deren Unterkante .... cm entfernt die nächste Latte mit ihrer Oberkante anzubringen ist. Die Einteilung erfolgt somit vom Fußsaume aufwärts und ist die letzte Latte knapp der Firstlinie entlang, ohne Rücksicht auf die vorhergehende Latte zu befestigen.

........, am ...... 191..

....

Unterschrift.

Bei Saumrinne

Diese hat parallel zum First mit einer Lattenweite von .... cm ('' = Zoll) zu geschehen, und zwar von Ober- zu Oberkante gemessen. Der Lattenabstich erfolgt vom Firste abwärts. Die erste Latte ist knapp der Firstlinie entlang zu befestigen.

2. Gewöhnliches Ziegeldach (doppelt), First und Grat mit Nasenhohlziegeln gedeckt

Für Hänge- sowie Saumrinne dieselbe Lattungseinteilung wie vor, jedoch ist bei beiden noch anzusetzen:

„Auf der Kante der Doppelfirste und -grate ist ein 4'' hohes und 2'' breites, oben etwas abgerundetes Polsterholz anzubringen.“

„Die erste bzw. die letzte Latte ist daher knapp an dieses Polsterholz zu befestigen.“

3. Strangfalz- oder Doppelfalzziegeldeckung

Bei Hängerinne

Genau wie 1, jedoch inkl. Zusatz 2, 1. Absatz und:

„Die letzte Latte ist .... cm (zirka 3 bis 4 cm) vom Polsterholz entfernt, ohne Rücksicht auf die vorhergehende Latte zu befestigen.“

Bei Saumrinne

Genau wie 2, inkl. jedoch inkl. Zusatz 2, 1. Absatz und:

„Die erste Latte ist .... cm (zirka 3 bis 4 cm) vom Polsterholz entfernt zu befestigen.“

4. Diagonale Schieferdeckung

Die Lattung geschieht nach der Wetterrichtung entweder von links nach rechts oder umgekehrt mit einer Steigung von zirka 25 bis 30°, diagonal zum First von unten nach oben, wobei die Entfernung der zweiten

Latte von der Unterkante der ersten, alle übrigen von Ober- zu Oberkante gemessen werden.

5. Wagrechte Schieferdeckung

Die Lattung geschieht parallel zum Firste mit einer Lattenweite von .... cm von Ober- zu Oberkante gemessen. Der Lattenabstich erfolgt vom Fußsaum aufwärts, wobei die erste Latte knapp entlang derselben, die nächste Latte von der Unterkante der ersten bis zu ihrer Oberkante mit obiger Lattenweite, alle übrigen von Ober- zu Oberkante gemessen, zu befestigen sind.

6. Wandverkleidungen (Feuermauern, Fassaden usw.)

Die Einlattung von Mauerflächen, Fassaden erfolgt vom Gesimsplattel abwärts, und zwar hat die erste Latte, nachdem vorerst schon längs des Gesimsplattels ein Laden von zirka 30 cm Breite quer und knapp anschließend befestigt wird, mit ihrer Oberkante in der doppelten Entfernung der Gebindehöhe befestigt zu werden.

Alle weiteren Latten sind von Ober- zu Oberkante gemessen, je nach der Eindeckungsart und der Größe der Schiefer, entsprechend der Gebindehöhe von oben nach unten abzustechen.

Nachdem die Mauerkanten und Fenster einer Fassade in der Regel mit Saumsteinen eingefaßt werden, so sind längs der Mauerkanten und rund um die betreffenden Fenster ebenfalls Laden von der annähernden Breite der Saumsteine anzubringen.

Besonders zu berücksichtigen ist noch, ob die einspringenden (konvexen) Mauerkanten mit Saumscharen gedeckt werden oder nicht, um diese dann ebenfalls mit senkrecht anzubringenden Laden zu belegen oder nicht.

Sollte bei den Fenstern eventuell keine Saumschar als Umsäumung kommen, sondern glatt ausgedeckt werden, so ist eine Latte senkrecht zu beiden Seiten des Fensters zu befestigen, an welche die wagrechten Latten anstoßen.

Die Einlattung von Mauerflächen und Fassaden kann jedoch auch diagonal bei einfacher Deckung mit Quadrat- oder Rechtecksteinen geschehen.

Die Oberfläche der Laden und Latten muß eine Ebene bilden.

Das Pauschalverhältnis

Unter Pauschale (Instandhaltungspauschale) versteht der Dachdeckermeister die Übernahme der Instandhaltung von Eindeckungen gegen einen gewissen jährlich, eventuell halbjährlich oder auch monatlich zu bezahlenden Pauschalbetrag. In der Regel ist derselbe jährlich, und zwar im nachhinein fällig.

Die Höhe des Betrages richtet sich ganz nach der Beschaffenheit, Ausführung, Alter, Qualität des Materiales der Eindeckung, Lage des Gebäudes gegenüber der Witterungseinwirkungen und dem Standorte des Meisters.

Unter Instandhaltung einer Ziegel- oder Schiefereindeckung bezeichnet man im allgemeinen die jährlich einmalige, eventuell zweimalige Übersteigung der Bedachung, wobei schadhafte oder zerbrochene Ziegel, resp. Schiefer ausgewechselt, Rauchfänge und Wetterleisten nachgezogen, abgefallener Verstrich im Dachinnern ergänzt und die Dachrinne gereinigt werden.

Bei Dachpappedächern ist die Instandhaltung derart, daß regendurchlässige Stellen ausgebessert und der Anstrich mit Steinkohlenteer erneuert wird.

Bei Holzzementdächern kann ein Pauschale nie übernommen werden, da erstens das Holzzementdach schon bei der Herstellung so ausgeführt werden muß, daß Reparaturen jahrzehntelang ausgeschlossen sind und zweitens eine Reparatur im Holzzementdach meistens eine derartige Kostenhöhe erreicht, welche eine jährliche Pauschalierung ausschließt.

Um nun das Pauschalverhältnis zwischen dem Hauseigentümer, Pächter, Administrator einerseits und dem Dachdeckermeister andererseits klar und deutlich festzulegen, ist es geboten, einen Pauschalvertrag in Form eines Briefes, sowie gleichlautenden Gegenbriefes auszustellen und beide dem Hauseigentümer mit dem Ersuchen einzusenden, den Gegenbrief mit seiner Unterschrift (des Hauseigentümers) versehen, an den Meister zu retournieren, wogegen der Hauseigentümer sich den Pauschalbrief, welcher vom Meister unterfertigt ist, behält.

Der Pauschalvertrag enthalte auf Grund des vorhergesagten folgende Punkte: 1. Den Namen des Hauseigentümers (Pächter, Administrator). 2. Die genaue Angabe des Objektes. 3. Die Art der Instandhaltung. 4. Den Pauschalpreis (pro Jahr, pro ½ Jahr, pro Monat) in Ziffern und Worten, mit dem Zusatze „zahlbar am ....“, „zahlbar im nachhinein“ usw. 5. Die Ausnahmebestimmung, daß Arbeiten, welche durch außerordentliche Elementarerscheinungen und Unfälle, wie Sturm, Hagel, starker Schneefall, Erdbeben, Brand, Überschwemmungen usw., weiters Arbeiten für andere Professionisten, wie Maurer, Spengler, Telephonarbeiter, Rauchfangkehrer usw., sowie auch Herstellungen und Reparaturen von Rauchfängen nur von dem das Pauschale innehabenden Dachdeckermeister gegen separate Vergütung hergestellt werden dürfen. 6. Den Beginn des Pauschales und die Dauer desselben, bzw. Festsetzung einer bestimmten Kündigungsfrist für beide Teile gleichlautend. 7. Die Unterschrift des Meisters auf dem Pauschal- und jene des Hauseigentümers auf dem Gegenbrief.

Es empfiehlt sich, für jedes Objekt einen separaten Pauschalvertrag auszufertigen, da ja der Eigentümer eines seiner Objekte verkaufen kann. Wenn nun über alle Objekte nur ein Pauschalbrief existiert, hat der neue Besitzer vom Dachdeckermeister nichts mehr in Händen, hat daher auch keine Verpflichtungen dem Meister gegenüber und dem Meister kann auf diese Weise das betreffende Objekt als Kunde möglicherweise verloren gehen.

Da aus dem Punkte 5 des Pauschalvertrages leicht Meinungsverschiedenheiten zwischen Meister und Kunde entstehen können, da z. B. ein Sturm von seiten der Kunde als solcher nicht anerkannt, bzw. der Meister dies, falls er diese Separatarbeit nicht sofort verrechnet, nicht mehr bestimmt zu behaupten imstande ist, so empfiehlt sich, **die folgende Wetterliste** zu führen.

Die Wetterliste

für das Jahr ....

Nachdem es öfter für den Dachdeckermeister speziell bei Instandhaltungsarbeiten von Wichtigkeit ist zu wissen, was für ein Wetter an diesem oder jenem Tage herrschte, empfehlen wir die Anlegung einer Liste nach folgendem Muster.

\ = Sturm	○ = Regen	ʍ = Erdbeben
X = Schnee	# = Hagel	

Tag	Jän.	Feb.	März	April	Mai	Juni	Juli	Aug.	Sept.	Okt.	Nov.	Dez.

Vormerkblatt

Bauherr oder Eigentümer: ....

Baumeister oder Architekt: ....

Administrator: ....

Objekt: ....

Voranschlag: ....

....

....

....

....

....

....

Ausführung (sowie Konditionen): ....

....

....

....

Kalkulation: ....

....

....

....

....

....

....

....

....

.... Abgeschlossen, bzw. beauftragt:

.... Mündlich, am: ....

.... Telephonisch, am: ....

.... Schriftlich, am: ....

Zweiter Teil

Der Dachdecker als Gewerbetreibender

Jeder Gewerbebetrieb erfordert, um seinen Inhaber jederzeit über die Lage seines Geschäftes genau zu informieren, schriftliche Aufzeichnungen sämtlicher Vorgänge.

Der Gewerbetreibende muß daher zu seinem eigenen Vorteile über alle seine Angebote, Voranschläge, Briefe, Rechnungen usw. Kopien anfertigen und diese mindestens zehn Jahre aufbewahren.

Ebenso muß er genaue Aufzeichnungen über alle Bareinnahmen und Ausgaben machen. Auch muß er jederzeit wissen, wieviel er anderen schuldet; daher eingegangene Rechnungen aufbewahren und vermerken, bzw. muß er jederzeit wissen, wieviel andere ihm schulden, daher seine abgesandten Rechnungen außer in Kopien noch separat notiert haben, um seine Gesamtforderungen an die einzelnen Schuldner leicht ermitteln zu können.

Es ist daher angezeigt, nachstehendes zu beachten.

1. Von der Buchhaltung

Die größeren und mittleren Betriebe unseres Gewerbes werden die kaufmännische Übersicht über das Vermögen ihres Geschäftes in Form einer mehr oder minder organisierten Buchhaltung bereits eingerichtet haben, nur möchten wir einige Umstände zur Berücksichtigung besonders hervorheben.

Nachdem bei unserem Gewerbe der Hauptverdienst speziell bei Regiearbeiten, im Lohne und Mörtel, weiters in den Materialien (wie Schiefer, Ziegel und Dachpappe, ferner Nägel und Hafter) liegt, so empfehlen wir, falls noch nicht eingeführt, von einer neuen Geschäftsperiode an, d. i. nach einer Inventur oder Bilanz im Hauptbuche außer den vorhandenen Konti noch ein Lohn-, Mörtel-, Schiefer-, Ziegel-, Dachpappe-, Nägel- und Hafter- und ein diverses Materialienkonto (letzteres für sämtliche anderen Materialien) zu eröffnen.

Diese Konti werden auf buchhalterischem Wege aus dem Kassabuch und der Primanota durch das Journal monatlich für die ausgezahlten Löhne, **gekauften** Materialien: wie Sand, Kalk, Roman- und Portlandzement (Mörtelkonto), Schiefer (Schieferkonto), Ziegel (Ziegelkonto) usw. zum Selbstkostenbetrage (d. h. mit dem Nettobetrage der Lieferantenrechnung) **belastet**, wogegen sie für die **verrechneten** Löhne und Materialien zum verrechneten Betrage **erkannt** werden.

Für die Betriebsunkosten, wie Gehalte an Beamte, Werkführer (nicht Arbeiterlöhne, da selbe keine Unkosten, sondern relativ gewinnbringend sind), Steuern, Bureauauslagen, Platz und Kontorzins, Reparaturkosten an Werkzeuge, Fuhrwerk usw., Auslagen für Pferde, Fahrspesen der Arbeitsleute usw. könnten wohl in sehr großen Betrieben eigene Konti eröffnet werden, es genügt jedoch in den meisten Fällen die Zusammenziehung aller dieser Buchungen im Wege der Buchhaltung auf das sogenannte **Regiekonto**, und zwar wird dasselbe für alle Ausgaben **belastet**.

Die Ausgaben und Einnahmen für die Krankenkasse und die Unfallversicherung jedoch, empfiehlt es sich auf zwei separate entsprechend be-

Tabelle 1. **Mai 1927**

Rechnungs-datum	Abgesandt	Name	Objekt	Kopierbuch p.	Saldakonti pag.	Primanota p.	Bau		Pauschal		Gesamt-rech-nungs-betrag		Lohn		Mörtel, Sand, Kalk Zement		Schiefer		Ziegel		Dachpappe		Nägel, Hafter		Div. Mat.		Regie	
							S	g	S	g	S	g	S	g	S	g	S	g	S	g	S	g	S	g	S	g	S	g
1.	1.	F. Müller	Wien X Muhrengasse 3	281	52	—	—	—	—	—	135	—	96	—	25	—	—	—	12	50	—	—	1	50	—	—	—	—
5.	7.	A. Grünwald	Wien I Tuchlauben 2	282	140	—	—	—	—	—	165	25	45	—	12	—	103	75	—	—	2	50	2	—	—	—	—	—
18.	20.	M. Kurz	Wien VI Webgasse 10	283	211	—	2633	40	—	—	2633	40	—	—	—	—	—	—	—	—	—	—	—	—	—	—	—	—
31.	31.	A. Freund	Wien III Hauptstr. 10	284	85	—	—	—	50	—	50	—	—	—	—	—	—	—	—	—	—	—	—	—	—	—	—	—
„	„	G. Weis	Wien V Kohlgasse 20	285	110	—	—	—	—	—	824	90	436	—	210	—	26	—	56	60	—	—	10	—	86	30	—	—
			Zusammen	—	—	35	2633	40	50	—	3808	55	577	—	247	—	129	75	69	10	2	50	13	50	86	30	—	—

Selbstkosten der Bau- und Pauschalarbeit

			Wien VI Webgasse 10	—	—	—	—	—	—	—	2020	30	1036	—	250	—	—	—	635	40	10	20	8	60	20	10	60	—
			Wien III Hauptstr. 10	—	—	36	—	—	—	—	31	70	21	50	2	50	6	50	—	—	—	—	1	20	—	—	—	—
			Zusammen	—	—	—	—	—	—	—	2052	—	1057	50	252	50	6	50	635	40	10	20	9	80	20	10	60	—

nannte Konti zu verbuchen. Diese beiden Konti werden für die Abzüge an den Verdienst der Arbeiter erkannt, für die an die Krankenkasse bzw. Unfallversicherung abgeführten Beträge belastet.

Es sind daher im Kassabuch die Bruttolöhne in Ausgang zu stellen, wogegen die Abzüge für Krankenkasse und Unfall als Eingang zu verzeichnen sind.

Der Abschluß der ersterwähnten Konti (Lohn-, Mörtel-, Schiefer-, Ziegel-, Dachpappe-, Nägel- und Hafter-, diverse Materialienkonti) erfolgt durch das Bilanz-, das Gewinn- und Verlustkonto, jener des Regie-, des Krankenkasse- und des Unfallversicherungskontos nur durch Gewinn- und Verlustkonto.

Tabelle 2. **Muster einer Inventur**

Inventur per 31. Dezember 1926

		S	g	S	g
	I. Aktiva				
1.	Bargeld			120	—
2.	Postsparkassenguthaben (inkl. Stammeinlage)..			370	—
3.	Material;				
	a) Ziegel (laut separater Aufstellung).......	100	—		
	b) Schiefer (laut separater Aufstellung).....	500	—		
	c) Diverses (laut separater Aufstellung)	250	—	850	—
4.	Haus, Garten u. Materialplatz (laut Schätzung).			5630	—
5.	Gerätschaften, Werkzeuge usw. (laut Aufstellung)			150	—
6.	Schuldner (laut Aufstellung)..................			1360	—
	Summe der Aktiva...			8480	—
	II. Passiva				
1.	Gläubiger (laut Aufstellung)			240	—
	Summe der Passiva...			240	—
	Zusammenstellung				
	I. Aktiva			8480	—
	II. Passiva			240	—
	Reinvermögen per 31./XII. 1926...			8240	—

Steyr, den 1. Jänner 1927

Ed. Rottmeier
Dachdeckermeister

Zum Zwecke der richtigen und genauen Aufteilung der Buchungen laut Ausgangsfakturen auf die entsprechenden Konti ist daher ein Ausgangsfakturenbuch nötig, dessen Rastrierung aus beigedruckter Musterseite zu ersehen ist. Die Bildung der Primanotaposten aus dem Ausgangsfakturenbuch werden am besten monatlich vorgenommen.

Bauten und pauschalierte Arbeiten werden im Ausgangsfakturenbuch zum Selbstkostenpreis eingesetzt und erhalten ein separates Konto mit der Bezeichnung Bautenkonto bzw. Pauschalkonto.

Diese beiden letztgenannten Konti werden mit dem Selbstkostenbetrag der betreffenden Arbeiten belastet, dagegen mit den verrechneten Beträgen erkannt.

Tabelle 3. **Musterseite des Tagebuches**

1927

Tag	Monat			S	g	Eingang S	Eingang g	Ausgang S	Ausgang g
1.	Jänner	Kassastand				120	—		
3.	„	Von J. Mayer f. Rchg. v. 25./XII. 1926 erhalten				85	40		
6.	„	Für Kalk an M. Scholz bezahlt						35	—
10.	„	Von Georg Renn f. Rchg. v. 20./XII. 1926 erhalten				165	—		
12.	„	Für gelieferte Ziegel vom Ziegelwerk, hier	Haben	125	—				
18.	„	Für an H. A. Hausmann gelegte Rechnung	Soll	92	70				
20.	„	Für Lohn bezahlt						30	40
„	„	„ Krankenkasse abgezogen				—	70		
„	„	„ Reparatur des Handwagens Nr. 3 bezahlt „Regie“						2	60
22.	„	Von A. Hausmann f. Rchg. v. 18. ds. erhalten				92	—		
23.	„	Aus der Postsparkasse entnommen				270	—		
24.	„	An die Krankenkasse bezahlt						1	05
27.	„	Für Lohn bezahlt						24	10
„	„	„ Krankenkasse abgezogen				—	70		
29.	„	„ meinen Haushalt entnommen						250	—
30.	„	„ an H. Müller gelegte Rechnung	Soll	32	60				
31.	„	„ „ L. Schönhauser gelegte Rechnung	Soll	56	70				
„	„	Kassasaldo						390	65
						733	80	733	80
1.	Februar	An Saldovortrag				390	65		

Tabelle 4. **Musterseite des Hauptbuches**

Soll **Kapitalkonto** Haben

						1.	Jän.	Per Reinvermögen		8240	—

Soll **Privatkonto** Haben

29.	Jän.	An Haushalt .		250	—						

Soll **Betriebskonto** Haben

1.	Jän.	An Materiallager		850	—	6.	Jän.	Per bar an M. Scholz		35	—
3.	„	An bar von J. Mayer		85	40	20.	„	Per Lohn.....		30	40
10.	„	An bar von G. Renn		165	—	27.	„	„ „		24	40
12.	„	An Zgl.		125	—						
22.	„	An bar von A. Hausmann ..		92	—						

Soll **Regiekonto** Haben

20.	Jän.	An Reparatur d. Handwagens .		2	60						

Soll **Krankenkassen- und Unfallversicherungskonto** Haben

24.	Jän.	An Bezahlung		1	05	20.	Jän.	Per Lohnabzug		—	70
						27.		„ „		—	70

Soll **Postsparkassakonto** Haben

1.	Jän.	An Guthaben.		370	—	23.	Jän.	Per Entnahme		270	—

Soll **Schuldnerkonto** Haben

1.	Jän.	An offene Rechnungen......	1360	—	3.	Jän.	Per bar von J. Mayer	85	40
18.	„	An Rechng. A. Hausmann ..	92	70	10.	„	Per bar von G. Renn	165	—
30.	„	An Rechng. H. Müller	32	60	22.	„	Per bar von A. Hausmann ..	92	—
31.	„	An Rechnungen L. Schönbauer	56	70	22.	„	Per Barabzug v. A. Hausmann	—	70

Soll **Gläubigerkonto** Haben

6.	Jän.	A. M. Scholz bezahlt	35	—	1.	Jän.	Per unbezahlte Rechnungen .	240	—
					12.	„	Per gel. Ziegel v. Ziegelwerk	125	—

Für kleinere Betriebe und Anfänger empfehlen wir vor allem an einem bestimmten Tage, womöglich dem 1. eines Monats, ein genaues Verzeichnis (Inventur) über allen Besitz anzulegen, und zwar der Reihe nach über 1. das Bargeld, 2. Postsparkassenguthaben, 3. Bankguthaben, 4. das vorhandene Material (und zwar genau zum Selbstkostenpreis, wobei jedoch altes Material entsprechend dem Alter niedriger anzusetzen ist), 5. Immobilien (wie Grundbesitz, Häuser usw.), 6. Mobilien (Möbeln, Einrichtungen, Kalkgrube usw.), 7. Utensilien (Werkzeuge, Handwagen, Fuhrwerk, Mörtelschaff, Leitern, Seile usw.), 8. die offenen Beträge von Schuldnern als Gesamtbetrag (wobei jeder einzelne genau mit seinem Schuldbetrag anzuführen ist und nur die Gesamtsumme in die in Rede stehende Aufstellung hineinkommt).

Die Summe aller dieser Beträge ergibt unseren Besitz, die Aktiva.

Davon wird nun alles, was wir 1. an die Krankenkasse, 2. an die Unfallversicherung, 3. an unsere Gläubiger schulden, als Gesamtbetrag (Passiva) in Abzug gebracht.

Der übrigbleibende Betrag zeigt das Reinvermögen (siehe Musterbeispiel auf umstehender Seite).

Sodann lege sich der Meister ein Buch an, das die auf der Musterseite ersichtliche Rastrierung hat, das Tagebuch.

In diesem Tagebuch sind alle Bareingänge chronologisch mit genauer ausführlicher Benennung in die Kolonne Eingang, dagegen alle Barausgaben, ebenfalls unter genauer ausführlicher Benennung, in die Kolonne Ausgang einzusetzen.

Eingegangene Rechnungen von seiten unserer Lieferanten sind unter Anführung des Namens desselben, des gelieferten Materiales (ob Sand, Kalk, Schiefer, Ziegel usw.) und mit Beifügung des Wortes „Haben“ knapp vor der unbenannten Kolonne mit ihrem Betrage in diese einzutragen.

Ausgangsfakturen, das sind Fakturen, welche wir an unsere Kunden legen, sind ebenfalls unter Anführung des Namens, des Objektes und mit Beifügung des Wortes „Soll“ knapp vor der unbenannten Kolonne mit ihrem Betrage in diese einzutragen.

Bezüglich der Barauslagen wäre noch zu bemerken, daß Ausgaben für Douceure, Fahrspesen, Reparaturkosten an Werkzeugen, Wagen usw.,

Porti, Drucksorten usw., mit einem Worte sogenannte Spesen, mit dem Worte „Regie“ vor der unbenannten Kolonne zu bezeichnen sind.

Als zweites Buch lege sich der Meister ein Hauptbuch, siehe Musterseite, an.

Tabelle 5. **Musterbeispiel einer zweiten Inventur**

Inventur per 31. Dezember 1927

		S	g	S	g
	I. Aktiva				
1.	Bargeld			210	—
2.	Postsparkassenguthaben			520	—
3.	Material:				
	a) Ziegel (laut separater Aufstellung)	230	45		
	b) Schiefer (laut separater Aufstellung)	150	60		
	c) Diverses (laut separater Aufstellung)	460	—	841	05
4.	Haus, Garten und Materialplatz				
	Haus S 4000,—				
	ab 2% „ 80,—				
	S 3920,—	3920	—		
	Garten und Materialplatz S 1630,—				
	Hiezu 5% Wertzuwachs „ 81,50	1711	50	5631	50
5.	Gerätschaften, Werkzeuge usw. wie im Vorjahre	150	—		
	Ab 5% Abnützung	7	50	142	50
	Schuldner (laut Aufstellung)			2125	10
	Summe der Aktiva...			9470	15
	II. Passiva				
1.	Krankenkassen Monat Dezember 1927			5	64
2.	Unfallversicherung II. Halbjahr 1927			145	20
3.	Gläubiger (laut Aufstellung)			403	—
	Summe der Passiva...			553	84
	Zusammenstellung				
	I. Aktiva			9470	15
	II. Passiva			553	84
	Reinvermögen per 31./XII. 1927 ...			8916	31
	Reinvermögen per 31./XII. 1926 ...			8240	—
	Reingewinn per 1927 ...			676	31

Steyr, den 1. Jänner 1928 Ed. Rottmeier
Dachdeckermeister

Dieses Buch, das wichtigste, da es alle Vermögensbestandteile in richtiger Zusammenstellung enthalten soll, ist mit besonderer Sorgfalt und Genauigkeit zu behandeln.

Die Eintragungen in das Hauptbuch erfolgen auf Grund der Inventur und des Tagebuches.

In demselben erhält jeder unserer Kunden sowie auch unsere Gläubiger eine separate Seite, welche mit dem Namen desselben und dessen Wohnort überschrieben wird.

Aber auch für folgende Titel werden separate Seiten überschrieben: Kapitalkonto, Privatkonto, Betriebskonto, Regiekonto, Krankenkassenkonto, Unfallversicherungskonto, Postsparkassenkonto.

Kapitalkonto. Auf dieses Konto ist vor allem das Reinvermögen laut Inventur auf die Habenseite zu verbuchen.

Privatkonto. Auf dieses Konto sind alle Barauslagen, welche der Meister für sich selbst, d. h. für den Haushalt und Privatzwecke aus dem Geschäft entnimmt, laut Tagebuch, wo diese Buchungen im Ausgange erscheinen, auf die Sollseite einzutragen.

Betriebskonto. Auf dieses Konto ist vor allem der Wert des vorhandenen Materiales laut Inventur, sodann alle Einkäufe an Materialien, sowie die ausbezahlten Löhne (Bruttolöhne) laut Tagebuch auf die Sollseite zu verbuchen, wogegen alle von uns gelegten Rechnungen laut Tagebuch auf die Habenseite einzutragen.

Krankenkassen- und Unfallversicherungskonto. Auf dieses Konto sind vor allem die den betreffenden Institutionen schuldigen Beträge laut unserer Inventur, sodann alle Abzüge an den Arbeiterlöhnen laut Tagebuch auf die Habenseite, hingegen alle Bezahlungen an diese Institutionen auf die Sollseite zu buchen sind.

Postsparkassenkonto. Auf dieses Konto ist wiederum vor allem unser Guthaben laut Inventur, sodann sind alle Zahlungen, die auf unser Konto von seiten unserer Schuldner eingegangen sind (laut Auszügen der Postsparkasse), auf die Sollseite, dagegen alle Überweisungen durch uns mittels Postsparkasse (sei es durch Scheck, im Clearingverkehr usw.) auf die Habenseite zu buchen.

Nun kommen noch die schon eingangs erwähnten Konti, welche unseren Schuldnern und Gläubigern eröffnet werden, die Personenkonti.

Diese Konti werden auf Grund des Tagebuches für eingegangene Rechnungen und eingegangene Zahlungen erkannt, d. h. es sind diese Buchungen auf die Habenseite, dagegen für von uns gelegte Rechnungen und geleistete Zahlungen belastet, d. h. es sind diese Buchungen auf die Sollseite zu machen.

Die Verbuchungen auf den Personenkonti erscheinen daher durchwegs zweimal, und zwar einmal auf dem Personenkonto und einmal auf einem Sachkonto (Betriebs-, Regie- oder Postsparkassenkonto).

Zur näheren Erklärung diene: Die Art der Verbuchungen in das Hauptbuch geschieht wie folgt: Alle Rechnungen, die wir legen, sind auf das Konto der betreffenden Schuldner mit der Bemerkung „für Rechnung.... (Objekt) S ....“ auf die Sollseite, jede Rechnung dagegen, welche wir von unseren Lieferanten (Gläubiger) erhalten, ist auf die Habenseite mit der Bemerkung „für Rechnung .... S ....“, Zahlungen von uns auf der Sollseite, an uns auf der Habenseite zu buchen. Für erstere Buchungen ist der Ansatz „für Barbegleich“, „für Postsparkassenüberweisung“ usw., für letztere Buchungen „für Barausgleich“, „für Akontozahlung“ usw. gebräuchlich.

Der Abschluß des Tagebuches erfolgt monatlich, indem die eingesetzten Beträge auf Eingang und Ausgang summiert werden und die Differenz zwischen diesen beiden Summen auf die kleinere Seite mit dem Ansatze „für Saldo“ eingetragen wird, so daß nun die beiden Seiten gleich sind. Selbstverständlich wird die Eingangsseite immer größer sein, was ja naturgemäß der Fall sein muß, da ja nicht mehr ausgegeben werden kann als vorhanden ist, eventuell wird Eingang und Ausgang gleich sein.

Der Saldo, welcher den Stand des Bargeldes in der Kasse darstellt, wird nun am 1. jedes Monats auf der Eingangsseite mit dem Bemerken „für Saldovortrag“ wieder eingetragen.

Die unbenannte Kolonne wird nicht abgeschlossen, da hier ja Soll- und Habenposten beisammen sind.

Der Abschluß des Hauptbuches dagegen erfolgt jährlich nur einmal, meistens am 31. Dezember, und zwar in folgender Weise:

Die Sachkonti (das Kapital-, Privat-, Betriebs-, Regie-, Krankenkassen-Unfallversicherungs- und das Postsparkassenkonto) bleiben vorderhand so wie sie sind.

Die Personenkonti (die Konti unserer Schuldner und Gläubiger) dagegen werden derart abgeschlossen, daß man zuerst auf einem separaten Blatt Papier die Summe der Soll- und jene der Habenseite jedes einzelnen Konti ermittelt und die Differenz zwischen diesen beiden Summen sodann mit Tinte auf die kleinere Seite des Kontos mit dem Ansatze „für Saldo" einträgt.

Ein Saldo auf der Sollseite zeigt uns an, daß der Inhaber des Kontos unser Gläubiger, und zwar mit dem Saldobetrage ist, dagegen ein Saldo auf der Habenseite kennzeichnet unseren Schuldner.

Der Saldo der einzelnen Konti wird nun auf der entgegengesetzten Seite für das neue Geschäftsjahr vorgetragen.

Hierauf wird die zweite Inventur, siehe Musterbeispiel, wie bereits beschrieben, aufgestellt.

Zur besseren Orientierung wollen wir die Reihenfolge der einzelnen Posten nochmals anführen. 1. Das Bargeld. (Dasselbe muß, wenn die Kassa-ein- und -ausgänge regelmäßig und richtig gebucht wurden, mit dem Saldo des Tagebuches übereinstimmen.) (Gleichzeitig bemerken wir noch, daß die zweite Inventur bzw. auch alle weiteren am besten am 1. Jänner des Jahres, also in unserer toten Zeit, wo wir verhältnismäßig die meiste Zeit hiezu haben, vorgenommen wird, so daß sich das Geschäftsjahr mit dem Kalenderjahr deckt.) 2. Das Postsparkassenguthaben (welches mit dem Saldo unseres Kontos im Hauptbuche übereinstimmen muß). 3. Eventuelles Bankguthaben. 4. Das vorhandene Material. 5. Immobilien (wobei jedoch bei Realbesitz (wie Häuser usw.) mindestens 2% für Entwertung von dem bereits in der ersten Inventur angeführten Schätzungswerte abzuschreiben, bei Grundbesitz jedoch, da derselbe von Jahr zu Jahr im Werte steigt, der zur Zeit der Inventuraufstellung im Orte übliche niedrigste Preis einzusetzen ist). 6. Mobilien. Bei diesen sind mindestens 5% für Abnützung abzuziehen. 7. Utensilien. Bei diesen sind mindestens 10% von dem für Werkzeuge, welche bereits bei Aufstellung der ersten Inventur vorhanden, angeführten Beträgen abzuziehen und einzusetzen, während neu hinzugekommenes mit dem reinen Anschaffungspreis ohne Abzug miteinbezogen wird. 8. Die Gesamtsumme aller offenen Beträge unserer Schuldner laut unserem Hauptbuche.

Die Summe dieser Beträge ergibt die Aktiva.

Hievon sind abzuziehen: 1. Was wir an die Krankenkasse, 2. an die Unfallversicherung und 3. an unsere Gläubiger schulden. Letzteres wird aus dem Hauptbuche ausgezogen.

Diese drei Posten ergeben die Passiva.

Subtrahiert man nun die Passiva von der Aktiva, so erhält man als Differenz das Reinvermögen.

Wird nun das Reinvermögen der vorhergegangenen Inventur von jener der nächstfolgenden abgezogen, so zeigt die Höhe dieser Differenz den in der Zwischenzeit erzielten Reingewinn unseres Betriebes an.

Sollte aber das Reinvermögen der vorhergegangenen Inventur größer als jenes der späteren sein, so ist die Differenz zwischen beiden der Reinverlust in der Zwischenzeit.

Nach Fertigstellung der Inventur wird sodann der Betrag des Postsparkassenguthabens auf die kleinere Seite des Postsparkassenkontos im Hauptbuche unter dem Datum 31. Dezember mit dem Bemerken „per Inventur", ebenso auch das eventuelle Bankguthaben, ferner der Betrag der vorhandenen Materialien laut Inventur auf die kleinere Seite des Betriebskontos (Sollseite), dagegen eine Schuld an die Krankenkasse laut Inventur auf die größere Seite (ausnahmslos die Habenseite) des Krankenkassenkontos, eine Schuld an die Unfallversicherung auf die größere Seite (ebenfalls nur die Habenseite) des Unfallversicherungskontos übertragen.

Das Postsparkassen-, das Bankkonto wird nun ausgeglichen sein, d. h. die Sollseite wird eine gleiche Höhe wie die Habenseite aufweisen.

Dagegen werden das Privatkonto, das Betriebskonto, das Regiekonto, das Krankenkassen- und Unfallversicherungskonto noch mit Gewinn oder Verlust ausgeglichen, und zwar wenn die Habenseite größer durch Eintragung der Differenz auf die Sollseite mit dem Bemerken „an Gewinn", dagegen wenn die Sollseite größer, durch Eintragung der Differenz auf die Habenseite mit dem Bemerken „per Verlust". Ersteres wird nun beim Betriebskonto, letzteres bei den anderen Konti, wie Privat-, Regie-, Krankenkassen- und Unfallversicherungskonto der Fall sein.

Das Kapitalkonto wird als letztes derart abgeschlossen, daß auf die Habenseite der Reingewinn laut letzter Inventur mit dem Ansatze „per Reingewinn per 31. Dezember 19.." und auf die Sollseite das Reinvermögen der letzten Inventur mit dem Ansatze „an Reinvermögen per 31. Dezember 19.." eingetragen wird, worauf das Kapitalkonto ausgeglichen ist.

Die Sachkonti werden nicht wie die Personenkonti vorgetragen, sondern sie werden neu eröffnet, d. h. die erste Eintragung erfolgt nur nach dem Tagebuche bzw. Inventur in der neuen Geschäftsperiode.

Damit haben wir alle Konti abgeschlossen.

Zur Vormerkung der eingegangenen Waren, über die wir noch keine Rechnung in Händen haben, bzw. von bereits geleisteten Arbeiten, über die wir noch keine Rechnung gelegt haben, empfiehlt es sich, noch ein drittes Buch, welches auch ohne Geldkolonne sein kann, anzulegen, die Strazza. In dieses Buch sind alle Vorgänge im Betriebe zu notieren, wie z. B. der Eingang und Ausgang von Materialien unter dem genauen Datum und Anführung des Namens jener Person oder Firma, von welcher wir selbe erhalten bzw. für welches Objekt, Bau usw. wir geliefert haben, um bei Eingang der Rechnungen bzw. Legung unserer Rechnung erstere prüfen, letztere ausstellen können.

Sollte auch der kleinere Meister verhältnismäßig viele Rechnungen zu legen haben, so empfiehlt sich, ebenfalls ein Ausgangsfakturenbuch wie für den Großbetrieb anzulegen, nur muß dasselbe dann einfacher rastriert sein. Siehe Musterseite.

Tabelle 6. **Musterseite eines Ausgangsfakturenbuches für kleine Betriebe**

1927

Rechnungsdatum		Abgesandt	Name	Objekt	Rechnungsbetrag S	Rechnungsbetrag g	Lohn und Materialien S	Lohn und Materialien g	Regie S	Regie g	Lohn und Materialienselbstkosten S	Lohn und Materialienselbstkosten g
18.	Jän.	20.	A. Hausmann	Steyr	92	70	92	70	—	—	68	10
30.	„	30.	H. Müller	„	32	60	31	—	1	60	21	80
31.	„	31.	L. Schönhauser	„	56	70	56	70	—	—	45	—
				per Jän. 1927	182	—	180	40	1	60	134	90

2. Von der Korrespondenz

Jede schriftliche Anfrage, Auftrag usw., welchen wir erhalten, soll sofort erledigt werden, falls nicht im vorhinein die Absicht besteht, sie unerledigt zu lassen.

Sollte es sich um eine fachmännische Anfrage handeln, so wird die rasche Erledigung von dem Können des Meisters zegen, sollte es sich um einen Preis handeln, so wird die prompte Bekanntgabe desselben schon einen gewissen Vorzug vor den später Kommenden einbringen.

Die schriftliche Erledigung unserer Angelegenheiten sei einfach und klar, unzweideutig und höflich; man vermeide das bekannte Kaufmannsdeutsch, denn unsere Kunden sind selten Kaufleute, sondern meist Privatleute.

Man vergesse nie das Datum des Briefes an erster Stelle anzusetzen z. B.: „Graz, den 25. Mai 1927" in der rechten oberen Ecke des Schreibens.

Jeder Brief, welcher von uns abgeht, muß kopiert werden mittels Kopierpresse oder Durchschreibverfahren, bei der Schreibmaschine mittels Durchschlag.

Jedes Schriftstück versehe man sofort bei Eintreffen mit dem Datum dieses Tages, bei Erledigung mit dem Datum der Erledigung. Alle ein- und ausgehenden Briefe sind in einer überall erhältlichen Registermappe unter dem betreffenden Buchstaben (Name des Schreibers) abzulegen.

3. Von den Voranschlägen

Voranschläge über Dachdeckerarbeiten auf Neubauten, Adaptierungen usw. werden in der Regel von seiten der Bauunternehmer, Baumeister oder Architekten auf von ihnen eingesandten ausführlich beschriebenen Ansätzen abverlangt. Da dies in der Regel nur schablonenmäßig beschriebene Ansätze sind, hat sich der Meister vor allem zu überlegen, ob der Ansatz auch fachmännisch richtig ist. Ferner wird häufig die Verrechnungsweise nicht oder sehr unklar angegeben sein. Weiters soll sich der Meister genau informieren, wo und wann der Bau bzw. die Eindeckung zur Ausführung kommen wird, dann noch in die Dachpläne Einsicht nehmen, was speziell bei Berechnung nach den Normen des Wiener städtischen Preistarifes notwendig ist, um äußerst kalkulieren zu können, da die Zuschläge zwischen 15 bis 100% und auch mehr schwanken.

Bei Berechnung nach reinem Maße, d. h. von Schiefer- zu Schieferende bzw. von Ziegel- zu Ziegelende gemessen, wird sich der Meister in der Regel vorbehalten, daß Öffnungen, wie normale Dachfenster, Rauchfänge, Attikamauern usw. als gedeckte Flächen verrechnet werden, eventuell beisetzen, daß Öffnungen bis zu einer gewissen Größe (2 bis 4 m^2) nicht in Abzug gebracht werden. Bei letzterem ist jedoch zu bemerken, daß der Ziffer 2, 3 oder 4 (letztere natürlich für den Meister am günstigsten) das Wörtchen „je" vorauszusetzen ist, womit ausdrücklich festgelegt wird, daß jede einzelne Öffnung unter diesem Maßstabe zu verstehen st und nicht etwa das Ausmaß sämtlicher Öffnungen zusammengenommen.

Bei Provinzarbeiten erkundige man sich genau, ob man die Zufuhr der Materialien vom Bahnhof zum Bauobjekt selbst zu tragen hat oder nicht und halte dies schriftlich fest.

Bei öffentlichen Offertausschreibungen nehme man in die allgemeinen und speziellen Bedingungen Einsicht und kalkuliere erst dann die Preise.

Alle Voranschläge, die wir brieflich legen, werden kopiert, jene dagegen, deren Vorschreibung uns von seiten der Bauherren, Baumeister oder Architekten zugehen, werden, da sie in der Regel nicht kopierfähig sind, in ein eigenes Buch geschrieben. Sodann wird über die Eintragungen in diesem Buch ein Register angelegt.

Bei Regievoranschlägen vergesse der Meister nicht zu erwähnen, daß die Arbeiten auf Grund des wirklichen Aufwandes an Arbeit und Materialien laut den von der betreffenden Hausinhabung bzw. ihrem Organe (Hausbesorger, Portier usw.) bestätigten Arbeitsbestätigung und Lieferscheinen verrechnet werden.

Bei diesen Voranschlägen nehme man auch die einzelnen Schichten und Materialien immer etwas höher an als man selbst voraussetzt, da es vorteilhafter ist, wenn die Rechnung eher etwas kleiner wie der Voranschlag wird und dadurch die unliebsamen Erörterungen wegen Kostenüberschreitung am Ende der Arbeit vermieden werden.

4. Von der Kalkulation

Die Kalkulation ist für den Meister die Grundlage für seine Preisabgabe in Neueindeckungen. Es ist daher notwendig, daß sie richtig und mit allem Vorbedacht gemacht wird. Die ersten Bedingnisse einer richtigen Kalkulation sind, daß der Meister genau die Selbstkosten aller Materialien, die Selbstkosten seiner Arbeitsleute und die Höhe ihrer Leistungen kennt bzw. diese in Notiz hat. Die in diesem Buche befindlichen Stückzahltabellen, Selbstkostentabellen, die Regiepreistabelle, die Normalarbeitsleistungen in Neueindeckungen und die Akkordlohntabelle, welche der Meister der Gebrauchsanweisung gemäß, seinen Bezugspreisen, Arbeitslöhnen usw. entsprechend, ausgefüllt hat, werden ihm hiebei unentbehrlich und die beste und richtigste Stütze sein.

Zur weiteren Erleichterung der Kalkulation möchten wir noch folgende Kalkulationsschablone, nach welcher alle Preise für Neueindeckungen zu überprüfen sind, empfehlen:

Kalkulationsentwurf

Die Selbstkosten der Deckmaterialien (Ziegel, Schiefer, Dachpappe, Holzzement, Holzzementpapier, Sand, Schotter) per Quadratmeter . . . . S ......

Die Selbstkosten der Unterdeckungsmaterialien (Unterlagsdachpappe, Haussenfedern, Latten, Schalbretter) . . . . S ......

Die Selbstkosten der Verstrichmaterialien (Kalkmörtel, Kuhhaarmörtel usw.) . . . . S ......

Die Selbstkosten der Befestigungsmaterialien (Nägel und Hafter, Sturmklammern, Splinten usw.) . . . . S ......

Der Arbeitslohn für die reine Deckung (bei Provinzarbeiten ist die Landzulage zu berücksichtigen) . . . . S ......

Der Arbeitslohn für Unterdeckung . . . . S ......

Der Arbeitslohn für Verstrich. . . . . S ......

Zusammen . . . S ......

Bei Mauerverkleidungen und Turmeindeckungen ist weiters zu kalkulieren die Gerüstung per Quadratmeter . . . . S ......

Bei Provinzarbeiten:

Die Fracht und Zufuhr des Materials vom Lagerplatz bis Bestimmungsstation per Quadratmeter . . . . S ......

Die Zufuhr des Materials von der Bestimmungsstation bis zum Bauobjekt per Quadratmeter . . . . S ......

Zusammen . . . S ......

......% Regie[1] . . . . „ ......
Reine Selbstkosten per Quadratmeter . . . . S ......
......% Verdienst[2] . . . . „ ......
S ......
......% Provision[3] . . . . „ ......
Offertpreis per Quadratmeter S

[1] Die Höhe der Regiekosten richtet sich nach dem Betriebe des Meisters. Dieselbe kann perzentuell größer oder kleiner sein und läßt sich am besten ermitteln, wenn die Buchführung in der unter dem Artikel „Von der Buchhaltung“ beschriebenen Weise durchgeführt wird und nach dem ersten Geschäftsjahr der auf dem Regiekonto ersichtliche Saldo (d. i. der Betrag der Regieausgaben) gegenüber dem Gesamtumsatze desselben Jahres, welcher Betrag aus dem Ausgangsfakturenbuch zu ermitteln ist, in ein perzentuelles Verhältnis gebracht wird. Dies geschieht dadurch, daß man die Regieausgaben durch den hundertsten Teil des Jahresumsatzes dividiert; z. B. der Umsatz beträgt in einem Jahre 25 000 S, die Regieausgaben dagegen 3000 S, somit $3000 : \frac{25\,000}{100} = 3000 : 250 = 12\%$ Regie.

Die Höhe der Regie ist aber auch abhängig von der Lage des Baues, ob in der Nähe des Materialplatzes oder nicht. Bei Provinzarbeiten müssen die Fahrspesen der Arbeiter, die Frachten, Transportkosten für die kleineren Sendungen, wie Werkzeug, Nägel, Eindeckhaken, Glasziegel oder -platten usw. berücksichtigt werden.

Im allgemeinen schwankt die Regie zwischen 5 bis 20%.

[2] Der Verdienst ist ganz von dem Willen des Meisters abhängig. Derselbe wird beispielsweise bei dem Bau für einen Bauherrn, an dessen Kundschaft ihm gelegen ist, geringer sein als bei nicht besonders prompten Zahlern.

Weiters wird der Meister bei Berechnung nach reinem Ausmaße einen höheren, dagegen bei Berechnung mit Zuschlägen bedeutend geringeren, ja sogar, wenn die Formation des Daches zahlreiche Zuschläge zuläßt, überhaupt keinen Verdienst auf den Quadratmeter-Preis kalkulieren.

Je komplizierter das Dach ist, desto mehr Zuschläge kommen in Betracht, daher kann eine desto größere Reduktion des Offert**einheits**preises eintreten. Wenn z. B. die Zuschläge einer voraussichtlichen Berechnung nach Einsichtnahme in die diesbezügliche Dachskizze approximativ zirka 30 bis 40% der reinen Dachflächen ausmacht, so kann ich vielleicht 5 bis 10% unter den Selbstkostenpreis herabgehen.

Im allgemeinen wird der Verdienst mit 10 bis 20% kalkuliert.

Hiebei ist aber noch zu berücksichtigen, ob der betreffende Baumeister oder Architekt voraussichtlich einen Nachlaß verlangen wird, was bei manchen usuell ist. Einen derartigen Nachlaß hat man gleich bei der Kalkulation aufzurechnen.

[3] Provisionen an Vertreter oder Vermittler sind gleich bei der Kalkulierung der Preise in Betracht zu ziehen, indem diese um 1 bis 2% höher aufgeschlagen werden. Wenn z. B. jemand von einem Abschluß 5% Provision zu erhalten hat, so werde ich, da diese 5% vom Bruttopreis bzw. Abschlußpreis in Abzug kommen, 6% aufschlagen.

5. Von den Rechnungen

Die Rechnungen sollen sofort nach Fertigstellung der Arbeiten gelegt werden, mit Ausnahme von Instandhaltungsrechnungen, welche in der Regel erst nach Ablauf des Pauschaltermines zu legen sind.

Die Art der Rechnungen sei bei größeren Betrieben dem Ausgangsfakturenbuch, wie in dem Kapitel „Von der Buchhaltung" beschrieben, angepaßt, bei kleineren Betrieben setze man unter den Titel der Rechnung, welchen der volle Name des Hausbesitzers bildet, das Objekt und sodann kurz, aber deutlich, was geleistet wurde an und verrechne vorerst die Arbeitslöhne, dann die Materialien.

Bei Baurechnungen besteht der Titel aus dem vollen Namen des Auftraggebers, meistens des Bauherrn, eventuell auch des Baumeisters oder Architekten, und sollte Bauherr und Baumeister nicht eine Person, uns jedoch beide bekannt sein, so ist dem Namen des Bauherrn noch hinzuzufügen, zu wessen Handen die Rechnung geht, da selbe meistens erst vom Baumeister oder Architekten revidiert wird, bevor sie dem Bauherrn zum Begleiche überwiesen wird.

Bei Baurechnungen sind die einzelnen Leistungen laut Offert bzw. Ausführung zu beschreiben, sodann das Ausmaß zu ermitteln, einzusetzen und mit dem Abschlußpreis auszurechnen.

Regiearbeiten auf Neubauten sind am Schlusse der Baurechnung anzuführen.

Auf keiner Rechnung vergesse man die Angabe des Datums.

Rechnungen sind bis 30 S stempelfrei, über 30 bis 50 S mit 10 Groschen über 50 bis 100 S mit 20 Groschen, über 100 bis 2500 S mit 50 Groschen, darüber mit 1 S zu stempeln.

Von sämtlichen Rechnungen sind Kopien zurückzubehalten und in einer eigenen Mappe aufzubewahren.

Offene Rechnungen sollen nach einer gewissen Zeit, die sich nach der betreffenden Kunde richtet (ob selbe gut oder schlecht, ein Baumeister oder Architekt ist, der fortwährend bei uns bestellt oder nicht, bestimmte Zahltage hat oder nicht, ein Hausbesitzer, der nur bestimmte Zahlungsfristen, wie Zinsquartale usw. einhält) zum ersten Male in höflicher Form, sollte jedoch der Begleich oder eine Rückäußerung nicht einlangen, nach 8 bis 14 Tagen ein zweitesmal, und zwar etwas energischer, eventuell mit Stellung einer Frist, bis zu welchem Tage die Bezahlung geleistet sein muß, gemahnt werden. Sollte auch dies erfolglos sein, dann schreibe man den letzten energischen Brief mit Androhung der Klage rekommandiert. Sämtliche Mahnbriefe müssen kopiert und die Kopien aufbewahrt werden.

Quittungen über erhaltene bzw. zu erhaltende Beträge werden, da diese in der Regel nur von Behörden abverlangt werden, auf einen Bogen Kanzleipapier geschrieben. Die Stempelmarken müssen vor Überschreibung aufgeklebt werden (siehe Benützung der Stempelmarken).

Quittungen sind nach Stempelskala II zu stempeln.

Musterbeispiel

Quittung

über S 900,—, sage Schilling Neunhundert, welchen Betrag der Gefertigte (zufolge mündlicher Verständigung oder Intimation vom .... 19 .., Fol. ..., oder Zuschrift der Verwaltung des für an dem Hause .... geleistete Dachdeckerarbeiten, von der Verwaltung (Direktion, Vorstehung usw.) am heutigen Tage bar und richtig erhalten hat (im Anweisungsverkehre des Postsparkassenamtes erhalten hat).

Graz, den ....

....

(Unterschrift des Meisters.)
(Stampiglie.)

6. Von den Stempelmarken

Die Stempelmarke muß auf der ersten Seite des Bogens so aufgeklebt werden, daß die erste Zeile der Schrift (nicht aber der Titel oder die Überschrift) über die Marke unter der Stempelwertangabe in gerader Linie wegläuft.

Stempelmarken werden als nicht vorhanden angesehen und die Stempelstrafe tritt ein, wenn 1. ein Teil der Marke fehlt; 2. wenn Teile der Marke getrennt waren und wieder zusammengesetzt werden, einerlei ob von derselben Marke oder nicht; 3. wenn die Marke nicht vorschriftsmäßig befestigt ist; 4. wenn sie nicht vorschriftsmäßig überschrieben ist; 5. wenn sie stampigliert statt überschrieben ist; 6. wenn sie durchstrichen ist; 7. wenn sie nachträglich über der Schrift aufgeklebt und überschrieben ist; 8. wenn das Papier das vorgeschriebene Format 1 von 1750 cm² (37 cm Höhe und 47 cm Breite) überschreitet.

Stempelgebühren für Österreich

Gültig ab 4. August 1926

(Alle Beträge in Schilling)

Fakturenstempel	Stempelskala I für im Inland ausgestellte Wechsel, dann kaufmännische Anweisungen mit mehr als 8 tägiger Laufzeit: Inland 3 Monat, Ausland bis 6 Monat	Stempelskala I: Inland über 3 bis 6 Monat, Ausland über 6 bis 12 Monat	Stempelskala II für Quittungen, Schuldscheine, Verträge, Zessionen usw.	Stempelskala III für Kauf-, Tausch-, Lieferungsverträge, Arbeitsverträge usw.	Stempelgebühr
bis 50	bis 80	bis 40	bis 10	bis 5	0,10
100	„ 160	„ 80	„ 20	„ 10	0,20
	„ 240	„ 120	„ 30	„ 15	0,30
	„ 320	„ 160	„ 40	„ 20	0,40
2500	„ 400	„ 200	„ 50	„ 25	0,50
	„ 480	„ 240	„ 60	„ 30	0,60
	„ 560	„ 280	„ 70	„ 35	0,70
	„ 640	„ 320	„ 80	„ 40	0,80
	„ 720	„ 360	„ 90	„ 45	0,90
über 2500	„ 800	„ 400	„ 100	„ 50	1,—
	„ 880	„ 440	„ 110	„ 55	1,10
	„ 960	„ 480	„ 120	„ 60	1,20
Der Aussteller einer Rechnung darf den Stempel der Partei anrechnen	„ 1040	„ 520	„ 130	„ 65	1,30
	je weitere S 80,—	je weitere S 40,—	je weitere S 10,—	je weitere S 5,—	—,10

Amtliche Umrechnungskurse für Wechsel in fremder Währung:

Mark 100 = 169 Schilling, französische Francs 100 = 18 Schilling, italienische Lire 100 = 26,50 Schilling, tschechoslowakische Kronen 100 = 21 Schilling

Weitere wichtige Stempelgebühren

	S
Zeugnisse:	
a) für Arbeiter, Hausgehilfen, Gesellen usw.	—,25
b) ausgestellt von bundesstaatlichen Behörden	1,50
c) ausgestellt von anderen Ämtern und Privatpersonen (Angestelltenzeugnisse	1,—
Vollmachten:	
(ohne Lohnzusicherung) pro Aussteller	1,—
Schecks:	
zahlbar a) im Inlande = gebührenfrei!	—,—
b) im Auslande	—,20
Eingaben	
an Behörden und Ämter (Gerichte ausgenommen) pro Bogen..	1,—
Beilagen hiezu..	—,20
Bilanzen	
(Kontokorrent, Buchauszüge) der Handels- und Gewerbetreibenden	—,10

7. Von dem Wechsel

Der Wechsel ist eine Art Schuldschein; nur bietet sein Besitz größere Sicherheit auf Erhalt des ausgewiesenen Betrages, weil die Wechselverpflichtung auf Grund eines besonderen Gesetzes (der Wechselordnung) äußerst strenge ist, d. h. jeder, der seine Unterschrift auf einen Wechsel setzt, haftet für die Einlösung desselben. Außerdem wird eine Wechselklage rascher durchgeführt als eine gewöhnliche Klage im Zivilrechtswege.

Der Wechsel wird meist auf amtlichen Formularien ausgestellt. (Große Firmen und Banken dagegen haben ihre eigenen Formularien.)

Es gibt zwei Arten von Wechseln; nämlich den eigenen Wechsel, in welchem der Aussteller sich verpflichtet zu zahlen, und den gezogenen Wechsel (Tratte), worin der Aussteller erklärt, den Wechselbetrag an einem bestimmten Tage durch eine andere Person zu zahlen.

Musterbeispiel eines eigenen Wechsels

Linz, den 16. Mai 1927 Für S 150,—

Am 8. August 1927 zahle ich gegen diesen Wechsel an Herrn M. Müller in Wien die Summe von Schilling Hundertfünfzig ....
Den Wert habe ich in barem erhalten.

Joh. Meyer (Unterschrift),
Dachdeckermeister.

Musterbeispiel eines gezogenen Wechsels

Wels, den 16. Mai 1927 Für S 222,33

Drei Monate a dato zahlen Sie gegen diesen Primawechsel an die Ordre des Herrn J. Bauer, Ziegelwerksbesitzer in Linz, die Summe von Schilling Zweihundertzwanzigzwei und 33/100 ....
Den Wert in Waren erhalten und stellen ihn auf Rechnung laut Bericht.

Herrn L. Loßmann Franz Felkl (Unterschrift)
Baumeister in Wels Dachdeckermeister

Die Annahme (Akzeptation) des Wechsels bedeutet die Erklärung des Bezogenen im vorstehenden Beispiel Herr L. Loßmann, Baumeister in Wels, den Betrag zur angegebenen Zeit zu bezahlen. Diese Erklärung erfolgt durch seine Unterschrift auf der Vorderseite des Wechsels, er kann auch das Wort „angenommen", „akzeptiert" seiner Unterschrift voraussetzen.

Der Akzeptant ist der Hauptschuldner. Der Inhaber des Wechsels muß am Zahlungstage sich zuerst an ihn wenden. Die anderen, welche auf dem Wechsel unterzeichnet sind, sind zur Zahlung erst dann verpflichtet, wenn der Inhaber des Wechsels vom Akzeptanten den Betrag nicht erhalten hat.

Der Wechsel (und damit die Forderung) ist übertragbar. Es wird dies in der Regel durch das Indossament oder Giro vorgenommen, und zwar geschieht dies dadurch, daß auf die Rückseite die Worte „Für mich an die Ordre des Herrn .... Wert in Barem" (Waren usw.), sowie das Datum und die Unterschrift des Inhabers gesetzt wird oder auch bloß die Unterschrift, in welch letzterem Falle ober der Unterschrift etwas Raum gelassen wird. (Bianko-Giro.)

Wenn auf dem Wechsel jedoch die Worte stehen: „Nicht an die Ordre des ...", so ist der Wechsel unübertragbar.

Die Zahlung des Wechsels wird dadurch bestätigt, daß der Inhaber die Worte „Wert erhalten" sowie seine Unterschrift auf die Rückseite unter das letzte Giro setzt. Der Wechsel wird sodann dem Zahler übergeben.

Der Wechselinhaber ist verpflichtet, den Wechsel längstens am zweiten Werktage (Sonn- und Feiertage sind daher nicht zu rechnen) nach dem Verfallstage dem Bezogenen zur Zahlung vorzuweisen und darf eine Akontozahlung nicht zurückweisen.

Sollte der Bezogene nicht zahlen, so hat der Inhaber dieselben Rechte seinen Vorgängern gegenüber (Regreßrecht).

Um Regreß zu nehmen, muß der Inhaber des Wechsels vorerst aber den Protest erheben, d. i., er muß den Wechsel einem Notar oder dem Gerichte übergeben, mit dem Bemerken, daß derselbe nicht eingelöst wurde; er erhält dann die Bestätigung von der Wahrheit seiner Angabe durch diese Organe, welche Bestätigung eben Protest genannt wird.

Das Regreßrecht wird nun derart geltend gemacht, daß der Inhaber des nicht bezahlten Wechsels den Protest seinem Vormann mit der Verständigung (rekommandiert) einschickt, daß der Wechsel nicht eingelöst wurde und er daher seine Rechte ihm gegenüber geltend macht.

8. Von der Krankenkasse

Im Baugewerbe sind meist die Bezirks- und Genossenschaftskrankenkassen mit ihren Statuten maßgebend.

Der Krankenversicherungspflicht unterliegen alle gewerblichen Hilfsarbeiter (Gesellen, Gehilfen, Steiger, Handlanger, Weiber, Lehrlinge) sowie auch die Werkführer.

Die angeführten Arbeiter werden mit dem Tage ihres Eintrittes Mitglieder der Krankenkasse; der Meister ist verpflichtet, selbe spätestens am dritten Tage nach Beginn der Beschäftigung bei sonstiger Straffälligkeit (§ 67 des KVG.) anzumelden. Die Anmeldung der in Beschäftigung eingetretenen Personen hat auch dann zu erfolgen, wenn die Betreffenden nur probeweise aufgenommen wurden oder weniger als einen vollen Tag in Arbeit standen.

Der Meister hat von den Krankenkassenbeiträgen ein Drittel, der Arbeiter zwei Drittel zu bezahlen.

Beiträge für den Lehrling hat der Meister während der ganzen Lehrzeit allein zu tragen. Lehrlinge sind im letzten Lehrjahre der Krankenkasse neuerlich zu melden, da von diesem Zeitpunkte an für sie auch die Arbeitslosenversicherungsbeiträge hinzugerechnet werden. Die Unterlassung dieser Meldung würde für den Meister schwere Rechtsfolgen nach sich ziehen.

Bei Nichtanmeldung eines Arbeiters hat der Meister außer einer Geldstrafe zu erwarten, daß er die ganzen Versicherungsbeiträge nachträglich und überdies die der Krankenkasse durch Auszahlung von Krankengeld, Spitalskosten usw. sowie für die etwa ausbezahlten Beträge der Arbeitslosenversicherung, für den nicht oder verspätet angemeldeten Arbeiter erwachsenen Spesen zur Gänze aus eigenem zu zahlen hat, außerdem verursacht eine solche Unterlassung viele Laufereien und Ärgernisse, daß jeder Meister davor gewarnt wird.

Für das Wiener Dachdeckergewerbe ist gegenwärtig die Wiener Gebiets- (früher Bezirks-) Krankenkasse maßgebend, bei der alle bezüglichen Drucksorten behoben oder durch die Post bezogen werden können.

Gültig ab 28. Februar 1927

Beitragsschema zur Wiener Bezirkskrankenkasse

	Lohnklasse 9 d. i. täglicher Arbeitsverdienst bis S 4,20		Lohnklasse 10 d. i. täglicher Arbeitsverdienst über S 4,20	
	Für den Arbeitnehmer	Für den Arbeitgeber	Für den Arbeitnehmer	Für den Arbeitgeber
Krankenkassenbeiträge	S 1,20	S —,60	S 1,40	S —,70
Arbeitslosenbeiträge	„ —,72	„ —,72	„ —,84	„ —,84
Zusatzbeiträge für die Arbeitslosenfürsorge	„ —,41	„ —,41	„ —,47	„ —,47
Arbeitsvermittlung	„ —,09	„ —,09	„ —,09	„ —,09
Arbeiterkammer	„ —,05	„ —,—	„ —,05	„ —,—
Wohn- und Siedlungsfonds	„ —,—	„ —,01	„ —,—	„ —,01
Gehilfenumlage	„ —,30	„ —,—	„ —,30	„ —,—
	S 2,77	S 1,83	S 3,15	S 2,11

Erkrankte oder aus der Arbeit ausgetretene Arbeiter sind bei der Bezirkskrankenkasse sofort abzumelden, da die Krankenkasse spätere Reklamationen nicht berücksichtigen wird.

Betrifft Altersfürsorgerente.

Wien, im September 1927

Mit Oktober d. J. treten die auf die Zuerkennung der Altersfürsorgerente bezughabenden Bestimmungen des Gesetzes über die Arbeiterversicherung in Kraft. Dies wird zur Folge haben, daß arbeitslose Arbeiter im Alter von mehr als 60 Jahren unter bestimmten Voraussetzungen an Stelle der bisherigen Notstandsaushilfe eine fortlaufende Rente (Altersfürsorgerente) erhalten.

Zur Deckung des Aufwandes für diese Renten wird gemäß den Bestimmungen des § 270 des Arbeiterversicherungsgesetzes ein Zuschlag zu den Arbeitslosenversicherungsbeiträgen in der Höhe von 20 Prozent des Normalbeitrages zur Krankenversicherung eingehoben.

Der Zuschlag, welcher je zur Hälfte vom Versicherten und vom Arbeitgeber zu entrichten ist — für Lehrlinge, welche der Arbeitslosenversicherungspflicht unterliegen, hat der Arbeitgeber die Beiträge zur Gänze zu entrichten — wird in den einzelnen Lohnklassen betragen:

Lohnklasse	wöchentlich Groschen	monatlich Groschen
1	8	32
2	10	40
3	12	46
4	14	54
5	16	68
6	18	78
7	22	92
8	28	118
9	36	156
10	42	182

Die Zusatzbeiträge gelangen ab 3. Oktober zur Vorschreibung. Der erste Wochenbeitrag ist demnach Samstag den 8. Oktober fällig. Die Zuschläge für jene der Arbeitslosenversicherungspflicht unterliegenden Heimarbeiter, deren Verrechnung monatlich erfolgt, gelangen ab 1. Oktober 1927 in der Höhe der oben angeführten monatlichen Beiträge zur Vorschreibung.

Täglicher Arbeitsverdienst in Schillingen	Lohnklasse	Krankenversicherung		Arbeitslosenversicherung		Zusatzbeiträge für Arbeitslosenfürsorge: Wien		Zusatzbeiträge für Arbeitslosenfürsorge: Nied.-Österr.		Zusatzbeiträge für die Altersfürsorgerente		Umlagen für Arbeitsvermittlung*		Arbeiterkammer	Siedlungsfonds
		Versich.	Untern.	Versich.	Untern.	Versich.	Untern.	Versich.	Untern.	Versich.	Untern.	Versich.	Untern.	Versich.	Untern.
Bis —,77	1	24	12	14	14	8	8	5	5	4	4	2	2	3	1
„ 1,03	2	30	15	18	18	10	10	6	6	5	5	2	2	3	1
„ 1,13	3	36	18	22	22	12	12	7	7	6	6	2	2	3	1
„ 1,39	4	42	21	25	25	14	14	8	8	7	7	2	2	3	1
„ 1,73	5	52	26	31	31	18	18	10	10	8	8	2	2	3	1
„ 1,87	6	60	30	36	36	20	20	11	11	9	9	2	2	3	1
„ 2,40	7	70	35	42	42	24	24	13	13	11	11	2	2	3	1
„ 3,—	8	90	45	54	54	30	30	17	17	14	14	2	2	3	1
„ 4,20	9	120	60	72	72	41	41	23	23	18	18	2	2	5	1
über 4,20	10	140	70	84	84	47	47	26	26	21	21	2	2	5	1

* Für das Baugewerbe werden zur Erhaltung der Arbeitsvermittlung 18 g vorgeschrieben, wovon auf den Arbeitgeber und auf den Versicherten je 9 g entfallen.

Für Versicherte (Lehrlinge ausgenommen!) der genossenschaftsangehörigen Betriebe gelangen — wie bisher — auch die allfällig festgesetzten Gehilfenumlagen zur Vorschreibung.

Obwohl § 270 des Gesetzes über die Arbeiterversicherung ausdrücklich bestimmt, daß die sich aus der Gewährung der Altersfürsorgerente ergebende Herabsetzung des Aufwandes für die Notstandsaushilfen in einer entsprechenden Herabsetzung der Beiträge für die Arbeitslosenfürsorge zum Ausdruck zu kommen hat, ist eine darauf abzielende Verordnung des Bundesministeriums für soziale Verwaltung bis jetzt nicht erschienen. Die oben angeführten Beiträge werden daher neben dem Beitrag für die Arbeitslosenfürsorge eingehoben. Es ergibt sich somit ab 3. Oktober vorstehende Gesamtbeitragsleistung (Wochenbeiträge) für die Sozialversicherung.

Im Interesse einer Vereinfachung der Verrechnung wird die Verrechnungsperiode September bis inklusive 2. Oktober erstreckt und daher fünf Wochenbeiträge erfassen.

Den Herren Arbeitgebern wird nochmals in Erinnerung gebracht, daß alle Meldungen (An- und Abmeldungen, Lohnklassenänderungen) ausschließlich mittels der hiefür vorgesehenen Formulare zu erstatten sind.

9. Von der Arbeiterunfallversicherung

Sämtliche Arbeiter und Arbeiterinnen sowie Betriebsbeamte unseres Gewerbes unterliegen der Unfallversicherung.

Die Verrechnung des Unfallversicherungsbeitrages mit der Arbeiter-Unfallversicherungsanstalt erfolgt halbjährlich auf dem von der Anstalt eingesandten Beitragsberechnungsformular (siehe Muster).

Zu verrechnen ist der Arbeitsverdienst. Zum Arbeitsverdienst gehört nicht nur der Barlohn, sondern auch ein Natural- und Nebenbezug (Remunerationen u. dgl.). Maßgebend ist der Bruttoarbeitsverdienst ohne Abzug jedoch nur bis zu der folgenden Höchstgrenze:

	S 1050,—	für das ganze Halbjahr,	
	„ 175,—	durchschnittlich	pro Monat,
	„ 40,30	„	pro Woche,
und	„ 7,—	„	für einzelne Arbeitstage.

Ein darüber hinausgehender Arbeitsverdienst ist nicht zu verrechnen.

Der Beitragssatz (das ist der von je 100 Lohnschilling zu rechnende Versicherungsbeitrag) ist über dem Namen des Betriebsunternehmers in Schilling und Groschen in der Mitte des von der Unfallversicherungsanstalt anfangs Jänner und anfangs Juli jeden Jahres zugesandten Formulares aufgedruckt.

Der zu entrichtende Versicherungsbeitrag ist nach dem vorgeschriebenen Beitragssatze und den auf den Innenseiten der Beitragsberechnungen angeführten Lohnsummen zu berechnen und vom Unternehmer bzw. Ausfertiger der Berechnung einzusetzen.

Zur genauen Ausfüllung der eigentlichen Lohnsummenermittlungsrubriken, 2. und 3. Seite des amtlichen Formulares, sind die mit letzterem mitfolgenden Erläuterungen genau zu beachten.

Insbesondere sei darauf hingewiesen, daß unter Betriebsbeamte alle jene Beamte zu verstehen sind, deren Dienst sich, wenn auch nur zeit- oder fallweise, auf den technischen (fachlichen) Betrieb erstreckt; es genügt dazu sogar schon, daß ihre Anwesenheit bei Tätigkeiten des technischen Betriebes erforderlich ist, daß sie sich bei Ausübung ihres Dienstes technischer Betriebsmittel bedienen oder daß sie dienstlich die Betriebsstätten oder sonstige für den technischen Betrieb verwendete Räume oder Plätze (Dächer) betreten. Ihre Verrechnung hat nicht nur für die Zeit ihrer Tätigkeit im technischen Betriebe, sondern auch für ihre übrige Tätigkeit im gesamten Geschäftsbetriebe zu erfolgen.

Überläßt ein Unternehmer die Ausrechnung des Versicherungsbeitrages der Anstalt, so kann er Verzugsgebühren nur dann vermeiden oder diese verringern, wenn er zeitgerecht eine dem Beitrage entsprechende Anzahlung leistet.

Bei Eröffnung eines Betriebes ist die Anmeldung zur Unfallversicherung innerhalb 14 Tagen bei der zuständigen Anstalt auf einem von derselben beizustellenden Formular ohne Aufforderung zu machen. Jede Betriebseinstellung ist der zuständigen Anstalt innerhalb acht Tagen anzuzeigen.

Die Arbeiter-Unfallversicherungsanstalt befindet sich für Wien, Niederösterreich, Burgenland in Wien XX, Webergasse 2—6.

Steiermark, Kärnten in Graz.

Oberösterreich, Salzburg, Tirol, Vorarlberg in Salzburg.

Arbeiter-Unfallversicherungsanstalt für Wien, Niederösterreich und Burgenland in Wien

Fernsprecher Serie 42-0-25 XX, **Webergasse Nr. 2—6** **Postsparkassenkonto 45 861**

Postsendungen an die Anstalt sind portopflichtig

Beitragsberechnung
für das I. Halbjahr 1927

Karten Nr.	Versicherungsbeitrag für S 100,— Lohn	Betriebs-Nr.
233408	*6,79*	*80230*

Name Firma)
des Betriebsunternehmers: *N. Schüler*

Betriebsgegenstand: *Dachdeckerei*

Adresse: *Wien XII, Eichenstraße 35*

Diese Beitragsberechnung ist bis längstens 14. Juli 1927 an die Anstalt einzusenden.

Sie ist auch dann einzusenden, wenn im abgelaufenen Halbjahre keine Arbeiter beschäftigt oder keine versicherungspflichtigen Arbeiten ausgeführt wurden, dieser Umstand ist aber darauf zu vermerken.

(Weiterer amtlicher Vordruck)

Die Erläuterungen zur Ausfüllung dieser Beitragsberechnung sind aus der Beilage zu ersehen.

Zu entrichtender Versicherungsbeitrag: S *737* g *95*

Werden Lohnaufschreibungen geführt? Wo liegen sie auf? *Ja! Im Bureau.*

Bei welchen Krankenkassen waren die im Betriebe beschäftigten Personen versichert? *Bezirkskrankenkasse Wien.*

Erfolgte die Entlohnung nach Kollektivverträgen? Nach welchen? *Ja, Kollektivvertrag der Dachdecker Wiens.*

Waren Familienmitglieder des Unternehmers im Betriebe beschäftigt? Welche? *Nein.*

Waren bei der Krankenkasse auch Personen gemeldet, die im Betriebe nicht verwendet wurden? Welche? *Nein.*

Waren Personen im Betriebe beschäftigt, die bei keiner Krankenkasse gemeldet sind? Welche? *Nein.*

Die Richtigkeit der vor- und instehenden Angaben bestätigt:

Wien, am *10. Juli* 1927.

Unterschrift
des Betriebsunternehmers oder dessen Bevollmächtigten (Geschäftsführers)

N. Schüler, m. p.

Bei der Anstalt geprüft am:

Gebucht am :

Ausweis der Beschäftigten

Spalte 1 (Siehe Erläuterung hiezu in der Beilage): Vollentlohnte Arbeiter

Ein vollentlohnter Versicherter ist mit seinem tatsächlichen Arbeitsverdienst zu verrechnen, aber nicht mit mehr als S 40,80 durchschnittlich pro Woche

Spalte 2 (Siehe Erläuterung hiezu in der Beilage): Lehrlinge, Volontäre, Praktikanten und andere Personen, die wegen noch nicht beendeter Ausbildung gar nicht oder nicht voll entlohnt werden

Obige Personen sind nicht mit ihrem Eigenverdienste, sondern mit dem Mindestarbeitsverdienste von Gehilfen, Beamten oder erwachsenen Hilfsarbeitern jener Art, zu der sie ausgebildet werden, zu verrechnen, jedoch jeder nicht mit mehr als S 40,80 durchschnittlich pro Woche

Lohnzahlungswoche	Letzter Tag der Woche, für welche die Auszahlung erfolgte	Spalte 1: Zahl männl.	Spalte 1: Zahl weibl.	Spalte 1: Zahl der Arbeitstage (Schichten) sämtlicher Arbeiter (männlich und weiblich)	Spalte 1: Anrechenbarer Arbeitsverdienst in barem S	g	Spalte 2: Zahl männl.	Spalte 2: Zahl weibl.	Spalte 2: Zahl der Arbeitstage (Schichten) sämtlicher Arbeiter (männlich und weiblich)	Spalte 2: Anrechenbarer Arbeitsverdienst S	g
1.											
2.											
3.											
4.											
5.											
6.	11/2	2	1	6	114	22	1	—	6	40	30
7.	18/2	2	1	6	114	22	1	—	6	40	30
8.	25/2	3	1	6	154	52	1	—	6	40	30
9.	4/3	6	3	6	345	04	2	—	6	80	60
10.	11/3	9	4	6	499	56	2	—	6	80	60
11.	18/3	9	4	6	499	56	2	—	6	80	60
12.	25/3	9	4	6	499	56	2	—	6	80	60
13.	1/4	8	4	6	459	26	2	—	6	80	60
14.	8/4	8	4	6	459	26	2	—	6	80	60
15.	15/4	9	4	6	499	56	2	—	6	80	60
16.	22/4	9	4	6	499	56	2	—	6	80	60
17.	29/4	8	4	6	459	26	2	—	6	80	60
18.	6/5	8	4	6	459	26	2	—	6	80	60
19.	13/5	8	4	6	459	26	2	—	6	80	60
20.	20/5	6	3	6	345	04	2	—	6	80	60
21.	27/5	6	3	6	345	04	2	—	6	80	60
22.	3/6	6	3	6	345	04	2	—	6	80	60
23.	10/6	6	3	6	345	04	2	—	6	80	60
24.	17/6	6	3	6	345	04	2	—	6	80	60
25.	24/6	9	4	6	499	56	2	—	6	80	60
26.	1/7	9	4	6	499	56	2	—	6	80	60
27.											
Summe					8246	42				1571	70

und ihrer Bezüge

Spalte 3 (Siehe Erläuterung hiezu in der Beilage)					Spalte 4
Betriebsbeamte					Zusammenstellung der Lohnsummen und sonstigen Bezüge, sowie der Naturalwerte und Nebenbezüge
Die Bezüge sind für das ganze Halbjahr nur bis zum Betrage von S 1050, für kürzere Zeit nur bis zum Betrage von S 175 durchschnittlich pro Monat (für Teile von Monaten der entsprechende Teilbetrag von S 175) anrechenbar					
Vor- und Zuname	im Halbjahr im Betriebe beschäftigt gewesen		Anrechenbare Barbezüge		
	von	bis	S	g	
Zur Beachtung! Betriebsbeamte (Angestellte), welche nach dem Pensionsversicherungsgesetze der Versicherungspflicht unterlagen, für welche daher die Beiträge bereits nach dem Angestelltenversicherungsgesetze zu leisten waren, sind nicht zu verrechnen.					Spalte 1 . . . . . S *8246* g *42* „ 2 . . . . . „ *1571* „ *70* „ 3 . . . . . „ *1050* „ — Seite 4 . . . . . „ — „ — Gesamtlohnsumme S *10,868* g *12* Der von der Gesamtlohnsumme zu berechnende Versicherungsbeitrag ist von der Betriebsunternehmung auf der 1. Seite einzusetzen.
Franz Swoboda	*1/1*	*30/6*	*1050*	—	
					Raum für die Überprüfung der Anstalt Spalte 1 . . . . . S........ g.... „ 2 . . . . . „........ „.... „ 3 . . . . . „........ „.... Seite 4 . . . . . „........ „.... Gesamtlohnsumme S........ g....
					Statistik: Vom Unternehmer nicht auszufüllen!
			1050	—	Siehe 4. Seite

Arbeitstage				X
Lohnsumme				
Beitrag				
Arbeitstage				X
Lohnsumme				
Beitrag				

Natural- und Nebenbezüge

Der Arbeitsverdienst eines Versicherten ist nur bis zum Betrage von S 1050 für da? ganze Halbjahr, S 175 durchschnittlich pro Monat oder S 40,30 durchschnittlich pro Woche zu verrechnen; insoweit daher durch Anrechnung der Natural- und Nebenbezüge diese Beträge überschritten würden, entfällt sie entweder ganz oder zum darüber hinausgehenden Teile

Art der Naturalbezüge	Anzahl der im Genuß stehenden Personen	Gesamtbezugszeit in Tagen	Örtlicher Durchschnittspreis pro Tag	Gesamtwert S	Gesamtwert g
a) Kost					
b) Schlafstellen					
c) Wohnungen					

Anzahl der Wohnungen	Art der Wohnungen	Beleuchtung	Anzahl der im Genuß stehenden Personen	Gesamtbezugszeit in Monaten	Örtlicher Mietwert pro Monat	S	g
	Kammer	mit					
		ohne					
	Zimmer	mit					
		ohne					
	Kammer und Küche . . .	mit					
		ohne					
	Zimmer und Küche . . .	mit					
		ohne					
	Zimmer, Kammer und Küche	mit					
		ohne					
	2 Zimmer, Kammer und Küche	mit					
		ohne					

d) Sonstige Natural- und Nebenbezüge

Art des Bezuges	Gesamtmenge (-ausmaß)	Gesamtwert, bzw. Gesamtbetrag	Art des Bezuges	Gesamtmenge (-ausmaß)	S	g
Kohle			Feld und Garten			
Holz			Kostgelder . . .			
Milch			Quartiergelder .			
Mehl			Trinkgelder . .			
Kartoffel			Mahlgelder . .			
Körnerfrüchte .			Beilgelder . . .			
Bier			Prämiengelder .			
Wein			Remunerationen			
Most						
Fleisch						
Fett						
	Summe . . .		→→			
Gesamtsumme aller Natural- und Nebenbezüge . . .						

Burgenländische Kleinbetriebe

Auszufüllen, wenn sich der Unternehmer mit der regelrechten Ausfüllung des Beitragsberechnungs-Formulares nicht zurechtfindet

Welche Personen (auch Söhne, Töchter, andere Verwandte) waren im Betrieb beschäftigt? Name derselben	In welcher Eigenschaft (Gehilfen, Lehrlinge, Hilfsarbeiter) haben sie gearbeitet?	Wie viele Tage hat der genannte Arbeiter im I. Halbjahr 1927 im Betriebe gearbeitet?	Welches war sein Lohn für den Tag? S	g	Hatte er auch die Kost und Schlafstelle?

Welches war der Mindestlohn eines Gehilfen pro Tag? . . . . S .... g ....
Welches war der Mindestlohn eines Hilfsarbeiters pro Tag? . . . . . . S .... g ....
Wurden die oben genannten Arbeiter nur zu Betriebsarbeiten oder auch zu anderen Arbeiten, etwa in der Landwirtschaft, verwendet? ....

10. Arbeiterausweise

An Stelle der früheren Arbeitsbücher erhalten die Arbeiter von den Behörden Arbeiterkarten mit ihren genauen Personaldaten ausgestellt, auf deren Beibringung jeder Meister bei Neuaufnahme eines Arbeiters bestehen sollte; die Ausweiskarten sind gut zu verwahren, um sie dem Arbeiter jederzeit zurückgeben zu können; man vermerke sich genau die Eintrittsdaten, lege sich überhaupt ein genaues Verzeichnis der beschäftigten Personen an, welches in allen Daten mit den angelegten Stammblättern übereinstimmt, deren Nummern chronologisch am besten nach der Reihenfolge des Eintrittes jedes einzelnen.

11. Die Lohnlisten

müssen unbedingt geführt werden, da sie für die Kontrolle der Fürsorgeabgabe, der Krankenkassenbeiträge, der Arbeitslosen- und Unfallversicherung sowie der Lohnabzugs- und Warenumsatzsteuer zur Einsicht bereitzuhalten sind. Es muß aus ihnen der Name jedes Arbeiters, der Tag- (Stunden-)lohn für jeden geleisteten Arbeitstag, der Bruttolohn, Spesen für Krankenkasse, Umlagen, Steuerabzüge, eventueller Vorschuß und am Lohntage ausgezahlte Betrag in je einer separaten Kolonne ersichtlich sein.

Ein Musterbeispiel einer Lohnliste umstehend.

Steuerabzugtabelle

Taglohn			Wochenlohn		
zur Auszahlung gelangender Betrag		Steuerabzug	zur Auszahlung gelangender Betrag		Steuerabzug
von S	bis S		von S	bis S	
4,22	10,23	1 %	29,60	71,86	1 %
10,24	15,95	2 %	71,87	112,01	2 %
15,96	21,67	3 %	112,02	152,16	3 %
21,68	30,71	3,6 %	152,16	215,56	3,6 %
30,72	u. darüb.	4 %	215,57	u. darüb.	4 %

Gültig ab 1. April 1925

Beispiel

Lohnliste der Firma:

Johann Meyer, Dachdeckermeister, Wien XVI, Neulerchenfelderstraße 18

Für das Jahr *1927*. Stammblatt Nr. *5*

Name und Wohnort des Arbeiters:	Geburtsort und Jahr:	Früherer Beschäftigungsort:
Johann Karl Schleinzer, Geselle	*27./VI. 1894, Kapfenberg in Steiermark*	*Dachdecker Schwab in Linz, Oberöst.*
Wien XVII, Radingergasse 36, II/16	Zuständig nach: *Wien*	Beigebrachte Dokumente:
Eintritt: .... Austritt:	Stand: *Katholisch, verheiratet*	*Zeugnis, Ausweiskarte, Lehrbrief*

Wochen Nr.	Datum	Stunden und Überstunden	Samstag	Sonntag	Montag	Dienstag	Mittwoch	Donnerstag	Freitag	Stunden Gesamtanzahl	Einzel. Lohn	Zusammen	Bruttolohn, welcher fürsorgeabgabepflichtig ist	Soziale Beiträge	Verbleib. Lohn	Abzugs-Steuer		Vorschuß	Ausgaben, Fahrspesen usw.	Wirklich ausbez. Lohn
											S	S	S	S	S	%	S	S	S	S
26	*1. VII.*	Stunden	*5,5*	—	*8,5*	*8,5*	*8,5*	*8,5*	*8,5*	*48*	*1,63*	*78,24*	*90,44*	*3,25*	*87,19*	*2*	*1,56*	*15*		*70,63*
		Überstd.	—	—	*2,5*	—	*1,5*	—	*1*	*5*	*2,44*	*12,20*								
27	*8. VII.*	Stunden	*5,5*	—	*8,5*	*6,5*	*6*	*6,5*	*8,5*	*43,5*	*1,63*	*78,24*	*84,34*	*3,25*	*81,09*	*2*	*1,56*	—	*2,20*	*81,73*
		Überstd.	—	*	*2*	—	—	*2,5*	*2,5*	*7*	*2,44*	*6,10*								

* bedeutet, daß die Überstunden erst nach den vollen 48 Stunden mit dem höheren Lohnsatze verrechnet werden, es sind daher nicht die vollen 7 Überstunden in dieser Zeile zu rechnen, sondern vorerst 48 Stunden normal, hernach erst die restlichen 2,5 Überstunden mit der Aufzahlung.

(Die Abzugssteuer wird nur von den Normalstunden berechnet.)

Stundenlohntabellen

Tabellen für die Kollektivlöhne ab 17. Juni 1927

Tabellen für Stundenlöhne:

50	Groschen	bis	68	Groschen
69	„	„	87	„
88	„	„	106	„
107	„	„	125	„
126	„	„	129	„
150	„	„	164	„
165	„	„	170	„
230	„	„	242	„
243	„	„	260	„

Stundenlohntabelle

ab 17. Juni 1927

Tage	Über-stunden	Normal-Stunden	Männliche					Weibl.	Männliche Hilfsarbeiter							Gehilfen		
			—,56	—,59	—,64	—,72	—,76	—,78	—,82	—,86	—,87	—,95	1,01	1,06	1,08	1,57	1,61	1,63
		1/4	—,14	—,14	—,16	—,18	—,19	—,19	—,20	—,21	—,21	—,23	—,25	—,26	—,27	—,39	—,40	—,41
		1/2	—,28	—,29	—,32	—,36	—,38	—,39	—,41	—,43	—,43	—,47	—,50	—,53	—,54	—,78	—,80	—,81
		3/4	—,42	—,44	—,48	—,54	—,57	—,58	—,61	—,64	—,65	—,71	—,75	—,79	—,81	1,17	1,20	1,22
		1	—,56	—,59	—,64	—,72	—,76	—,78	—,82	—,86	—,87	—,95	1,01	1,06	1,08	1,57	1,61	1,63
	1	1 1/2	—,84	—,88	—,96	1,08	1,14	1,17	1,23	1,29	1,30	1,42	1,51	1,59	1,62	2,35	2,41	2,44
		2	1,12	1,18	1,28	1,44	1,52	1,56	1,64	1,72	1,74	1,90	2,02	2,12	2,16	3,14	3,22	3,26
	2	3	1,68	1,77	1,92	2,16	2,28	2,34	2,46	2,58	2,61	2,85	3,03	3,18	3,24	4,71	4,83	4,89
		4	2,24	2,36	2,56	2,88	3,04	3,12	3,28	3,44	3,48	3,80	4,04	4,24	4,32	6,28	6,44	6,52
	3	4 1/2	2,52	2,65	2,88	3,24	3,42	3,51	3,69	3,87	3,91	4,27	4,54	4,77	4,86	7,06	7,24	7,33
		5	2,80	2,95	3,20	3,60	3,80	3,90	4,10	4,30	4,35	4,75	5,05	5,30	5,40	7,85	8,05	8,15
1/2		5 1/2	3,08	3,24	3,52	3,96	4,18	4,29	4,51	4,73	4,78	5,22	5,55	5,83	5,94	8,63	8,85	8,96
	4	6	3,36	3,54	3,84	4,32	4,56	4,68	4,92	5,16	5,22	5,70	6,06	6,36	6,48	9,42	9,66	9,78
		7	3,92	4,13	4,48	5,04	5,32	5,46	5,74	6,02	6,09	6,65	7,07	7,42	7,56	10,99	11,27	11,41
	5	7 1/2	4,20	4,42	4,80	5,40	5,70	5,85	6,15	6,45	6,52	7,12	7,57	7,95	8,10	11,77	12,07	12,22
		8	4,48	4,72	5,12	5,76	6,08	6,24	6,56	6,88	6,96	7,60	8,08	8,48	8,64	12,56	12,88	13,04
1		8 1/2	4,76	5,01	5,44	6,12	6,46	6,63	6,97	7,31	7,39	8,07	8,58	9,01	9,18	13,34	13,68	13,85
	6	9	5,04	5,31	5,76	6,48	6,84	7,02	7,38	7,74	7,83	8,55	9,09	9,54	9,72	14,13	14,49	14,67
		10	5,60	5,90	6,40	7,20	7,60	7,80	8,20	8,60	8,70	9,50	10,10	10,60	10,80	15,70	16,10	16,30
	7	10 1/2	5,88	6,19	6,72	7,56	7,98	8,19	8,61	9,03	9,13	9,97	10,60	11,13	11,34	16,48	16,90	17,11
		11	6,16	6,49	7,04	7,92	8,36	8,58	9,02	9,46	9,57	10,45	11,11	11,66	11,88	17,27	17,71	17,93
	8	12	6,72	7,08	7,68	8,64	9,12	9,36	9,84	10,32	10,44	11,40	12,12	12,72	12,96	18,84	19,32	19,56
		13	7,28	7,67	8,32	9,36	9,88	10,14	10,66	11,18	11,31	12,35	13,13	13,78	14,04	20,41	20,93	21,19
	9	13 1/2	7,56	7,96	8,64	9,72	10,26	10,53	11,07	11,61	11,74	12,82	13,63	14,31	14,58	21,19	21,73	22,—
		14	7,84	8,26	8,96	10,08	10,64	10,92	11,48	12,04	12,18	13,30	14,14	14,84	15,12	21,98	22,54	22,82

	10	15	8,40	8,85	9,60	10,80	11,40	11,70	12,30	12,90	13,05	14,25	15,15	15,90	16,20	23,55	24,15	24,45
		16	8,96	9,44	10,24	11,52	12,16	12,48	13,12	13,76	13,92	15,20	16,16	16,96	17,28	25,12	25,16	26,08
	11	16½	9,24	9,73	10,56	11,88	12,54	12,87	13,53	14,19	14,35	15,67	16,66	17,49	17,82	25,90	26,56	26,89
2		17	9,52	10,03	10,88	12,24	12,92	13,26	13,94	14,62	14,79	16,15	17,17	18,02	18,36	26,69	27,37	27,71
	12	18	10,08	10,62	11,52	12,96	13,68	14,04	14,76	15,48	15,66	17,10	18,18	19,08	19,44	28,26	28,98	29,34
		19	10,64	11,21	12,16	13,68	14,44	14,82	15,58	16,34	16,53	18,05	19,19	20,14	20,52	29,83	30,59	30,97
	13	19½	10,92	11,50	12,48	14,04	14,82	15,21	15,99	16,77	16,96	18,52	19,69	20,67	21,06	30,61	31,39	31,78
		20	11,20	11,80	12,80	14,40	15,20	15,60	16,40	17,20	17,40	19,—	20,20	21,20	21,60	31,40	32,20	32,60
3		25½	14,28	15,03	16,32	18,36	19,38	19,89	20,91	21,93	22,18	24,22	25,75	27,03	27,54	40,04	41,06	41,57
	20	30	16,80	17,70	19,20	21,60	22,80	23,40	24,60	25,80	26,10	28,50	30,30	31,80	32,40	47,10	48,30	48,90
4		34	19,04	20,06	21,76	24,48	25,84	26,52	27,88	29,24	29,58	32,30	34,34	36,04	36,72	53,38	54,74	55,42
		40	22,40	23,60	25,60	28,80	30,40	31,20	32,80	34,40	34,80	38,—	40,40	42,40	43,20	62,80	64,40	65,20
5		42½	23,80	25,08	27,20	30,60	32,30	33,15	34,85	36,55	36,98	40,38	42,93	45,05	45,90	66,73	68,43	69,28
	30	45	25,20	26,55	28,80	32,40	34,20	35,10	36,90	38,70	39,15	42,75	45,45	47,70	48,60	70,65	72,45	73,35
6	32	48	26,88	28,32	30,72	34,56	36,48	37,44	39,36	41,28	41,76	45,60	48,48	50,88	51,84	75,36	77,28	78,24

Gebrauchsanweisung: (berechnet erscheinen Tage, Überstunden und Normalstunden) Die Tage sind mit ½ Tag (Samstag), 1, 2, 3, 4, 5, 6 Tage fettgedruckt. Die Überstunden sind von 1 bis 13 Überstunden, 20, 30, 32 Überstunden angeführt, Überstunden von 14 bis 19, 21 bis 29, 31, 33 und darüber sind durch addieren zu ermitteln, z. B.:

17 Überstunden (Normallohn S 1,06) gibt 10 Überstunden mit S 15,90
+ 7 „ „ S 11,13
Zusammen S 27,03

Stundenlohntabelle von 50 Groschen bis 68 Groschen

Stunden	Tage	50	51	52	53	54	55	56	57	58	59	60	61	62	63	64	65	66	67	68
1/4		—,13	—,13	—,13	—,14	—,14	—,14	—,14	—,14	—,15	—,15	—,15	—,15	—,16	—,16	—,16	—,16	—,17	—,17	—,17
1/2		—,25	—,26	—,26	—,27	—,27	—,28	—,28	—,29	—,29	—,29	—,30	—,30	—,31	—,32	—,32	—,33	—,33	—,34	—,34
3/4		—,38	—,39	—,39	—,40	—,40	—,41	—,42	—,43	—,44	—,44	—,45	—,45	—,46	—,47	—,48	—,49	—,50	—,50	—,51
1		—,50	—,51	—,52	—,53	—,54	—,55	—,56	—,57	—,58	—,59	—,60	—,61	—,62	—,63	—,64	—,65	—,66	—,67	—,68
2		1,—	1,02	1,04	1,06	1,08	1,10	1,12	1,14	1,16	1,18	1,20	1,22	1,24	1,26	1,28	1,30	1,32	1,34	1,36
3		1,50	1,53	1,56	1,59	1,62	1,65	1,68	1,71	1,74	1,77	1,80	1,83	1,86	1,89	1,92	1,95	1,98	2,01	2,04
4		2,—	2,04	2,08	2,12	2,16	2,20	2,24	2,28	2,32	2,36	2,40	2,44	2,48	2,52	2,56	2,60	2,64	2,68	2,72
5		2,50	2,55	2,60	2,65	2,70	2,75	2,80	2,85	2,90	2,95	3,—	3,05	3,10	3,15	3,20	3,25	3,30	3,35	3,40
5 1/2	1/2 Tg. Samstag	2,75	2,81	2,86	2,92	2,97	3,03	3,08	3,14	3,19	3,24	3,30	3,35	3,41	3,47	3,52	3,58	3,63	3,69	3,74
6		3,—	3,06	3,12	3,18	3,24	3,30	3,36	3,42	3,48	3,54	3,60	3,66	3,72	3,78	3,84	3,90	3,96	4,02	4,08
7		3,50	3,57	3,64	3,71	3,78	3,85	3,92	3,99	4,06	4,13	4,20	4,27	4,34	4,41	4,48	4,55	4,62	4,69	4,76
8		4,—	4,08	4,16	4,24	4,32	4,40	4,48	4,56	4,64	4,72	4,80	4,88	4,96	5,04	5,12	5,20	5,28	5,36	5,44
8 1/2	1 Tg.	4,25	4,34	4,42	4,51	4,59	4,68	4,76	4,85	4,93	5,01	5,10	5,18	5,27	5,36	5,44	5,53	5,61	5,70	5,78
9		4,50	4,59	4,68	4,77	4,86	4,95	5,04	5,13	5,22	5,31	5,40	5,49	5,58	5,67	5,76	5,85	5,94	6,03	6,12
10		5,—	5,10	5,20	5,30	5,40	5,50	5,60	5,70	5,80	5,90	6,—	6,10	6,20	6,30	6,40	6,50	6,60	6,70	6,80
11		5,50	5,61	5,72	5,83	5,94	6,05	6,16	6,27	6,38	6,49	6,60	6,71	6,82	6,93	7,04	7,15	7,26	7,37	7,48
12		6,—	6,12	6,24	6,36	6,48	6,60	6,72	6,84	6,96	7,08	7,20	7,32	7,44	7,56	7,68	7,80	7,92	8,04	8,16
13		6,50	6,63	6,76	6,89	7,02	7,15	7,28	7,41	7,54	7,67	7,80	7,93	8,06	8,19	8,32	8,45	8,58	8,71	8,84
14		7,—	7,14	7,28	7,42	7,56	7,70	7,84	7,98	8,12	8,26	8,40	8,54	8,68	8,82	8,96	9,10	9,24	9,38	9,52
15		7,50	7,65	7,80	7,95	8,10	8,25	8,40	8,55	8,70	8,85	9,00	9,15	9,30	9,45	9,60	9,75	9,90	10,05	10,20
16		8,—	8,16	8,32	8,48	8,64	8,80	8,96	9,12	9,38	9,54	9,60	9,86	9,92	10,08	10,24	10,40	10,56	10,72	10,88
17	2 Tg.	8,50	8,67	8,84	9,01	9,18	9,35	9,52	9,69	9,86	10,03	10,20	10,37	10,54	10,71	10,88	11,05	11,22	11,39	11,56
18		9,—	9,18	9,36	9,54	9,72	9,90	10,08	10,26	10,44	10,62	10,80	10,98	11,16	11,34	11,52	11,70	11,88	12,06	12,24
19		9,50	9,69	9,88	10,07	10,26	10,45	10,64	10,83	11,02	11,21	11,40	11,59	11,78	11,97	12,16	12,35	12,54	12,73	12,92
20		10,—	10,20	10,40	10,60	10,80	11,—	11,20	11,40	11,60	11,80	12,—	12,20	12,40	12,60	12,80	13,—	13,20	13,40	13,60
25 1/2	3 Tg.	12,75	13,01	13,26	13,52	13,77	14,03	14,28	14,55	14,79	15,03	15,30	15,55	15,81	16,08	16,32	16,59	16,83	17,09	17,34
30		15,—	15,30	15,60	15,90	16,20	16,50	16,80	17,10	17,40	17,70	18,—	18,30	18,60	18,90	19,20	19,50	19,80	20,10	20,40
34	4 Tg.	17,—	17,34	17,68	18,02	18,36	18,70	19,04	19,38	19,72	20,06	20,40	20,74	21,08	21,42	21,76	22,10	22,44	22,78	23,12
40		20,—	20,40	20,80	21,20	21,60	22,—	22,40	22,80	23,20	23,60	24,—	24,40	24,80	25,20	25,60	26,—	26,40	26,80	27,20
42 1/2	5 Tg.	21,25	21,68	22,11	22,53	22,95	23,38	23,80	24,23	24,65	25,08	25,50	25,93	26,35	26,78	27,20	27,63	28,05	28,48	28,90
48	6 Tg.	24,—	24,48	24,96	25,44	25,92	26,40	26,88	27,36	27,84	28,32	28,80	29,28	29,76	30,24	30,72	31,20	31,68	32,16	32,64

Stundenlohntabelle von 69 Groschen bis 87 Groschen

Stunden	Tage	69	70	71	72	73	74	75	76	77	78	79	80	81	82	83	84	85	86	87
1/4		—,17	—,18	—,18	—,18	—,18	—,19	—,19	—,19	—,19	—,19	—,19	—,20	—,20	—,20	—,20	—,21	—,21	—,21	—,21
1/2		—,35	—,35	—,36	—,36	—,37	—,37	—,38	—,38	—,38	—,39	—,39	—,40	—,40	—,41	—,41	—,42	—,42	—,43	—,43
3/4		—,52	—,53	—,53	—,54	—,55	—,56	—,56	—,57	—,57	—,58	—,59	—,60	—,60	—,61	—,62	—,63	—,63	—,64	—,65
1		—,69	—,70	—,71	—,72	—,73	—,74	—,75	—,76	—,77	—,78	—,79	—,80	—,81	—,82	—,83	—,84	—,85	—,86	—,87
2		1,38	1,40	1,42	1,44	1,46	1,48	1,50	1,52	1,54	1,56	1,58	1,60	1,62	1,64	1,66	1,68	1,70	1,72	1,74
3		2,07	2,10	2,13	2,16	2,19	2,22	2,25	2,28	2,31	2,34	2,37	2,40	2,43	2,46	2,49	2,52	2,55	2,58	2,61
4		2,76	2,80	2,84	2,88	2,92	2,96	3,00	3,04	3,08	3,12	3,16	3,20	3,24	3,28	3,32	3,36	3,40	3,44	3,48
5		3,45	3,50	3,55	3,60	3,65	3,70	3,75	3,80	3,85	3,90	3,95	4,—	4,05	4,10	4,15	4,20	4,25	4,30	4,35
5 1/2	1/2 Tg. (Samstag)	3,80	3,85	3,91	3,96	4,02	4,07	4,13	4,18	4,23	4,29	4,34	4,40	4,45	4,51	4,56	4,62	4,67	4,73	4,78
6		4,14	4,20	4,26	4,32	4,38	4,44	4,50	4,56	4,62	4,68	4,74	4,80	4,86	4,92	4,98	5,04	5,10	5,16	5,22
7		4,83	4,90	4,97	5,04	5,11	5,18	5,25	5,32	5,39	5,46	5,53	5,60	5,67	5,74	5,81	5,88	5,95	6,02	6,09
8		5,52	5,60	5,68	5,76	5,84	5,92	6,—	6,08	6,16	6,24	6,32	6,40	6,48	6,56	6,64	6,72	6,80	6,88	6,96
8 1/2	1 Tg.	5,87	5,95	6,04	6,12	6,21	6,29	6,38	6,46	6,54	6,63	6,71	6,80	6,88	6,97	7,05	7,14	7,22	7,31	7,39
9		6,21	6,30	6,39	6,48	6,57	6,66	6,75	6,84	6,93	7,02	7,11	7,20	7,29	7,38	7,47	7,56	7,65	7,74	7,83
10		6,90	7,—	7,10	7,20	7,30	7,40	7,50	7,60	7,70	7,80	7,90	8,—	8,10	8,20	8,30	8,40	8,50	8,60	8,70
11		7,59	7,70	7,81	7,92	8,03	8,14	8,25	8,36	8,47	8,58	8,69	8,80	8,91	9,02	9,13	9,24	9,35	9,46	9,57
12		8,28	8,40	8,52	8,64	8,76	8,88	9,—	9,12	9,24	9,36	9,48	9,60	9,72	9,84	9,96	10,08	10,20	10,32	10,44
13		8,97	9,10	9,23	9,36	9,49	9,62	9,75	9,88	10,01	10,14	10,27	10,40	10,53	10,66	10,79	10,92	11,05	11,18	11,31
14		9,66	9,80	9,94	10,08	10,22	10,36	10,50	10,64	10,78	10,92	11,06	11,20	11,34	11,48	11,62	11,76	11,90	12,04	12,18
15		10,35	10,50	10,65	10,80	10,95	11,10	11,25	11,40	11,55	11,70	11,85	12,—	12,15	12,30	12,45	12,60	12,75	12,90	13,05
16		11,04	11,20	11,36	11,52	11,68	11,84	12,00	12,16	12,32	12,48	12,64	12,80	12,96	13,12	13,28	13,44	13,60	13,76	13,92
17	2 Tg.	11,73	11,90	12,07	12,24	12,41	12,58	12,75	12,92	13,09	13,26	13,43	13,60	13,77	13,94	14,11	14,28	14,45	14,62	14,79
18		12,42	12,60	12,78	12,96	13,14	13,32	13,50	13,68	13,86	14,04	14,22	14,40	14,58	14,76	14,94	15,12	15,30	15,48	15,66
19		13,11	13,30	13,49	13,68	13,87	14,06	14,25	14,44	14,63	14,82	15,01	15,20	15,39	15,58	15,77	15,96	16,15	16,34	16,53
20		13,80	14,—	14,20	14,40	14,60	14,80	15,—	15,20	15,40	15,60	15,80	16,—	16,20	16,40	16,60	16,80	17,00	17,20	17,40
25 1/2	3 Tg.	17,61	17,86	18,12	18,36	18,63	18,87	19,14	19,38	19,64	19,89	20,14	20,40	20,65	20,91	21,16	21,42	21,67	21,93	22,18
30		20,70	21,—	21,30	21,60	21,90	22,20	22.50	22,80	23,10	23,40	23,70	24,—	24,30	24,60	24,90	25,20	25,50	25,80	26,10
34	4 Tg.	23,46	23,80	24,14	24,48	24,82	25,16	25,50	25,84	26,18	26,52	26,86	27,20	27,54	27,88	28,22	28,56	28,90	29,24	29,58
40		27,60	28,—	28,40	28,80	29,20	29,60	30,—	30,40	30,80	31,20	31,60	32,—	32,40	32,80	33,20	33,60	34,—	34,40	34,80
42 1/2	5 Tg.	29,33	29,75	30,18	30,60	31,03	31,45	31,88	32,30	32,73	33,15	33,58	34,—	34,43	34,85	35,28	35,70	36,13	36,55	36,98
48	6 Tg.	33,12	33,60	34,08	34,56	35,04	35,52	36,—	36,48	36,96	37,44	37,92	38,40	38,88	39,36	39,84	40,32	40,80	41,28	41,76

Stundenlohntabelle von 88 Groschen bis 1 Schilling 6 Groschen

Stunden	Tage	88	89	90	91	92	93	94	95	96	97	98	99	100	101	102	103	104	105	106
1/4		—,22	—,22	—,22	—,22	—,23	—,23	—,23	—,23	—,24	—,24	—,24	—,24	—,25	—,25	—,25	—,25	—,26	—,26	—,26
1/2		—,44	—,44	—,45	—,45	—,46	—,46	—,47	—,47	—,48	—,48	—,49	—,49	—,50	—,50	—,51	—,51	—,52	—,52	—,53
3/4		—,66	—,66	—,67	—,68	—,69	—,70	—,71	—,71	—,72	—,72	—,73	—,74	—,75	—,75	—,76	—,77	—,78	—,78	—,79
1		—,88	—,89	—,90	—,91	—,92	—,93	—,94	—,95	—,96	—,97	—,98	—,99	1,—	1,01	1,02	1,03	1,04	1,05	1,06
2		1,76	1,78	1,80	1,82	1,84	1,86	1,88	1,90	1,92	1,94	1,96	1,98	2,—	2,02	2,04	2,06	2,08	2,10	2,12
3		2,64	2,67	2,70	2,73	2,76	2,79	2,82	2,85	2,88	2,91	2,94	2,97	3,—	3,03	3,06	3,09	3,12	3,15	3,18
4		3,52	3,56	3,60	3,64	3,68	3,72	3,76	3,80	3,84	3,88	3,92	3,96	4,—	4,04	4,08	4,12	4,16	4,20	4,24
5		4,40	4,45	4,50	4,55	4,60	4,65	4,70	4,75	4,80	4,85	4,90	4,95	5,—	5,05	5,10	5,15	5,20	5,25	5,30
5 1/2	1/2 Tg. (Samstag)	4,84	4,89	4,95	5,—	5,06	5,11	5,17	5,22	5,28	5,33	5,39	5,44	5,50	5,55	5,61	5,66	5,72	5,77	5,83
6		5,28	5,34	5,40	5,46	5,52	5,58	5,64	5,70	5,76	5,82	5,88	5,94	6,—	6,06	6,12	6,18	6,24	6,30	6,36
7		6,16	6,23	6,30	6,37	6,44	6,51	6,58	6,65	6,72	6,79	6,86	6,93	7,—	7,07	7,14	7,21	7,28	7,35	7,42
8		7,04	7,12	7,20	7,28	7,36	7,44	7,52	7,60	7,68	7,76	7,84	7,92	8,—	8,08	8,16	8,24	8,32	8,40	8,48
8 1/2	1 Tag	7,48	7,56	7,65	7,73	7,82	7,90	7,99	8,07	8,16	8,24	8,33	8,41	8,50	8,58	8,67	8,75	8,84	8,92	9,01
9		7,92	8,01	8,10	8,19	8,28	8,37	8,46	8,55	8,64	8,73	8,82	8,91	9,—	9,09	9,18	9,27	9,36	9,45	9,54
10		8,80	8,90	9,—	9,10	9,20	9,30	9,40	9,50	9,60	9,70	9,80	9,90	10,—	10,10	10,20	10,30	10,40	10,50	10,60
11		9,68	9,79	9,90	10,01	10,12	10.23	10,34	10,45	10,56	10,67	10,78	10,89	11,—	11,11	11,22	11,38	11,44	11,55	11,66
12		10,56	10,68	10,80	10,92	11,04	11,16	11,28	11,40	11,52	11,64	11,76	11,88	12,—	12,12	12,24	12,36	12,48	12,60	12,72
13		11,44	11,57	11,70	11,83	11,96	12,09	12,22	12,35	12,48	12,61	12,74	12,87	13,—	13,13	13,26	13,39	13,52	13,65	13,78
14		12,32	12,46	12,60	12,74	12,88	13,02	13,16	13,30	13,44	13,58	13,72	13,86	14,—	14,14	14,28	14,42	14,56	14,70	14,84
15		13,20	13,35	13,50	13,65	13,80	13,95	14,10	14,25	14,40	14,55	14,70	14,85	15,—	15,15	15,30	15,45	15,60	15,75	15,90
16		14,08	14,24	14,40	14,56	14,72	14,88	15,04	15,20	15,36	15,52	15,68	15,84	16,—	16,16	16,32	16,48	16,64	16,80	16,96
17	2 Tg.	14,96	15,13	15,30	15,47	15,64	15,81	15,98	16,15	16,32	16,49	16,66	16,83	17,—	17,17	17,34	17,51	17,68	17,85	18,02
18		15,84	16,02	16,20	16,38	16,56	16,74	16,92	17,10	17,28	17,46	17,64	17,82	18,—	18,18	18,36	18,24	18,72	18,90	19,08
19		16,72	16,91	17,10	17,29	17,48	17,67	17,86	18,05	18,24	18,43	18,62	18,81	19,—	19,19	19,38	19,57	19,76	19,95	20,14
20		17,60	17,80	18,—	18,20	18,40	18,60	18,80	19,—	19,20	19,40	19,60	19,80	20,—	20,20	20,40	20,60	20,80	21,—	21,20
25 1/2	3 Tg.	22,44	22,69	22,95	23,20	23,46	23,71	23,97	24,22	24,48	24,73	24,99	25,24	25,50	25,75	26,01	26,27	26,52	26,78	27,03
30		26,40	26,70	27,—	27,30	27,60	27,90	28,20	28,50	28,80	29,10	29,40	29,70	30,—	30,30	30,60	30,90	31,20	31,50	31,80
34	4 Tg.	29,92	30,26	30,60	30,94	31,28	31,62	31,96	32,30	32,64	32,98	33,32	33,66	34,—	34,34	34,68	35,02	35,36	35,70	36,04
40		35,20	35,60	36,—	36,40	36,80	37,20	37,60	38,—	38,40	38,80	39,20	39,60	40,—	40,40	40,80	41,20	41,60	42,—	42,40
42 1/2	5 Tg.	37,40	37,83	38,25	38,68	39,10	39,53	39,95	40,38	40,80	41,23	41,65	42,08	42,50	42,93	43,35	43,78	44,20	44,63	45,05
48	6 Tg.	42,24	42,72	43,20	43,68	44,16	44,64	45,12	45.60	46,08	46,56	47,04	47,52	48,—	48,48	48,96	49,44	49,92	50,40	50,88

Stundenlohntabelle von 1 Schilling 7 Groschen bis 1 Schilling 25 Groschen

Stunden	Tage	107	108	109	110	111	112	113	114	115	116	117	118	119	120	121	122	123	124	125
1/4		—,26	—,27	—,27	—,27	—,27	—,28	—,28	—,28	—,28	—,29	—,29	—,29	—,29	—,30	—,30	—,30	—,30	—,31	—,31
1/2		—,53	—,54	—,54	—,55	—,55	—,56	—,56	—,57	—,57	—,58	—,58	—,59	—,59	—,60	—,60	—,61	—,61	—,62	—,62
3/4		—,80	—,81	—,81	—,82	—,83	—,84	—,84	—,85	—,86	—,87	—,87	—,88	—,89	—,90	—,90	—,91	—,92	—,93	—,93
1		1,07	1,08	1,09	1,10	1,11	1,12	1,13	1,14	1,15	1,16	1,17	1,18	1,19	1,20	1,21	1,22	1,23	1,24	1,25
2		2,14	2,16	2,18	2,20	2,22	2,24	2,26	2,28	2,30	2,32	2,34	2,36	2,38	2,40	2,42	2,44	2,46	2,48	2,50
3		3,21	3,24	3,27	3,30	3,33	3,36	3,39	3,42	3,45	3,48	3,51	3,54	3,57	3,60	3,63	3,66	3,69	3,72	3,75
4		4,28	4,32	4,36	4,40	4,44	4,48	4,52	4,56	4,60	4,64	4,68	4,72	4,76	4,80	4,84	4,88	4,92	4,96	5,—
5		5,35	5,40	5,45	5,50	5,55	5,60	5,65	5,70	5,75	5,80	5,85	5,90	5,95	6,—	6,05	6,10	6,15	6,20	6,25
5 1/2	1/2 Tag (Samstag)	5,88	5,94	5,99	6,05	6,10	6,16	6,21	6,27	6,32	6,38	6,43	6,49	6,54	6,60	6,65	6,71	6,76	6,82	6,87
6		6,42	6,48	6,54	6,60	6,66	6,72	6,78	6,84	6,90	6,96	7,02	7,08	7,14	7,20	7,26	7,32	7,38	7,44	7,50
7		7,49	7,56	7,63	7,70	7,77	7,84	7,91	7,98	8,05	8,12	8,19	8,26	8,33	8,40	8,47	8,54	8,61	8,68	8,75
8		8,56	8,64	8,72	8,80	8,88	8,96	9,04	9,12	9,20	9,28	9,36	9,44	9,52	9,60	9,68	9,76	9,84	9,92	10,—
8 1/2	1 Tg.	9,09	9,18	9,26	9,35	9,43	9,52	9,60	9,69	9,77	9,86	9,94	10,03	10,11	10,20	10,28	10,34	10,45	10,54	10,62
9		9,63	9,72	9,81	9,90	9,99	10,08	10,17	10,26	10,35	10,44	10,53	10,62	10,71	10,80	10,89	10,98	11,07	11,16	11,25
10		10,70	10,80	10,90	11,—	11,10	11,20	11,30	11,40	11,50	11,60	11,70	11,80	11,90	12,—	12,10	12,20	12,30	12,40	12,50
11		11,77	11,88	11,99	12,10	12,21	12,32	12,43	12,54	12,65	12,76	12,87	12,98	13,09	13,20	13,31	13,42	13,53	13,64	13,75
12		12,84	12,96	13,08	13,20	13,32	13,44	13,56	13,68	13,80	13,92	14,04	14,16	14,28	14,40	14,52	14,64	14,76	14,88	15,—
13		13,91	14,04	14,17	14,30	14,43	14,56	14,69	14,82	14,95	15,08	15,21	15,34	15,47	15,60	15,73	15,86	15,99	16,12	16,25
14		14,98	15,12	15,26	15,40	15,54	15,68	15,82	15,96	16,10	16,24	16,38	16,52	16,66	16,80	16,94	17,08	17,22	17,36	15,50
15		16,05	16,20	16,35	16,50	16,65	16,80	16,95	17,10	17,25	17,40	17,55	17,70	17,85	18,—	18,15	18,30	18,45	18,60	18,75
16		17,12	17,28	17,44	17,60	17,76	17,92	18,08	18,24	18,40	18,56	18,72	18,88	19,04	19,20	19,36	19,52	19,68	19,84	20,—
17	2 Tg.	18,19	18,36	18,53	18,70	18,87	19,04	19,21	19,38	19,55	19,72	19,89	20,06	20,23	20,40	20,57	20,74	20,91	21,08	21,25
18		19,26	19,44	19,62	19,80	19,98	20,16	20,34	20,52	20,70	20,88	21,06	21,24	21,42	21,60	21,78	21,96	22,14	22,32	22,50
19		20,33	20,52	20,71	20,90	21,09	21,28	21,47	21,66	21,85	22,04	22,23	22,42	22,61	22,80	22,99	23,18	23,37	23,56	23,75
20		21,40	21,60	21,80	22,—	22,20	22,40	22,60	22,80	23,—	23,20	23,40	23,60	23,80	24,—	24,20	24,40	24,60	24,80	25,—
25 1/2	3 Tg.	27,29	27,54	27,80	28,05	28,31	28,56	28,82	29,07	29,33	29,58	29,84	30,09	30,35	30,60	30,86	31,11	31,37	31,62	31,88
30		32,10	32,40	32,70	33,—	33,30	33,60	33,90	34,20	34,50	34,80	35,10	35,40	35,70	36,—	36,30	36,60	36,90	37,20	37,50
34	4 Tg.	36,38	36,72	37,06	37,40	37,74	38,08	38,42	38,76	39,10	39,44	39,78	40,12	40,46	40,80	41,14	41,48	41,82	42,16	42,50
40		42,80	43,20	43,60	44,—	44,40	44,80	45,20	45,60	46,—	46,40	46,80	47,20	47,60	48,—	48,40	48,80	49,20	49,60	50,—
42 1/2	5 Tg.	45,48	45,90	46,33	46,75	47,18	47,60	48,03	48,45	48,88	49,30	49,73	50,15	50,58	51,—	51,43	51,85	52,28	52,70	53,13
48	6 Tg.	51,36	51,84	52,32	52,80	53,28	53,76	54,24	54,72	55,20	55,68	56,16	56,64	57,12	57,60	58,08	58,56	59,04	59,52	60,—

Stundenlohntabelle von S 1,26 bis S 1,29 und von S 1,50 bis S 1,64

Stunden	Tage	126	127	128	129	150	151	152	153	154	155	156	157	158	159	160	161	162	163	164
1/4		—,31	—,31	—,32	—,32	—,37	—,37	—,38	—,38	—,38	—,38	—,39	—,39	—,39	—,39	—,40	—,40	—,40	—,40	—,41
1/2		—,63	—,63	—,64	—,64	—,75	—,75	—,76	—,76	—,77	—,77	—,78	—,78	—,79	—,79	—,80	—,80	—,81	—,81	—,82
3/4		—,94	—,95	—,96	—,96	1,12	1,13	1,14	1,14	1,15	1,16	1,17	1,17	1,18	1,19	1,20	1,20	1,21	1,22	1,23
1		1,26	1,27	1,28	1,29	1,50	1,51	1,52	1,53	1,54	1,55	1,56	1,57	1,58	1,59	1,60	1,61	1,62	1,63	1,64
2		2,52	2,54	2,56	2,58	3,—	3,02	3.04	3,06	3,08	3,10	3,12	3,14	3,16	3,18	3,20	3,22	3,24	3,26	3,28
3		3,78	3,81	3,84	3,87	4,50	4,53	4,56	4,59	4,62	4,65	4,68	4,71	4,74	4,77	4,80	4,83	4,86	4,89	4,92
4		5,04	5,08	5,12	5,16	6,—	6,04	6,08	6,12	6,16	6,20	6,24	6,28	6,32	6 36	6,40	6,44	6,48	6,52	6,56
5		6,30	6,35	6,40	6,50	7,50	7,55	7,60	7,65	7,70	7,75	7,80	7,85	7,90	7,95	8,—	8,05	8,10	8,15	8,20
5 1/2	1/2 Tg. (Samstag)	6,93	6,98	7,04	7,09	8,25	8,30	8,36	8,41	8,47	8,52	8,58	8,63	8,69	8,74	8,80	8,85	8,91	8,96	9,02
6		7,56	7,62	7,68	7,74	9,—	9,06	9,12	9,18	9,24	9,30	9,36	9,42	9,48	9,54	9,60	9,66	9,72	9,78	9,84
7		8,82	8,89	8,96	9,03	10,50	10,57	10,64	10,71	10,78	10,85	10,92	10,99	11,06	11,13	11,20	11,27	11,34	11,41	11,48
8		10,08	10,16	10,24	10,32	12,—	12,08	12,16	12,24	12,32	12,40	12,48	12,56	12,64	12,72	12,80	12,88	12,96	13,04	13,12
8 1/2	1 Tg.	10,71	10,79	10,88	10,96	12,75	12,83	12,92	13,—	13,09	13,17	13,26	13,34	13,43	13,51	13,60	13,68	13,77	13,35	13,94
9		11,34	11,43	11,52	11,61	13,50	13,59	13,68	13,77	13,86	13,95	14,04	14,13	14,22	14,31	14,40	14,49	14,58	14,67	14,76
10		12,60	12,70	12,80	12,90	15,—	15,10	15,20	15,30	15,40	15,50	15,60	15,70	15,80	15,90	16,—	16,10	16,20	16,30	16,40
11		13.86	13,97	14,08	14,19	16,50	16,61	16,72	16,83	16,94	17,05	17,16	17,27	17,38	17,49	17,60	17,71	17,82	17,93	18,04
12		15,12	15,24	15,36	15,48	18,—	18 12	18,24	18,36	18,48	18,60	18,72	18,84	18,96	19,08	19,20	19,32	19,44	19,56	19,68
13		16,38	16,51	16,64	16,77	19,50	19,63	19,76	19,89	20,02	20,15	20,20	20,41	20,54	20,67	20,80	20,93	21,06	21,19	21,32
14		17,64	17,78	17,92	18,06	21,—	21,14	21,28	21,42	21,56	21,70	21,84	21,98	22,12	22,26	22,40	22,54	22,68	22,82	22,96
15		18,90	19,05	19,20	19,35	22,50	22,65	22,80	22,95	23,10	23,25	23,40	23,55	23,70	23,85	24,—	24,15	24,30	24,45	24,60
16		20,16	20,32	20,48	20,64	24,—	24,16	24,32	24,48	24,64	24,80	24,96	25,12	25,28	25,44	25,60	25,76	25,92	26,08	26,24
17	2 Tg.	21,42	21,59	21,76	21,93	25,50	25,67	25,84	26,01	26,18	26,35	26,52	26,69	26,86	27,03	27,20	27,37	27,54	27,71	27,88
18		22,68	22,86	23,04	23,22	27,—	27,18	27,36	27,54	27,72	27,90	28,08	28,26	28,44	28,62	28,80	28,98	29,16	29,34	29,52
19		23,94	24,13	24,32	24,51	28,50	28,69	28,88	29.07	29,26	29,45	29,64	29,83	30,02	30,21	30,40	30,59	30,78	30,97	31,16
20		25,20	25,40	25,60	25,80	30,—	30,20	30,40	30,60	30,80	31,—	31,20	31,40	31,60	31,80	32,—	32.20	32 40	32,60	32,80
25 1/2	3 Tg.	32,13	32,39	32,64	32,90	38,25	38,51	38,76	39,02	39,27	39,53	39,78	40,04	40,29	40,55	40,80	41,06	41,31	41,57	41,82
30		37,80	38,10	38,40	38,70	45,—	45,30	45,60	45,90	46,20	46,50	46,80	47,10	47,40	47,70	48,—	48,30	48,60	48,90	49,20
34	4 Tg.	42,84	43,18	43,52	43,86	51,—	51,34	51,68	52,02	52,36	52,70	53,04	53,38	53,72	54,06	54,40	54,74	55,08	55,42	55,76
40		50,40	50,80	51,20	51,60	60,—	60,40	60,80	61,20	61,60	62,—	62,40	62,80	63,20	63,60	64,—	64,40	64,80	65,20	65,60
42 1/2	5 Tg.	53,55	53,98	54,40	54,83	63,75	64,18	64,60	65,03	65,45	65,88	66,30	66,73	67,15	67,58	68,—	68,43	68,85	69,28	69,70
48	6 Tg.	60,48	60,96	61,44	61,92	72,—	72,48	72,96	73,44	73,92	74,40	74,88	75,36	75,84	76,32	76,80	77,28	77,76	78,24	78,72

Stundenlohntabelle von S 1,65 bis S 1,70 und von S 2,30 bis S 2,42

Stunden	Tage	165	166	167	168	169	170	230	231	232	233	234	235	236	237	238	239	240	241	242
1/4		—,41	—,41	—,41	—,41	—,42	—,42	—,57	—,57	—,58	—,58	—,58	—,58	—,59	—,59	—,59	—,59	—,60	—,60	—,60
1/2		—,82	—,83	—,83	—,84	—,84	—,85	1,15	1,15	1,16	1,16	1,17	1,17	1,17	1,18	1,19	1,19	1,20	1,20	1,21
3/4		1,23	1,24	1,25	1,26	1,26	1,27	1,72	1,73	1,74	1,74	1,75	1,76	1,77	1,77	1,78	1,79	1,80	1,80	1,81
1		1,65	1,66	1,67	1,68	1,69	1,70	2,30	2,31	2,32	2,33	2,34	2,35	2,36	2,37	2,38	2,39	2,40	2,41	2,42
2		3,30	3,32	3,34	3,36	3,38	3,40	4,60	4,62	4,64	4,66	4,68	4,70	4,72	4,74	4,76	4,78	4,80	4,82	4,84
3		4,95	4,98	5,01	5,04	5,07	5,10	6,90	6,93	6,96	6,99	7,02	7,05	7,08	7,11	7,14	7,17	7,20	7,23	7,26
4		6,60	6,64	6,68	6,72	6,76	6,80	9,20	9,24	9,28	9,32	9,36	9,40	9,44	9,48	9,52	9,56	9,60	9,64	9,68
5		8,25	8,30	8,35	8,40	8,45	8,50	11,50	11,55	11,60	11,65	11,70	11,75	11,80	11,85	11,90	11,95	12,—	12,05	12,10
5½	½ Tg. (Samstag)	9,07	9,13	9,18	9,24	9,29	9,35	12,65	12,70	12,76	12,81	12,87	12,92	12,98	13,03	13,09	13,14	13,20	13,25	13,31
6		9,90	9,96	10,02	10,08	10,14	10,20	13,80	13,86	13,92	13,98	14,04	14,10	14,16	14,22	14,28	14,34	14,40	14,46	14,52
7		11,55	11,62	11,69	11,76	11,83	11,90	16,10	16,17	16,24	16,31	16,38	16,45	16,52	16,59	16,66	16,73	16,80	16,87	16,94
8		13,20	13,28	13,36	13,44	13,52	13,60	18,40	18,48	18,56	18,64	18,72	18,80	18,88	18,96	19,04	19,12	19,20	19,28	19,36
8½	1 Tag	14,02	14,11	14,19	14,28	14,36	14,45	19,55	19,63	19,72	19,80	19,89	19,97	20,06	20,14	20,23	20,31	20,40	20,48	20,57
9		14,85	14,94	15,03	15,12	15,21	15,30	20,70	20,79	20,88	20,97	21,06	21,15	21,24	21,33	21,42	21,51	21,60	21,69	21,78
10		16,50	16,60	16,70	16,80	16,90	17,—	23,—	23,10	23,20	23,30	23,40	23,50	23,60	23,70	23,80	23,90	24,—	24,10	24,20
11		18,15	18,26	18,37	18,48	18,59	18,70	25,30	25,41	25,52	25,63	25,74	25,85	25,96	26,07	26,18	26,29	26,40	26,51	26,62
12		19,80	19,92	20,04	20,16	20,28	20,40	27,60	27,72	27,84	27,96	28,08	28,20	28,32	28,44	28,56	28,68	28,80	28,92	29,04
13		21,45	21,58	21,71	21,84	21,97	22,10	29,90	30,03	30,16	30,29	30,42	30,55	30,68	30,81	30,94	31,07	31,20	31,33	31,46
14		23,10	23,24	23,38	23,52	23,66	23,80	32,20	32,34	32,48	32,62	32,76	32,90	33,04	33,18	33,32	33,46	33,60	33,74	33,88
15		24,75	24,90	25,05	25,20	25,35	25,50	34,50	34,65	34,80	34,95	35,10	35,25	35,40	35,55	35,70	35,85	36,—	36,15	36,30
16		26,40	26,56	26,72	26,88	27,04	27,20	36,80	36,96	37,12	37,28	37,44	37,60	37,76	37,92	38,08	38,24	38,40	38,56	38,72
17	2 Tg.	28,05	28,22	28,39	28,56	28,73	28,90	39,10	39,27	39,44	39,61	39,78	39,95	40,12	40,29	40,46	40,63	40,80	40,97	41,14
18		29,70	29,88	30,06	30,24	30,42	30,60	41,40	41,58	41,76	41,94	42,12	42,30	42,48	42,66	42,84	43,02	43,20	43,38	43,56
19		31,35	31,54	31,73	31,92	32,11	32,30	43,70	43,89	44,08	44,27	44,46	44,65	44,84	45,03	45,22	45,41	45,60	45,79	45,98
20		33,—	33,20	33,40	33,60	33,80	34,—	46,—	46,20	46,40	46,60	46,80	47,—	47,20	47,40	47,60	47,80	48,—	48,20	48,40
25½	3 Tg.	42,08	42,33	42,59	42,84	43,10	43,35	58,65	58,91	59,16	59,42	59,67	59,93	60,18	60,43	60,69	60,95	61,20	61,46	61,71
30		49,50	49,80	50,10	50,40	50,70	51,—	69,—	69,30	69,60	69,90	70,20	70,50	70,80	71,10	71,40	71,70	72,—	72,30	72,60
34	4 Tg.	56,10	56,44	56,78	57,12	57,46	57,80	78,20	78,54	78,88	79,22	79,56	79,90	80,24	80,58	80,92	81,26	81,60	81,94	82,28
40		66,—	66,40	66,80	67,20	67,60	68,—	92,—	92,40	92,80	93,20	93,60	94,—	94,40	94,80	95,20	95,60	96,—	96,40	96,80
42½	5 Tg.	70,13	70,55	70,98	71,40	71,83	72,25	97,75	98,18	98,60	99,03	99,45	99,88	100,30	100,73	101,15	101,58	102,—	102,43	102,85
48	6 Tg.	79,20	79,68	80,16	80,64	81,12	81,60	110,40	110,88	111,36	111,84	112,32	112,80	113,28	113,76	114,24	114,72	115,20	115,68	116,16

Stundenlohntabelle von 2 Schilling 43 Groschen bis 2 Schilling 60 Groschen (Überstunden)

Stunden	Tage	243	244	245	246	247	248	249	250	251	252	253	254	255	256	257	258	259	260
1/4		—,60	—,61	—,61	—,61	—,61	—,62	—,62	—,62	—,62	—,63	—,63	—,63	—,63	—,64	—,64	—,64	—,64	—,35
1/2		1,21	1,22	1,22	1,23	1,23	1,24	1,24	1,25	1,25	1,26	1,26	1,27	1,27	1,28	1,28	1,29	1,29	1,30
3/4		1,82	1,83	1,83	1,84	1,85	1,86	1,86	1,87	1,88	1,89	1,89	1,90	1,91	1,92	1,92	1,93	1,94	1,35
1		2,43	2,44	2,45	2,46	2,47	2,48	2,49	2,50	2,51	2,52	2,53	2,54	2,55	2,56	2,57	2,58	2,59	2,60
2		4,86	4,88	4,90	4,92	4,94	4,96	4,98	5,—	5,02	5,04	5,06	5,08	5,10	5,12	5,14	5,16	5,18	5,20
3		7,29	7,32	7,35	7,38	7,41	7,44	7,47	7,50	7,53	7,56	7,59	7,62	7,65	7,68	7,71	7,74	7,77	7,80
4		9,72	9,76	9,80	9,84	9,88	9,92	9,96	10,—	10,04	10,08	10,12	10,16	10,20	10,24	10,28	10,32	10,36	10,40
5		12,15	12,20	12,25	12,30	12,35	12,40	12,45	12,50	12,55	12,60	12,65	12,70	12,75	12,80	12,85	12,90	12,95	13,—
5 1/2	1/2 Tg. (Samstag)	13,36	13,42	13,47	13,53	13,58	13,64	13,69	13,75	13,80	13,86	13,91	13,97	14,02	14,08	14,13	14,19	14,24	14,30
6		14,58	14,64	14,70	14,76	14,82	14,88	14,94	15,—	15,06	15,12	15,18	15,24	15,30	15,36	15,42	15,48	15,54	15,60
7		17,01	17,08	17,15	17,22	17,29	17,36	17,43	17,50	17,57	17,64	17,71	17,78	17,85	17,92	17,99	18,06	18,13	18,20
8		19,44	19,52	19,60	19,68	19,76	19,84	19,92	20,—	20,08	20,16	20,24	20,32	20,40	20,48	20,56	20,64	20,72	20,80
8 1/2	1 Tag	20,65	20,74	20,82	20,91	20,99	21,08	21,16	21,25	21,33	21,42	21,50	21,59	21,67	21,76	21,84	21,93	22,01	22,10
9		21,87	21,96	22,05	22,14	22,23	22,32	22,41	22,50	22,59	22,68	22,77	22,86	22,95	23,04	23,13	23,22	23,31	23,40
10		24,30	24,40	24,50	24,60	24,70	24,80	24,90	25,—	25,10	25,20	25,30	25,40	25,50	25,60	25,70	25,80	25,90	26,—
11		26,73	26,84	26,95	27,06	27,17	27,28	27,39	27,50	27,61	27,72	27,83	27,94	28,05	28,16	28,27	28,38	28,49	28,60
12		29,16	29,28	29,40	29,52	29,64	29,76	29,88	30,—	30,12	30,24	30,36	30,48	30,60	30,72	30,84	30,96	31,08	31,20
13		31,59	31,72	31,85	31,98	32,11	32,24	32,37	32,50	32,63	32,76	32,89	33,02	33,15	33,28	33,41	33,54	33,67	33,80
14		34,02	34,16	34,30	34,44	34,58	34,72	34,86	35,—	35,14	35,28	35,42	35,56	35,70	35,84	35,98	36,12	36,26	36,40
15		36,45	36,60	36,75	36,90	37,05	37,20	37,35	37,50	37,65	37,80	37,95	38,10	38,25	38,40	38,55	38,70	38,85	39,—
16		38,88	39,04	39,20	39,36	39,52	39,68	39,84	40,—	40,16	40,32	40,48	40,64	40,80	40,96	41,12	41,28	41,44	41,60
17	2 Tg.	41,31	41,48	41,65	41,82	41,99	42,16	42,33	42,50	42,67	42,84	43,01	43,18	43,35	43,52	43,69	43,86	44,03	44,20
18		43,74	43,92	44,10	44,28	44,46	44,64	44,82	45,—	45,18	45,36	45,54	45,72	45,90	46,08	46,26	46,44	46,62	46,80
19		46,17	46,36	46,55	46,74	46,93	47,12	47,31	47,50	47,69	47,88	48,07	48,26	48,45	48,64	48,83	49,02	49,21	49,40
20		48,60	48,80	49,—	49,20	49,40	49,60	49,80	50,—	50,20	50,40	50,60	50,80	51,—	51,20	51,40	51,60	51,80	52,—
25 1/2	3 Tg.	61,97	62,22	62,48	62,73	62,99	63,24	63,50	63,75	64,01	64,26	64,52	64,77	65,03	65,28	65,54	65,79	66,05	66,30
30		72,90	73,20	73,50	73,80	74,10	74,40	74,70	75,—	75,30	75,60	75,90	76,20	76,50	76,80	77,10	77,40	77,70	78,—
34	4 Tg.	82,62	82,96	83,30	83,64	83,98	84,32	84,66	85,—	85,34	85,68	86,02	86,36	86,70	87,04	87,38	87,72	88,06	88,40
40		97,20	97,60	98,—	98,40	98,80	99,20	99,60	100,—	100,40	100,80	101,20	101,40	102,—	102,40	102,80	103,20	103,40	104,—
42 1/2	5 Tg.	103,28	103,70	104,13	104,55	104,98	105,40	105,83	106,25	106,68	107,10	107,53	107,95	108,38	108,80	109,23	109,65	110,08	110,50
48	6 Tg.	116,64	117,12	117,60	118,08	118,56	119,04	119,52	120,—	120,48	120,96	121,44	121,92	122,40	122,88	123,36	123,84	124,32	124,80

12. Vom achtstündigen Arbeitstag

(Gesetz vom 17. Dezember 1919, StGBl. Nr. 581)

In Betrieben, die der Gewerbeordnung unterliegen, darf die Arbeitszeit des Arbeiters und Angestellten ohne Einrechnung der Arbeitspausen nicht mehr als höchstens acht Stunden innerhalb 24 Stunden betragen.

Die Arbeitszeit weiblicher Arbeiter und Angestellter und männlicher jugendlicher Arbeiter und Angestellter bis zum vollendeten 18. Lebensjahre darf nicht mehr als 44 Stunden innerhalb der Arbeitswoche betragen und hat an Samstagen um 12 Uhr mittags zu enden.

Die Vorschrift über den Achtstundentag findet keine Anwendung, wenn durch einen kollektiven Arbeitsvertrag die auf die Arbeitswoche entfallende Arbeitszeit mit höchstens 48 Stunden bestimmt ist.

Als kollektive Arbeitsverträge gelten jene Vereinbarungen, die zwischen Berufsvereinigungen der Arbeiter oder Angestellten und einem oder mehreren Arbeitergebern oder Berufsvereinigungen der letzteren abgeschlossen wurden und die gegenseitigen, in dem Arbeits- oder Dienstverhältnisse wurzelnden Rechte und Pflichten oder sonstige Angelegenheiten regeln, die für das Arbeits- oder Dienstverhältnis wirtschaftlich von Bedeutung sind. Als kollektive Arbeitsverträge gelten ferner die von der Genossenschaftsversammlung im Einvernehmen mit der Gehilfenversammlung festgestellten Bestimmungen.

Für Überstunden, die sich bei einer Verlängerung der Arbeitszeit über acht Stunden pro Tag bzw. 48 Stunden pro Woche ergeben, gebührt dem Arbeiter oder Angestellten eine besondere Entlohnung, die um mindestens 50 Prozent höher ist als die für die regelmäßige Arbeitszeit vereinbarte. Bei Stück- und Akkordlöhnen gilt als Stundenlohn der im Durchschnitt auf eine Arbeitsstunde entfallende Teil des Gesamtwochenverdienstes des Arbeiters. Erfolgt die Entlohnung eines Angestellten mit Monatsgehalt, so ist der Stundenlohn in der Weise zu berechnen, daß das Monatsgehalt durch die Zahl der regelmäßigen monatlichen Arbeitsstunden geteilt wird, wobei solche Bezüge, die dem Angestellten nicht allmonatlich, sondern in anderen Perioden zufließen, mit dem auf einen Monat entfallenden Bruchteil einzurechnen sind.

In Betrieben oder Betriebsabteilungen, in denen die Arbeitsleistung der weiblichen und jugendlichen Arbeiter oder Angestellten mit jener der männlichen derart zusammenhängt, daß die Beobachtung der Vorschriften des zweiten Absatzes entweder eine entsprechende Kürzung der Arbeitszeit der männlichen Arbeiter und Angestellten zur Folge hätte oder die Verwendung von weiblichen oder jugendlichen Arbeitern und Angestellten in Frage stellen würde, finden die Bestimmungen des Gesetzes dann keine Anwendung, wenn deren Geltung durch Kollektivvertrag oder mangels eines solchen durch Einzelvertrag ausgeschlossen ist.

Diese Ausnahmebestimmung gilt jedoch nicht für Betriebe (Betriebsabteilungen) von Produktionsunternehmungen, wenn wenigstens zwei Drittel der Beschäftigten des Betriebes (der Betriebsabteilung) Jugendliche unter 16 Jahren und Personen weiblichen Geschlechtes sind.

Die Bestimmungen über den achtstündigen Arbeitstag erscheinen für das Dachdeckergewerbe in Wien durch den § 1 des Kollektivvertrages vom 16. Juni 1924 geregelt.

13. Von der Auflösung des Arbeitsverhältnisses

Erläuterungen zur Ausfüllung der Arbeitslosenbestätigung und Beispiele für dieselbe.

§ 82. Gesetz vom 8. März 1865, Nr. 22, RGBl., Punkt a, abgeändert durch Art. 32 des Gesetzes vom 21. Juli 1925, Nr. 277 BGBl.

Auflösung des Arbeitsverhältnisses

Vor Ablauf der ausdrücklich oder stillschweigend bedungenen Dauer des Arbeitsverhältnisses kann ein Hilfsarbeiter ohne Kündigung in folgenden Fällen sofort entlassen werden, wenn er:

a) bei Abschluß des Arbeitsvertrages den Gewerbeinhaber durch Vorzeigung falscher oder verfälschter Ausweiskarten oder Zeugnisse hintergangen oder ihn über das Bestehen eines anderen, den Hilfsarbeiter gleichzeitig verpflichtenden Arbeitsverhältnisses in einen Irrtum versetzt hat;

b) zu der mit ihm vereinbarten Arbeit unfähig befunden wird;

c) der Trunksucht verfällt und wiederholt fruchtlos verwarnt wurde;

d) sich eines Diebstahls, einer Veruntreuung oder einer sonstigen strafbaren Handlung schuldig macht, welche ihn des Vertrauens des Gewerbeinhabers unwürdig erscheinen läßt;

e) ein Geschäfts- oder Betriebsgeheimnis verrät oder ohne Einwilligung des Gewerbeinhabers ein der Verwendung beim Gewerbe abträgliches Nebengeschäft betreibt;

f) die Arbeit unbefugt verlassen hat oder beharrlich seine Pflichten vernachlässigt oder die übrigen Hilfsarbeiter oder die Hausgenossen zum Ungehorsam, zur Auflehnung gegen den Gewerbeinhaber, zu unordentlichem Lebenswandel oder zu unsittlichen oder gesetzwidrigen Handlungen zu verleiten sucht;

g) sich einer groben Ehrenbeleidigung, Körperverletzung oder gefährlichen Drohung gegen den Gewerbeinhaber oder dessen Hausgenossen oder gegen die übrigen Hilfsarbeiter schuldig macht oder ungeachtet vorausgegangener Warnung mit Feuer und Licht unvorsichtig umgeht;

h) mit einer abschreckenden Krankheit behaftet ist oder durch eigenes Verschulden arbeitsunfähig wird oder wenn die unverschuldete Arbeitsunfähigkeit über vier Wochen dauert;

i) durch länger als vierzehn Tage gefänglich angehalten wird.

Ausschnitt des Arbeitslosenzettels, welcher hier in Betracht kommt

Rubrik:	1	Kündigung (Austritt) des Arbeitnehmers (freiw. Lösung des Arbeits(Dienst)verhältnisses)
Art der Lösung des Arbeits- oder Dienstverhältnisses:	2	Kündigung seitens des Arbeitgebers (Arbeitsmangel, Austausch von Arbeitskräften u. dgl.)
	3	Entlassung (§ 82 GewO., § 27 AngG., §§ 202 und 203 BG., § 1162 ABGB., §§ 25 und 26 GutsangestG.
	4	Betriebsstillstand als Folge einer Arbeitseinstellung (Aussperrung)

Einige Beispiele bezüglich der Ausfertigung dieser Bestätigung:

Rubrik 1. Wird das Arbeitsverhältnis von Seite des Arbeiters freiwillig gelöst, so sind die Rubriken **2, 3** und **4** durchzustreichen.

Rubrik 2. Wird der Arbeiter infolge Arbeitsmangel oder wegen nicht entsprechender Leistung entlassen, so sind die Rubriken **1, 3** und **4** durchzustreichen.

Rubrik 3. Läßt sich der Arbeiter Unkorrektheiten jeder Art immer wie vor im § 82 beschrieben zu schulden kommen, sind die Rubriken 1, 2 und 4 durchzustreichen.

Rubrik 4. Wenn der Betrieb unter welch immer vorkommenden Umständen stillsteht, wie Betriebseinstellung von seiten des Unternehmers oder von Seite der Arbeiterschaft durch Streiks (Aussperrung), so sind die Rubriken 1, 2 und 3 durchzustreichen.

Weiters. Sollten Unterlassungen wie in unserer Arbeitsordnung vom 22. Dezember 1924 nach § 10 des letzten Absatzes vorkommen, so sind die Rubriken 1, 3 und 4 durchzustreichen.

Alle oben angeführten Beispiele finden auf Lehrlinge, Vertrauensmänner sowie auf Betriebsräte keine Anwendung.

Der Meister ist verpflichtet, die Arbeitslosenbestätigungsformularien, welche in der Genossenschaftskanzlei erhältlich sind, selbst zu besorgen.

Bundesgesetz vom 26. März 1926 über die Weiterverwendung von ausgelernten Lehrlingen (Gewerbeordnungsnovelle 1926, BGBl. Nr. 74)

Der Nationalrat hat beschlossen:

Die Gewerbeordnung in der Fassung der Textverordnung vom 16. August 1907, RGBl. Nr. 199, wird in folgender Weise abgeändert.

Artikel I. Nach § 105 der Gewerbeordnung werden nachfolgende Bestimmungen neu eingefügt:

„§ 105a. Weiterverwendung von ausgelernten Lehrlingen.

1. Der Gewerbeinhaber ist verpflichtet, den Lehrling nach ordnungsmäßiger Beendigung der Lehrzeit drei Monate als Gehilfe in seinem Betriebe zu beschäftigen. Die Bestimmungen des § 82 der Gewerbeordnung werden hiedurch nicht berührt.

2. Dem Gewerbeinhaber kann über Ansuchen der Genossenschaftsausschuß im Einverständnisse mit dem Gehilfenausschuß aus wirtschaftlichen Gründen, insbesondere bei Saisongeschäften, die im Absatz 1 festgesetzte Verpflichtung erlassen oder die Bewilligung zur Kündigung des Gehilfen vor Ablauf der im Absatz 1 vorgeschriebenen Beschäftigungsdauer erteilen. Der Gewerbeinhaber darf in diesen Fällen vor Ablauf der bezeichneten Beschäftigungsdauer keinen neuen Lehrling aufnehmen.

3. Über das Ansuchen des Gewerbeinhabers hat der Genossenschaftsausschuß mit dem Gehilfenausschuß binnen längstens acht Tagen zu entscheiden. Erfolgt die Entscheidung nicht binnen dieser Frist, oder gehört der Gewerbeinhaber keiner Genossenschaft an, so entscheidet über das Ansuchen die Gewerbebehörde nach Anhörung der in Betracht kommenden Berufsvereinigungen der Arbeitgeber und Arbeitnehmer. Diese Entscheidung ist endgültig.

4. Die Rechte, die dem Lehrling auf Grund der Bestimmungen dieses Gesetzes zustehen, können durch Vertrag weder aufgehoben noch beschränkt werden.

Artikel II. Die Bestimmungen dieses Gesetzes finden auch auf bestehende Lehrverhältnisse Anwendung.

Artikel III. Mit der Vollziehung dieses Gesetzes sind der Bundesminister für Handel und Verkehr und der Bundesminister für soziale Verwaltung betraut.

14. Vom Arbeiterurlaub

(Arbeiterurlaubsgesetz vom 30. Juni 1919)

Arbeitern in allen Betrieben, die den Vorschriften der Gewerbeordnung unterliegen, ist in jedem Jahre ein ununterbrochener Urlaub von einer Woche zu gewähren, wenn ihr Dienstverhältnis ununterbrochen ein Jahr, und von zwei Wochen, wenn es ununterbrochen fünf Jahre gedauert hat.

Jugendlichen Arbeitern vor dem vollendeten 16. Lebensjahre gebührt schon nach einjähriger Dauer des Dienstverhältnisses ein Urlaub von zwei Wochen.

Arbeiter im Sinne des Gesetzes sind alle Dienstnehmer mit Einschluß der Lehrlinge ohne Unterschied des Geschlechtes, die nicht vorwiegend zur Leistung kaufmännischer oder höherer, nichtkaufmännischer Dienste verwendet werden.

Während des Urlaubes hat der Beurlaubte Anspruch auf seine Geldbezüge, die bei Akkord-, Stück- oder Gedinglohn, wenn nicht durch Kollektivvertrag etwas anderes vereinbart ist, nach dem Durchschnitt der letzten zwölf Wochen, unter Ausscheidung nur ausnahmsweise geleisteter Arbeit, zu bemessen sind. Ist die Verpflegung vereinbart und wird sie dem Beurlaubten nicht gewährt, so gebührt ihm an ihrer Stelle für jeden Urlaubstag der Betrag seines täglichen Krankengeldes, der ihm bei Antritt seines Urlaubes für die ganze Urlaubsdauer im voraus zu bezahlen ist.

Der Anspruch auf Urlaub erlischt, wenn der Arbeiter gekündigt hat oder wenn er aus einem wichtigen Grunde entlassen wurde.

In gewerblichen Betrieben mit nicht mehr als fünf Arbeitern kann der Urlaub in zwei Teilen gewährt werden.

15. Vom Personalsteuergesetz

(In der Fassung der Steuernovelle vom Jahre 1924)

Die allgemeine Erwerbsteuer

Der allgemeinen Erwerbsteuer unterliegt, wer im Inland eine Erwerbsunternehmung betreibt oder eine auf Gewinn gerichtete Beschäftigung ausübt.

Der allgemeinen Erwerbsteuer unterliegen nicht:

1. Die Unternehmungen die nach der Körperschaftssteuer besteuert werden, z. B. Aktiengesellschaften, Aktienvereine, Kommanditgesellschaften auf Aktien, Gewerkschaften, wechselseitige Versicherungsanstalten, registrierte oder nicht registrierte Erwerbs- und Wirtschaftsgenossenschaften, Gesellschaften mit beschränkter Haftung, Sparkassen, gemeinwirtschaftliche Anstalten usw.

2. Beschäftigungen, die im Dienstverhältnisse gegen Gehalt oder Lohn ausgeübt werden.

3. Der Betrieb der Land- und Forstwirtschaft, einschließlich des Gartenbaues, der Jagd und Fischerei auf eigenem Grund und Gewässer.

Steuerpflichtig ist die Person oder Personenvereinigung, auf deren Rechnung das Unternehmen betrieben oder die Beschäftigung ausgeübt wird (Unternehmer). Der stille Gesellschafter gilt nicht als Unternehmer. Als Personenvereinigungen sind auch Vereinigungen zu einzelnen Geschäften zu behandeln, nicht dagegen stille Gesellschaften. Bei gepachteten Unternehmungen gilt der Pächter als Unternehmer.

Die Veranlagung erfolgt jeweils für ein Kalenderjahr nach dessen Ablauf auf Grund des in diesem Kalenderjahr erzielten Reinertrages (Geschäftsgewinnes).

Der Reinertrag ist in der Art zu berechnen, daß von den Einnahmen alle Betriebsauslagen in Abzug zu bringen sind. Ertragsanteile stiller Gesellschafter können nicht in Abzug gebracht werden. Bei Personenvereinigungen umfaßt der Reinertrag die Gewinnanteile aller Teilhaber.

Bei Steuerpflichtigen, die ordnungsmäßige Bücher führen, ist der Reinertrag nach den Grundsätzen zu berechnen, wie sie für die Inventur und Bilanz durch die Handelsgesetzgebung vorgeschrieben sind und dem Gebrauch eines ordentlichen Kaufmannes entsprechen.

Die Einnahmen sind mit jenem Betrage anzusetzen, den sie im maßgebenden Kalenderjahr (Wirtschaftsperiode) tatsächlich erreicht haben.

Zu den Einnahmen gehören insbesondere:

Die für geschäftliche oder gewerbliche Leistungen und Gebrauchsüberlassungen jeder Art gewährten Honorare, Provisionen, Zinsen oder sonstigen Gegenleistungen; das erzielte Entgelt für alle gegen Barzahlung oder gegen Kredit verkauften Waren und Erzeugnisse. Als Entgelt ist alles anzusehen, was der Unternehmer für die verkaufte Ware (Leistung) erhalten hat, so insbesondere auch die dem Käufer angerechneten oder im Preise enthaltenen Beträge für Stempel, Zölle, Verbrauchssteuer und sonstige Abgaben;

der Geldwert der zum Gebrauche oder Verbrauche des Steuerpflichtigen, seiner Angehörigen und der nicht zum Gewerbebetriebe gehaltenen Dienstboten und sonstigen Hausgenossen aus dem Betriebe entnommenen Erzeugnisse und Waren;

der Geldwert der am Schlusse der Periode vorhandenen Vorräte an Rohstoffen, Erzeugnissen und Waren.

Als Betriebsauslagen (Betriebskosten) können insbesondere in Abzug gebracht werden:

Die Kosten der Erhaltung und Wiederherstellung — nicht des Neubaues oder der Erweiterung — der dem Betriebe dienenden Gebäude und sonstigen Anlagen, sowie die Kosten der Erhaltung und Ergänzung — nicht die Vergrößerung — des lebenden und toten Inventars;

ein angemessener Prozentsatz des Wertes oder Anschaffungspreises für die Abnützung der Gebäude, Maschinen, Gerätschaften, Werkzeuge und so weiter;

die Kosten der Versicherung der Betriebsgebäude usw.;

der Pacht- und Mietzins für die zum Geschäftsbetriebe gepachteten und gemieteten Grundstücke, Gebäude, Gebrauchsgegenstände und Rechte;

die Auslagen für die im Betriebe — nicht in der Wohnung — erforderliche Heizung und Beleuchtung;

die Anschaffungskosten für die eingekauften Roh-, Hilfsstoffe und Waren, sowie für die sonst im Betriebe erforderlichen Materialien;

die Gehalte, einschließlich der etwa vom Dienstgeber getragenen Einkommensteuer u. dgl., bzw. die Löhnung der im Gewerbebetriebe beschäftigten Personen; der Geldwert der etwa gewährten Verköstigung und sonstigen Naturalleistungen kann, sofern aus dem Betriebe entnommene Erzeugnisse in Frage kommen, nur dann in Ausgabe gestellt werden, wenn die verabreichten Erzeugnisse oder Waren auch bei den Einnahmen in Anschlag gebracht worden sind;

die vom Unternehmer für das Betriebspersonal entrichteten Beiträge an Kranken- und Versorgungs(Pensions)kassen, sowie die an ehemalige Bedienstete dauernd gezahlten Versorgungsgenüsse;

die allgemeine Erwerbsteuer samt Zuschlägen, die Fürsorgeabgabe u. dgl., die von den dem Betriebe dienenden Grundstücken und Gebäuden zu entrichtende Grund- und Gebäudesteuer samt Zuschlägen, sowie die im Geschäftsbetriebe zu entrichtenden indirekten Abgaben (Stempel, Umsatzsteuer, Zölle usw.);

Zinsen von Geschäftsschulden;

der Geldwert der aus der vorangegangenen in die gegenwärtige Wirtschaftsperiode übernommenen Bestände an Vorräten von Rohstoffen, Erzeugnissen und Waren.

Zum Abzuge nicht geeignet sind insbesondere die Zinsen für das im Betriebe angelegte eigene Kapital des Steuerpflichtigen und die Auslagen für seinen und seiner Angehörigen Lebensunterhalt. Der Mietwert der im Geschäftsbetriebe verwendeten Gebäude und Gebäudebestandteile ist keine Abzugspost, wenn ein Einkommen aus diesen nicht in Anschlag gebracht wird.

Auch Reinerträge, die den einkommensteuerpflichtigen Mindestbetrag nicht übersteigen, sowie Verluste sind bei der Erwerbsteuerveranlagung ziffernmäßig festzustellen. Diese Feststellung ist für die Veranlagung der Einkommensteuer bindend.

Die Erwerbsteuer beträgt für Unternehmungen und Beschäftigungen, bei denen die Verwendung von Kapital im Vergleich zur Arbeitskraft eine geringe Bedeutung hat und deren Reinertrag

	S 8400	nicht	übersteigt	4%,
wenn er	„ 7200	„	„	3%,
wenn er	„ 6000	„	„	2%,
wenn er	„ 4800	„	„	1%.

Die Erwerbsteuer für alle übrigen Unternehmungen und Beschäftigungen und die der Gewerbeordnung unterliegen, bei welchen auch das Kapital eine Rolle spielt, beträgt die Steuer 7½% des steuerpflichtigen Reinertrages. Die Steuer ermäßigt sich, wenn der steuerpflichtige Reinertrag S 18000 nicht übersteigt, auf 7 Prozent, wenn er S 14400 nicht übersteigt, auf 6 Prozent und wenn er S 10800 nicht übersteigt, auf 5 Prozent.

Wenn der Reinertrag den einkommensteuerpflichtigen Mindestbetrag (S 1400) nicht übersteigt, so ist die allgemeine Erwerbsteuer mit S 10 vorzuschreiben; dieser Steuersatz kann für Betriebe mit Anlage- und Betriebsvermögen je nach dessen Bedeutung auf ein Vielfaches, jedoch höchstens auf S 80 erhöht werden. Dürftigen Erwerbsteuerpflichtigen kann dieser Steuersatz von der Steuerbehörde, bzw. Schätzungskommission ermäßigt oder zur Gänze nachgelassen werden.

Die allgemeine Erwerbsteuer für protokollierte Firmen beträgt mindestens 1,8 vom Tausend des Reinvermögens des Unternehmens, einschließlich des sonstigen dem Unternehmen dienenden Vermögens des Inhabers, der Teilhaber und stillen Gesellschafter und ihrer im gleichen Haushalte lebenden Familienmitglieder, keinesfalls aber weniger als S 420.

Die Erwerbsteuer ist einheitlich zu veranlagen, auch wenn das Unternehmen in mehreren Betriebsstätten betrieben wird oder von demselben Unternehmer mehrere selbständige Unternehmungen betrieben werden.

Die allgemeine Erwerbsteuer ist in derjenigen Gemeinde vorzuschreiben, in der die Betriebsstätte des Unternehmens gelegen ist.

Die Veranlagung der allgemeinen Erwerbsteuer erfolgt, wenn der Unternehmer eine physische Einzelperson ist, durch die zu seiner Einkommensteuerveranlagung berufene Steuerbehörde, bzw. Schätzungskommission.

Wenn der Unternehmer eine einkommensteuerpflichtige Einzelperson ist, so hat er kein gesondertes Erwerbsteuerbekenntnis einzubringen; er hat in seinem Einkommensteuerbekenntnisse die für die Veranlagung der Erwerbsteuer maßgebenden Umstände abgesondert für jede getrennt zu veranlagende Unternehmung anzugeben. Diese Verpflichtung obliegt dem Haushaltungsvorstande, wenn ihm das Einkommen des Unternehmens aus der erwerbsteuerpflichtigen Unternehmung oder Beschäftigung für Zwecke der Einkommensteuerbemessung zuzurechnen ist.

Alle übrigen Unternehmer haben alljährlich *bis längstens Ende März* bei der zuständigen Steuerbehörde ein Erwerbsteuerbekenntnis abgesondert für jede getrennt zu veranlagende Unternehmung abzugeben. Wenn der steuerpflichtige Reinertrag der Unternehmung oder wenn bei Vorhandensein mehrerer Unternehmungen eines Unternehmers die Summe der Reinerträge S 4200 nicht überschreitet, so genügt der Unternehmer der Verpflichtung zur Bekenntnislegung, durch die Anzeige, daß der Reinertrag, bzw. die Summe der Reinerträge diese Grenze nicht übersteigt.

Das Bekenntnis hat insbesondere zu enthalten:

1. Die nähere Bezeichnung der steuerpflichtigen Unternehmung oder Beschäftigung;
2. bei Personenvereinigungen das Beteiligungsverhältnis;
3. den Ort der Betriebsausübung;
4. die Beschaffenheit der Betriebsräume;
5. Zahl und Art der Hilfsarbeiter;
6. die für Gehalte, Löhne und Tantiemen verwendeten Beträge (Lohnsumme);
7. Art des Anlagevermögens;
8. Art des Betriebsvermögens;
9. Höhe des Umsatzes;
10. den steuerpflichtigen Reinertrag.

Das Bekenntnis ist wahrheitsgetreu und nach bestem Wissen und Gewissen abzugeben. Es kann entweder schriftlich (*mittels eines amtlichen Formulares*) eingebracht oder mündlich zu Protokoll gegeben werden.

Die allgemeine Erwerbsteuer ist in vier gleichen, am 1. März, 1. Juni, 1. September und 1. Dezember eines jeden Kalenderjahres fälligen Raten voreinzuzahlen.

Wer eine steuerpflichtige Unternehmung oder Beschäftigung beginnt, hat dies *spätestens gleichzeitig mit dem Betriebsbeginne*, bei der zur Bemessung der Erwerbsteuer zuständigen Steuerbehörde anzumelden.

Die Anmeldung hat zu enthalten:

1. die genaue Bezeichnung der Unternehmung oder Beschäftigung;
2. wenn der Anmeldende eine physische Einzelperson ist, seinen Wohnsitz, sonst den Sitz des Unternehmens;
3. die Betriebsstätten;
4. den Zeitpunkt des Betriebsbeginnes;
5. die Angabe, welche anderweitigen Unternehmungen der Anmeldende betreibt und an welchen er als Teilhaber beteiligt ist;
6. die Angabe, ob und bei welcher Behörde der Anmeldende für das abgelaufene Jahr zur Einkommen- und Erwerbsteuer veranlagt war.

Die Steuerpflicht beginnt mit dem Tage, an welchem der Betrieb begonnen wird.

Für die zu Beginn oder im Laufe eines Kalenderjahres neu entstandenen Unternehmungen oder Beschäftigungen erfolgt die Veranlagung der allgemeinen Erwerbsteuer erstmalig nach Ablauf des Jahres.

Erlischt während eines Kalenderjahres die Steuerpflicht infolge Zurücklegung des Gewerbes oder dauernder vollständiger Betriebseinstellung, so kann die Veranlagung schon vor Ablauf des betreffenden Kalenderjahres vorgenommen werden.

Der Erwerbsteuerpflichtige hat von den vorerwähnten Vorgängen *binnen vierzehn Tagen* an die zuständige Steuerbehörde die Anzeige zu machen. Im Falle der dauernden Betriebseinstellung infolge Ablebens des Steuerpflichtigen ist die Anzeige seitens der Erben (Erbenvertreter) zu erstatten. Wegen Unterlassung der Anzeige kann eine Ordnungsstrafe verhängt werden.

Die Steuer von ruhenden Gewerben kann auf Ansuchen des Steuerpflichtigen von dem die Betriebseinstellung folgenden Tage angefangen auf einen ganzjährigen Steuerbetrag von S 5 ermäßigt werden, wenn es sich jedoch um protokollierte Firmen handelt, auf den ganzjährigen Steuerbetrag, bei dem die Protokollierungspflicht beginnt. Das Ansuchen ist binnen vierzehn Tagen nach Betriebseinstellung bei der zuständigen Steuerbehörde einzubringen. Die Wiederaufnahme des Betriebes ist der Neueröffnung einer steuerpflichtigen Unternehmung gleichzuhalten.

Bei Übergang eines Unternehmens (Verkauf, Pacht, Erbschaft usw.) ist sowohl durch den bisherigen Unternehmer als auch durch den Nachfolger binnen vierzehn Tagen nach dem Besitzwechsel die Anzeige an die zuständige Steuerbehörde zu erstatten.

Übersiedlungen während des Kalenderjahres sind der Steuerbehörde anzuzeigen.

Der stille Gesellschafter einer Unternehmung (Beschäftigung) haftet für denjenigen Teil der bemessenen Steuer, der auf seinen Gewinnanteil verhältnismäßig entfällt. Dem Unternehmer steht gegenüber dem stillen Gesellschafter im Falle der Entrichtung der bemessenen Steuer ein Ersatzanspruch in dem im vorigen Satze bezeichneten Umfange zu.

Der Verpächter eines Gewerbes haftet bis zur Höhe des Pachtschillings für die dem Pächter bemessene Steuer, der Geschäftsnachfolger haftet für die Steuer des Vorgängers.

Die Einkommensteuer

Der Einkommensteuer unterliegen:

1. Diejenigen physischen Personen, die in der Republik Österreich einen Wohnsitz haben oder sich daselbst länger als ein Jahr aufhalten, hinsichtlich des gesamten Einkommens.

2. Alle physischen Personen, wenn sie

a) in der Republik Österreich Realitäten oder auf inländischen Realitäten hypothezierte Forderungen usw. besitzen, oder

b) hierlands eine Erwerbsunternehmung oder gewinnbringende Beschäftigung betreiben oder Teilhaber einer solchen Beschäftigung oder Unternehmung sind, oder

c) ein Einkommen an Dienstbezügen und Ruhegenüssen aus einer hierlandigen Bundes-, Landes-, Bezirks- oder Gemeindekasse, oder

d) ein Einkommen an solchen Bezügen, die der besonderen Abgabe (Rentensteuer) unterliegen (Tantiemen), von hierlandigen Aktiengesellschaften oder Kommanditgesellschaften auf Aktien beziehen,

hinsichtlich des aus diesen Quellen fließenden Einkommens.

Von der Einkommensteuer sind befreit, Personen, deren gesamtes Einkommen in dem maßgebenden Kalenderjahr (Wirtschaftsperiode) den Betrag von S 1400 nicht übersteigt.

Die Veranlagung erfolgt jeweils für ein Kalenderjahr, nach dessen Ablauf auf Grund des in diesem Kalenderjahre tatsächlich erzielten steuerpflichtigen Einkommens.

Behufs Veranlagung der Einkommensteuer ist dem Einkommen des Vorstandes der Haushaltung das Einkommen der Angehörigen dieser Haushaltung zuzurechnen.

Eine Ausnahme findet hievon insoweit statt, als erwiesen wird, daß solches Einkommen der gemeinschaftlichen Haushaltung nicht zufließt. Nicht zuzurechnen ist ferner das von der Ehegattin oder anderen Haushaltungsangehörigen nicht in der Wirtschaft des Steuerpflichtigen erworbene Arbeitseinkommen, falls das Gesamteinkommen der Haushaltung S 4200 nicht übersteigt. In diesen beiden Fällen hat eine besondere Besteuerung des betreffenden Einkommens Platz zu greifen.

Das dem Steuerabzuge durch den Dienstgeber unterliegende Einkommen von Haushaltungsangehörigen ist dem Haushaltungseinkommen in keinem Falle zuzurechnen.

Als Einkommen gilt die Summe aller in Geld- und Goldeswert bestehenden Einnahmen der einzelnen Steuerpflichtigen mit Einschluß des Mietwertes der Wohnung im eigenen Hause oder sonstiger freier Wohnung, sowie des Wertes der zum Haushalte verbrauchten Erzeugnisse der eigenen Wirtschaft und des eigenen Gewerbebetriebes sowie sonstiger dem Steuerpflichtigen allenfalls zukommender Naturaleingänge, abzüglich der auf Erlangung, Sicherung und Erlangung dieser Einnahmen verwendeten Ausgaben, sowie etwaiger Schuldzinsen, auch insofern diese nicht zu den soeben bezeichneten Ausgaben gehören.

Außerordentliche Einnahmen aus Erbschaften, Lebens-, Kapitalsversicherungen, Schenkungen und ähnlichen unentgeltlichen Zuwendungen gelten nicht als steuerpflichtiges Einkommen.

Gewinne aus der Veräußerung von Vermögensobjekten sind nur dann dem Einkommen zuzurechnen, wenn die Veräußerung im Betriebe einer Erwerbsunternehmung oder in Ausführung eines Spekulationsgeschäftes erfolgt ist.

Die Ermittlung des steuerpflichtigen Einkommens für die Einkommensteuer erfolgt im allgemeinen so wie für die allgemeine Erwerbsteuer (siehe diese).

Das Einkommen aus Dienst- und Lohnbezügen und Ruhegenüssen umfaßt insbesondere:

1. Die Gehalte, Personalzulagen, Aktivitätszulagen, Remunerationen und alle anderen wie immer lautenden, im vorhinein festgesetzten (stehenden) Bezüge in Geld oder Naturalien der Beamten, Angestellten und Diener des Bundes, der Länder, der öffentlichen Körper und Anstalten, sowie aller Vereine und Gesellschaften, endlich der Privatbeamten und Privatbediensteten aller Art.

2. Die Bezüge der Weltgeistlichen usw.

3. Alle anderen den in Punkt 1 und 2 genannten Personen aus ihrem Dienstverhältnis oder ihrer Berufstellung oder mit Rücksicht auf dieselbe zukommenden Genüsse, wie Tantiemen, Präsenztaxen, Kollegiengelder, Prüfungstaxen, Stolgebühren, Akkord- und Stücklöhne, Provisionen u. dgl. (veränderliche Bezüge).

4. Ruhe- und Versorgungsgenüsse aller Art.

Entlohnungen, welche in Dienst(Lohn)verhältnissen stehende Personen für Überstunden — das ist für eine über das durch Kollektivvertrag oder in Ermanglung eines solchen durch das Gesetz festgesetzte Höchstausmaß, bzw. wenn ein solches Höchstausmaß nicht besteht, über das orts- und berufsübliche Ausmaß hinaus geleistete Arbeit — beziehen, sind von der Einkommensteuer befreit, falls das gesamte steuerpflichtige Jahreseinkommen einschließlich einer solchen Entlohnung S 7200 nicht übersteigt. Zulagen für die Leistung von Nacht- und Sonntagsarbeit sind steuerfrei, auch sofern diese Arbeiten innerhalb der oben bezeichneten Höchstarbeitszeit geleistet werden.

Sofern das Einkommen aus Dienstbezügen nach seiner Kürzung um die mit ihm unmittelbar im Zusammenhange stehenden Abzüge nicht mehr als S 14400 beträgt, ist es bei der Veranlagung lediglich in einem um 9% gekürzten Ausmaße in die Besteuerungsgrundlage einzubeziehen; in diesem Falle ist der Abzug der tatsächlichen Auslagen für Beiträge zu Kranken-, Unfall-, Alters- und Invalidenversicherungs-, Witwen-, Waisen- und Pensionskassen und derlei Anstalten, nicht zulässig.

Im Sinne dieses Gesetzes sind unter Dienstbezügen auch Lohnbezüge und Ruhegenüsse, unter Dienstverhältnis auch das Arbeitsverhältnis zu verstehen.

Vergütungen für Dienstauslagen bilden kein steuerpflichtiges Einkommen.

Naturalbezüge sind nach den wirklichen Preisen in Anschlag zu bringen.

Zum Einkommen aus dem Kapitalvermögen gehören:

1. Alle der Rentensteuer unterworfenen Bezüge:

2. jene Zinsen, Renten und sonstigen Erträge aus Kapitalien oder nutzbaren Rechte, welche von der Entrichtung der Rentensteuer befreit sind.

(Durch die Erhöhung des Nennwertes von Aktien, desgleichen durch die entgeltliche oder unentgeltliche Ausübung des Rechtes auf den Bezug neuer Aktien, sowie durch die Veräußerung dieses Rechtes entsteht kein steuerpflichtiges Einkommen.)

Bei dem Einkommen aus Wertpapieren ist eine Erhöhung oder Verminderung des Kurswertes außer Betracht zu lassen, sofern nicht die Papiere zum Betriebskapitale eines kaufmännischen Geschäftes gehören. Jedoch sind tatsächlich vereinnahmte Gewinne aus der in Ausführung von Spekulationsgeschäften unternommenen Veräußerung von Wertpapieren, Forderungen, Renten usw. abzüglich etwaiger Verluste bei derartigen Geschäften dem Einkommen zuzurechnen.

Endlich sind die Zinsen, welche in unverzinslichen Kapitalsforderungen, bei denen ein höheres als das ursprünglich gegebene Kapital zurückgewährt wird, enthalten sind, dem Einkommen desjenigen Jahres zuzurechnen, in welchem sie mit der Kapitalsrückzahlung vereinnahmt werden.

Die Einkommensteuer beträgt jährlich bei einem Einkommen von mehr als

S	1400	bis einschließlich	S	3400	1,1%,
„	3400	„ „	„	5300	2,2%,
„	5300	„ „	„	7200	3,3%,
„	7200	„ „	„	10200	4,0%,
„	10200	„ „	„	14400	4,4%.

Die Steuer ist jedoch mit der Maßgabe zu bemessen, daß von dem Einkommen einer höheren Stufe nach Abzug der Steuer niemals weniger erübrigen darf, als von dem höchsten Einkommen der nächst niedrigen Stufe nach Abzug der auf dieses Einkommen entfallenden Steuer erübrigt. Übersteigt das Einkommen den Betrag von S 14400 pro Jahr, so erhöht sich die Steuer:

	um	6%	der nächsten angefangenen oder vollen	S 4800,
	„	8%	„ „ „ „	„ „ 4800,
	„	11%	„ „ „ „	„ „ 6000,
	„	14%	„ „ „ „	„ „ 6000,
	„	18%	„ „ „ „	„ „ 12000,
	„	22%	„ „ „ „	„ „ 12000,
	„	27%	„ „ „ „	„ „ 60000,
	„	32%	„ „ „ „	„ „ 60000,
	„	38%	„ „ „ „	„ „ 60000
und	„	45%	„ weiteren Beträge.	

Einige Beispiele:

Einkommen	S 14400	Steuer	S 633,60
„	„ 18000	„	„ 849,60

Einkommen	S 19200	Steuer	S 921,60
„	„ 21000	„	„ 1065,60
„	„ 24000	„	„ 1305,60
„	„ 27000	„	„ 1635,60
„	„ 30000	„	„ 1965,60
„	„ 35000	„	„ 2665,60
„	„ 36000	„	„ 2805,60.

Stehen in der Versorgung eines Haushaltungsvorstandes Personen, welche der Haushaltung angehören, so hat für Einkommen bis einschließlich S 10200 jährlich für je eine derartige Person eine Ermäßigung der Steuer um je 5 Prozent ($^1/_{20}$tel) stattzufinden.

Die Einkommensteuer wird in der Regel dort bemessen und vorgeschrieben, wo die steuerpflichtige Person ihren ordentlichen Wohnsitz hat.

Die Steuerpflichtigen haben ihren Wohnsitz in dem Bekenntnis und außerdem jede Veränderung des Wohnsitzes binnen vierzehn Tagen der bisher zuständigen Steuerbehörde erster Instanz anzuzeigen. Wegen Unterlassung dieser Anzeige kann eine Ordnungsstrafe verhängt werden.

Jeder Steuerpflichtige ist verpflichtet, alljährlich bis längstens Ende März bei der zuständigen Steuerbehörde ein Bekenntnis über sein steuerpflichtiges Einkommen nach einem amtlichen Formular einzubringen. Personen, deren steuerpflichtiges Einkommen S 4200 nicht übersteigt, genügen jedoch dieser Verpflichtung durch die Anzeige, daß ihr Einkommen die genannte Grenze nicht übersteigt.

Das Bekenntnis kann entweder schriftlich eingebracht oder mündlich zu Protokoll gegeben werden.

Die Einkommensteuer ist, sofern sie nicht im Abzugswege eingehoben wird, in vier gleichen, am 1. März, 1. Juni, 1. September und 1. Dezember eines jeden Kalenderjahres fälligen Raten voreinzuzahlen.

Diese Voreinzahlung hat ohne vorgängigen Zahlungsauftrag in einem jeden Kalenderjahre nach Maßgabe des letzten dem Steuerpflichtigen zur Selbstzahlung vorgeschriebenen Jahressteuerbetrages gegen spätere Einrechnung in die für dieses Jahr im nachhinein vorzuschreibende Einkommensteuer zu erfolgen.

Bei neu in die Steuerpflicht eintretenden Personen hat die Voreinzahlung der Steuer nach Maßgabe der vorläufigen Veranlagung stattzufinden. In solchen Fällen sind die bereits fälligen Raten der Steuer binnen 30 Tagen nach Zustellung des vorläufigen Zahlungsauftrages einzuzahlen.

Im Falle des Ablebens des Steuerpflichtigen erfolgt die Besteuerung des von ihm tatsächlich bezogenen Einkommens gemeinschaftlich mit dem etwa der Verlassenschaft verbliebenen Einkommen.

Insolange die zur Nachfolge in den Nachlaß berufenen Personen nicht in dessen Genuß getreten sind, ist die ruhende Erbschaft auch für die folgenden Kalenderjahre nach Maßgabe des ihr verbliebenen Einkommens zur Steuer heranzuziehen.

Vom Tage des Eintrittes der Erben in den Genuß des Nachlasses ist das hieraus tatsächlich bezogene Einkommen bei ihnen zu besteuern.

Zum Behufe der Vorschreibung der Einkommensteuer ist von der aus der Steuerpflicht tretenden Person binnen vierzehn Tagen und, im Falle des gänzlichen Erlöschens der Steuerpflicht durch den Tod des Steuerpflichtigen, seitens der Erben (Erbenvertreter) binnen dreier Monate nach Eintritt der bezüglichen Ereignisse an die zuständige Steuerbehörde die Anzeige unter Anschluß eines Bekenntnisses zu überreichen.

16. Von der Personaleinkommensteuer (Abzugsteuer)

(Aus Dienst- und Lohnbezügen)

Stammblätter

Die Personaleinkommensteuer (Abzugsteuer) ist eine Bundessteuer, deren Verrechnung mittels der sogenannten Stammblätter erfolgt. Die Stammblätter sind amtliche Formularien, welche bei jedem Steueramte gegen Bezahlung erhältlich sind.

Für jeden Angestellten und Arbeiter bzw. Arbeiterin ist ein separates mit fortlaufender Nummer versehenes Stammblatt anzulegen. Die auf der linken Seite des Stammblattes angeführten Personaldaten sind laut Vorschreibung genauestens anzuführen, und zwar: Geburtsdatum, Stellung (Gehilfe, Handlanger, Lehrling usw.), Wohnungsadresse, ob Haushaltungsvorstand oder nicht; im ersteren Falle: Name und Alter der Gattin (Lebensgefährtin), minderjährigen eigenen Kinder und Enkel sowie andere in der Versorgung des Dienstnehmers stehende Haushaltungsangehörige. Die Zahl der Angehörigen ist als Familienstand sehr wichtig für die Steuerermäßigung. Die vorerwähnten Angaben sind vom Dienstnehmer durch seine Unterschrift zu bestätigen. (Musterbeispiel Nr. 1.)

Die Ausfüllung der eigentlichen Personaleinkommensteuerkolonnen erfolgt nach jedem Geld- oder Naturalbezug des Dienstnehmers, was bei Angestellten in der Regel ein- oder zweimal monatlich, bei Arbeitern in der Regel wöchentlich der Fall ist. Als Beleg für die Richtigkeit dieser Angaben dient bei steueramtlichen Überprüfungen das Gehaltsbuch und die Lohnliste. Es ist daher unbedingt notwendig, diese beiden Hilfsbücher ordnungsgemäß zu führen und mindestens zehn Jahre aufzubewahren.

In Kolonne 1 des Stammblattes ist der Tag der Auszahlung einzusetzen.

In Kolonne 2 der steuerpflichtige Nettobezug (d. h. Bruttobezug einschließlich Naturalbezüge und ausschließlich Überstundenentlohnung und Zulagen für Nacht- und Sonntagsarbeiten sowie Vergütungen für Dienstauslagen usw.).

In Kolonne 3 der Prozentsatz der Steuer und der Steuerbetrag.

Steuerabzugstabelle bei Wochenbezug

Von	S	29,60	bis	S	71,86	Steuer	1%	
„	„	71,87	„	„	112,01	„	2%	
„	„	112,02	„	„	152,16	„	3%	usw.

(Siehe Steuerliste bei Stundenlohntabellen.)

In Kolonne 4 ist die Ermäßigung für anrechenbare Haushaltungsangehörige, und zwar je $^1/_{20}$ des Steuerbetrages für jeden in der Versorgung des Dienstnehmers stehenden Angehörigen (Frau, minderjährige Kinder, Eltern usw.) einzusetzen.

In Kolonne 5 ist der tatsächliche Steuerabzug (welcher sich aus Steuerbetrag Kolonne 3 nach Abzug der Ermäßigung Kolonne 4 ergibt) einzusetzen.

Kolonne 6 dient dazu, die Nettosteuerbeträge in Kolonne 5 für einen Steuerabschnitt, und zwar monatlich als Gesamtsumme auszuwerfen.

Der Betrag dieser Kolonne wird zur monatlichen Verrechnung der Personaleinkommensteuer mit der Behörde benötigt. (Siehe Musterbeispiel Nr. 2.)

Die Gesamtsumme aller Stammblätterbeträge in Kolonne 6 wird allmonatlich in der Steuerabfuhrliste (amtliches Formular) abgeführt und muß bis 15. des folgenden Monates der Steuerbehörde unter Einsendung der Abfuhrliste bezahlt werden. (Siehe Musterbeispiel Nr. 3.)

Die Jahresabrechnung der Personaleinkommensteuer erfolgt ebenfalls auf jedem Stammblatt, so zwar, daß die Kolonnen 2, 5 und 6 addiert werden. Die Gesamtsumme der Kolonne 2 wird in die Rubrik Jahresausgleich unter steuerpflichtige Nettobezüge eingesetzt. An zweiter Stelle Pauschalien (Akkordlöhne), welche in der normalen Lohnverrechnung nicht angeführt sind. Beide Beträge ergeben die dem Jahresausgleich zugrunde gelegte Summe. Von diesem Betrag kommen 9% Pauschalabschlag in Abzug, sodaß nunmehr der Nettobezug des Dienstnehmers für die Steuerberechnung pro Steuerjahr verbleibt.

Von diesem Betrage wird der Prozentsatz für Jahresbezug, laut der zum Schlusse dieses Artikels folgenden Tabelle, und zwar in der Regel 1,1%, 2,2%, 3,3% usw. ermittelt und sodann die entfallende Jahressteuer eingesetzt.

Von diesem Steuerbetrag kommt die Steuerermäßigung in so vielen Zwanzigsteln in Abzug, als der Dienstnehmer am Jahresende in seiner Versorgung stehende Angehörige hat. Von dem nun verbleibenden Steuerbetrag wird die durch Addition der Kolonne 5 bzw. 6 (Kontrolle: beide Kolonnen müssen den gleichen Betrag ergeben) ermittelte, im Laufe des Jahres abgezogene und abgeführte Steuersumme subtrahiert, wobei sich entweder ein Steuerrückstand oder Überzahlung ergibt. Diese Jahresausgleichsdifferenzen werden bei Abfuhr der Steuer für den Monat Dezember berücksichtigt, d. h. es wird der Gesamtbetrag der Steuer laut Kolonne 6 für Dezember um die Gesamtdifferenz aller Stammblätter erhöht, bei Mehrzahlung vermindert. (Siehe Musterbeispiel Nr. 1, links unten.)

Bei Jahresabschluß ist der linke Teil des Stammblattes mit dem Vermerk „I. Nach Jahresabschluß abzutrennender und der überwachenden Steuerbehörde einzusendender Abschnitt" abzutrennen, mit der Unterschrift des Dienstgebers zu versehen (die Unterschrift des Dienstnehmers hat schon bei Anlage des Stammblattes zu erfolgen) und mit der Jahresliste (amtliches Formular) der Steuerbehörde einzusenden.

Der rechte Teil der Stammblätter mit dem Vermerk „II. Beim Dienstgeber verbleibender Abschnitt" ist mit einer Abschrift der Jahresabrechnung gut aufzubewahren, um bei einer Steuerkontrolle jederzeit vorgelegt werden zu können.

Die Jahresabrechnung erfolgt mittels einer Jahresliste (amtliches Formular) zum Nachweise der Steuerabfuhr für das Kalenderjahr .... mit (Anzahl)... Stammblättern als Beilagen. (Siehe Musterbeispiel Nr. 4.)

Die Jahresliste samt den halben Stammblättern ist bis Ende Jänner des jeweils folgenden Jahres der überwachenden Steuerbehörde vorzulegen.

Einkommensteuerschlüssel

Ein Jahreseinkommen bis 1400 Schilling ist steuerfrei.

Von mehr als S	1400	bis einschließlich S	3400	1,1%
„ „ „ „	3400	„ „ „	5300	2,2%
„ „ „ „	5300	„ „ „	7200	3,3%
„ „ „ „	7200	„ „ „	10200	4%
„ „ „ „	10200	„ „ „	14400	4,4%

Bis 14400 Schilling Einkommen Ermäßigung von 5% der Steuer für jedes versorgte Familienmitglied (je 1/20).

Anmerkung: Bei zeitweiliger Beschäftigung des Arbeitnehmers während des Steuerjahres bzw. Eintritt oder Austritt aus der Beschäftigung während des Jahres ist der Steuerschlüssel durch Berechnung des durchschnittlichen Jahreseinkommens (d. h. in der Annahme eines gleichen Einkommens während des ganzen Jahres, wie es tatsächlich während der wirklichen Beschäftigungszeit der Fall war) zu ermitteln.

Musterbeispiel Nr. I
Stammblatt
(linker Teil)

I. Nach Jahresabschluß abzutrennender und der überwachenden Steuerbehörde einzusendender Abschnitt

Überwachende Steuerbehörde: *Steueradministration für den XII. bis XV. Bezirk in Wien.*

Name des Dienstgebers und Adresse: *N. Schüller, Dachdeckermeister, Wien XII. Eichenstraße 30.*

Dienstnehmer: *Karl Steiger.*

Geboren am: *16./V. 1882* Stellung: *Gehilfe*

Stammblatt Nr. *1* Kalenderjahr *1927*

Genaue Wohnungsadresse:
am Jahresbeginn (beim Eintritte): *XII, Meidlinger Hauptstraße 12*

am Jahresende (beim Austritte): ....

Wer ist Haushaltungsvorstand? *Selbst*

Verwandtschaftsverhältnis: ....

Angerechnet werden Haushaltungsangehörige des Dienstnehmers (Name und Alter):
(Nur auszufüllen, wenn der Dienstnehmer selbst Haushaltungsvorstand ist)

a) Gattin (Lebensgefährtin): *Marie, 41 Jahre*

b) minderjährige eigene Kinder und Enkel:

Marie, 14 Jahre

Karl, 10 Jahre

Anna, 5 Jahre

c) andere in der Versorgung des Dienstnehmers stehende Haushaltungsangehörige (wie Eltern, Stief-, Pflege-, Schwiegereltern, bezw. -kinder):

....

d) sonstige nur mit behördlicher Bewilligung anrechenbare Personen: ....

Summe ausschließlich des Dienstnehmers

Veränderter Familienstand	
Datum	Neue Summe
14./X. 1927	*4*

Hat der Dienstnehmer noch ein anderweitiges Einkommen? Ja, nein.

Haben dessen Haushaltungsangehörige außer einem dem Steuerabzug unterliegenden Diensteinkommen noch ein anderes Einkommen? Ja, nein.

Unterschrift des Dienstnehmers: *Karl Steiger m. p.*

Diensteintritt: *14./X. 1927* Dienstaustritt: ....

Musterbeispiel Nr. I
Stammblatt
(Fortsetzung des linken Teiles)

Jahressumme:				
der steuerpflichtigen Nettobezüge	*822*	S	*64*	g
(hierunter dem Steuerabzuge unterworfene Abfertigungen	....	„	....	„)
„ abgeführten Steuer (ohne Jahresausgleich)	*12*	„	*77*	„
„ Vergütungen für Dienstesauslagen	....	„	....	„
„ Zulagen für Nacht- und Sonntagsarbeiten	....	„	....	„
„ Überstunden-Entlohnungen (-Pauschalien)	....	„	....	„
Dem Steuerabzuge nicht unterworfene Abfertigungen....	....	„	....	„
Sonstige dem Steuerabzuge nicht unterworfene Bezüge ..	....	„	....	„

Jahresausgleich	S	g
Steuerpflichtige Nettobezüge	*822*	*64*
Überstunden-Entlohnungen (-Pauschalien)	—	—
Dem Jahresausgleiche zugrunde gelegte Summe	*822*	*64*
Ab 9% Pauschalabschlag	*74*	*03*
Verbleibt	*748*	*61*
Steuer *2,2*%	*16*	*47*
Ab $^1/_{20}$ für Haushaltungsangehörige	*3*	*29*
Verbleibender Steuerbetrag	*13*	*18*
Im Laufe des Jahres abgezogene Steuer	*12*	*77*
Jahresausgleichsbetrag	—	*41*

Unterschrift des Dienstgebers: *N. Schüller m. p.*
Dachdeckermeister

Musterbeispiel Nr. II
Stammblatt
(rechter Teil)

II. Beim Dienstgeber verbleibender Abschnitt

Stammblatt Nr. *1*

event. Nr. des Dienstnehmers im Betriebe: ....

Laufzeit des Hauptbezuges *1927*

1	2		3			4.			5		6		7	
Tag der Auszahlung	Steuerpflichtige **Nettobezüge** (Bruttobezüge einschließlich der Naturalbezüge und **ausschließlich** der Überstundenentlohnungen, Zulagen für Nacht- und Sonntagsarbeiten sowie Vergütungen für Dienstesauslagen; vermindert um die zulässigen Abzüge)		Tabellenmäßiger **Steuerabzug**			**Ermäßigung** für anrechenbare Haushaltungsangehörige			**Tatsächlicher Steuerabzug**					
			Prozentsatz	Steuerbetrag		Anzahl der Zwanzigstel	Betrag							
	S	g		S	g		S	g	S	g	S	g	S	g
21./X.	*74*	*88*	*2*	*1*	*50*	*4/20*	—	*30*	*1*	*20*				
28./X.	*74*	*88*	*2*	*1*	*50*	*4/20*	—	*30*	*1*	*20*	*2*	*40*	*Okt.*	
4./XI	*44*	*24*	*1*	—	*44*	*4/20*	—	*09*	—	*35*				
11./XI.	*74*	*88*	*2*	*1*	*50*	*4/20*	—	*30*	*1*	*20*				
18./XI.	*74*	*88*	*2*	*1*	*50*	*4/20*	—	*30*	*1*	*20*				
25./XI.	*74*	*88*	*2*	*1*	*50*	*4/20*	—	*30*	*1*	*20*	*3*	*95*	*Nov.*	
2./XII.	*76*	*80*	*2*	*1*	*53*	*4/20*	—	*31*	*1*	*22*				
9./XII.	*76*	*80*	*2*	*1*	*53*	*4/20*	—	*31*	*1*	*22*				
16./XII.	*76*	*80*	*2*	*1*	*53*	*4/20*	—	*31*	*1*	*22*				
23./XII.	*96*	*80*	*2*	*1*	*93*	*4/20*	—	*39*	*1*	*54*				
30./XII.	*76*	*80*	*2*	*1*	*53*	*4/20*	—	*31*	*1*	*22*	*6*	*42*	*Dez.*	
	822	*64*				*4/20*			*12*	*77*	*12*	*77*		

Musterbeispiel Nr. III
(Steuerabfuhrliste)

überwachende Steuerbehörde: *Steueradministration XII. Bezirk.*

Steuerabfuhrliste I. Teil

Nummer: *1* Kalenderjahr: *1927*
Arbeitgeber (Firma): *N. Schüller, Dachdeckermeister*
Adresse: *Wien XII, Eichenstraße 30*
Die Abfuhr erfolgt für die Zeit vom *1. August* bis *31. August 1927*

1
Gesamtbetrag der abgeführten Steuer in Schilling (siehe Rückseite) *S 17,72*

Zahlung durch die Postsparkasse } Nichtzutreffendes streichen.
Zahlung beim Steueramt

Steuerabfuhrliste II. Teil

Nummer: *1* Kalenderjahr: *1927*
Arbeitgeber (Firma): *N. Schüller, Dachdeckermeister*
Adresse: *Wien XII, Eichenstraße 30*
Die Abfuhr erfolgt für die Zeit vom *1. August bis 31. August 1927*

2
Gesamtbetrag der abgezogenen Steuer in *S 17,72* *N. Schüller m. p.* Fertigung des Dienstgebers. Der obige Betrag von .... S, d. i. .... g, wurde hieramts am .... unter .... in Empfang verrechnet. (Von der Staatskasse (Steueramt) auszufüllen.)

Steuerabfuhrliste Nr. *1.*

Coupon

(nach erfolgter Bestätigung abzutrennen und der Partei auszufolgen).

Amtliche Bestätigung über den Betrag von *17,72 S,* welcher von *N. Schüller, Dachdecker, Wien XII,* als die gemäß § 234 des Personalsteuergesetzes im Abzugswege erhobene Einkommensteuer von Dienstbezügen auf Grund der Steuerabfuhrliste Nr. *1* für die Zeit vom *1. August* bis *31. August* des Jahres *1927* heute hieramts erlegt und unter .... in Empfang verrechnet worden ist.

L. S. Unterschrift der beiden Oberbeamten oder deren Stellvertreter:

Verschleißpreis 1 S. Streng verrechenbare Drucksorte.

Musterbeispiel Nr. IV

Überwachende Steuerbehörde: *Steuer-administration für den XII. bis XV. Bezirk in Wien*

Dienstgeber: *N. Schüller, Dachdecker-meister*
Adresse: *Wien XII, Eichenstraße 30*

Jahresliste*

zum Nachweise der Steuerabfuhr für das Kalenderjahr *1927*

mit *13* Stammblättern als Beilagen

Summe der im obengenannten Kalenderjahre

bei sämtlichen Arbeitnehmern laut beiliegender Stammblätter einschließlich des Jahresausgleiches abgezogenen Einkommensteuer ....

laut Steuerabfuhrbelege
an die Bundeskasse ·/.
an das Steueramt ·/.
an die städtische Steueramtsabteilung *für den XII. Bez.*
abgeführten Einkommensteuer .... *212* S *60* g

Die in den vorgelegten Stammblättern ausgewiesenen Dienstnehmer verteilen sich nach Ortsgemeinden, in welchen sie am Jahresende, beziehungsweise am Zeitpunkte ihres früheren Dienstaustrittes ihren Wohnsitz hatten, folgendermaßen:

Wohnsitzgemeinde der Dienstnehmer	Nummern der dazugehörigen Stammblätter	Anzahl der Dienstnehmer, bzw. Stammblätter
Wien XII	*Nr. 1, 4, 5, 12*	*4*
Wien V	*Nr. 2, 3, 6, 7, 8*	*5*
Wien XIV	*Nr. 9, 10*	*2*
Wien XX	*Nr. 11*	*1*
Wien VI	*Nr. 13*	*1*
Gesamtsumme...		*13*

* Siehe umstehende Belehrung!

Unterschrift des Dienstgebers, bzw. seines Bevollmächtigten:
N. Schüller m. p., Dachdeckermeister

Belehrung!

Dieses Formular ist für jedes Kalenderjahr mit Schluß desselben dem Vordrucke gemäß derart auszufüllen, daß die jede Wohnsitzgemeinde betreffenden Daten fortlaufend untereinander eingetragen werden.

Das so ausgefüllte Formular ist sodann bis Ende Jänner des jeweils folgenden Jahres der überwachenden Steuerbehörde (Artikel 9) vorzulegen.

17. Von der Warenumsatzsteuer

Verordnung vom 27. Dezember 1923, BGBl. Nr. 640

Die Warenumsatzsteuer ist eine Bundessteuer, welcher alle Lieferungen von Waren und sonstige entgeltliche Leistungen (Arbeiten) unterliegen, wenn die Lieferung (Leistung) von einem Erwerbsunternehmer im Inlande ausgeführt wird und im Rahmen seines Betriebes, wenn auch nur als Hilfs- oder Nebengeschäft, stattfindet. Leistungen (z. B. Reparaturen, Montagekosten einschließlich Reisespesen, Handwerksarbeiten). soferne sie nicht im Arbeitsverhältnis erfolgen, sind daher gleichfalls steuerpflichtig.

Der Steuersatz beträgt grundsätzlich 2% von jedem Umsatz. Praktisch aber kommt dieser Satz nur in jenen Fällen zur Anwendung, in denen nicht eine Pauschalierung im Verordnungswege verlautbart ist.

Grundlage für die Berechnung der Steuer bildet der Verkaufspreis einschließlich etwaiger Verbrauchsabgaben, Zinsen für Kreditierung, Verpackung, Rechnungsstempel und Warenumsatzsteuer. Es muß daher die Warenumsatzsteuer vom Rechnungsbetrage einschließlich der Warenumsatzsteuer berechnet werden.

Nicht einzubeziehen sind die nachweisbaren Transport- und Versicherungskosten.

Die endgültige Abrechnung mit der Steuerbehörde hat erst nach Jahresschluß zu erfolgen, doch sind Abschlagszahlungen spätestens am 20. Tage nach Ablauf jedes Kalendermonates zu leisten. Für den Monat Dezember entfällt die Abschlagszahlung, da der für diesen Monat entfallende Steuerbetrag mit der Jahresabrechnung abgeführt wird.

Die Abfuhr der Steuer erfolgt an die örtlich zuständige Steueradministration oder Bezirkssteuerbehörde, in deren Amtsbereich der inländische Erwerbsunternehmer seiner Betriebsstätte (Wohnsitz, Sitz) hat.

Für die Einzahlung sind besondere Erlagscheine zu verwenden (erhältlich beim zuständigen Steueramte).

Die Abrechnung der Warenumsatzsteuer kann auf zweierlei Arten erfolgen:

1. Nach den Zahlungseingängen.
2. Nach den Fakturenausgängen.

Ob sich die Abrechnung nach den Zahlungseingängen oder nach den Fakturenausgängen empfiehlt, hängt von der Art des Betriebes ab. Die Abrechnung nach Fakturen ist zweifellos einfacher, gestattet auch die Berücksichtigung von Storni und Rechnungsnachlässen, allerdings nicht von uneinbringlichen Außenständen. Der Nachteil der Vorauszahlung der Steuer wird teilweise dadurch aufgewogen, daß die Abschlagszahlung pro Monat erst spätestens am 20. Tage des zweitnächstfolgenden Monats, also ein Monat später als nach Abrechnung 1 erfolgen kann.

Aber auch dort, wo die Warenumsatzsteuer nach Zahlungseingängen abgerechnet wird, dürfte es sich häufig empfehlen, von den Fakturen auszugehen, mit der verrechneten Steuer ein eigenes Konto zu belasten und nach Inkasso auf Steuerkonto umzubuchen.

Die Fakturenmethode wird in der Regel darin bestehen, daß man im Ausgangsfakturenbuch eine eigene Kolonne mit der entfallenden Steuer anführt, bei amerikanischer Buchführung wird sofort das Warenumsatzsteuerkonto für den Steuerbetrag erkannt.

Die deutliche Trennung des Warenpreises von der Steuer empfiehlt sich wegen der Kontrolle durch die Steuerbehörden, sowie wegen etwaiger Forderungen auf Steuerrückvergütung, Rückbuchungen, wie Retourware oder Preisnachlässe; es ist daher ratsam, die Wustbeträge mit roten Ziffern einzusetzen.

Endlich ist noch eine Kombination beider Methoden insofern möglich, als in einem neu eingerichteten Hilfsbuch die Ausgangsfakturen nach dem Ausmaße der Steuerpflicht und die auf diese Fakturen einlaufenden Zahlungen eingetragen werden und nach letzteren das Umsatzsteuerkonto erkannt wird.

In beiden Fällen darf nicht übersehen werden, daß nicht bloß Warenlieferungen, sondern teilweise auch Warenempfänge steuerpflichtig sind, z. B. Alteisen, das beim Bezieher versteuert wird. In diesem Falle hat der Empfänger die Steuer abzuführen.

Die Steuerberechnung wird hier am besten dem Eingangsfakturenbuch angegliedert.

Wo die tägliche Eintragung zu viel Mühe macht, wird auch eine wöchentliche oder monatliche Verbuchung genügen, vorausgesetzt, daß die Unterlagen solcher Aufzeichnungen den Steuerbeamten zugänglich sind. Im allgemeinen kann gesagt werden, daß jede Art von Buchführung genügt, die es der Steuerbehörde ermöglicht, zu überprüfen, daß der betreffende Unternehmer die abzuführende Warenumsatzsteuer richtig berechnet.

Die Jahresabrechnung der Warenumsatzsteuer erfolgt auf amtlichen Steuerberechnungsbögen, und zwar ist für jeden Steuersatz ein separater Bogen anzulegen. Die einzusetzenden Beträge sind bis 50 Groschen auf Schillinge abzurunden, über 50 Groschen aufzurunden.

Die Berechnung setzt sich aus folgenden Posten zusammen:

A) Rohbetrag der Steuerberechnungsgrundlage:

1. Gesamtsumme (Gesamtwert) der empfangenen Zahlungen (Entgelte), (Zahlungssystem) oder der ausgegangenen Fakturen (abzüglich eventueller Stornis, Preisnachlässen usw.) einschließlich der allfälligen Warenumsatzsteuer.

2. Gesamtwert der aus dem eigenen Betriebe entnommenen Gegenstände.

Von der Gesamtsumme dieser beiden Posten kommen, getrennt für den ersten, zweiten, dritten usw. Monat des Steuerzeitraumes die

B) Abzugsposten laut Vordruck in Abzug.

Aus dem zuletzt ermittelten Betrag wird nun die

C) Steuerermittlung durchgeführt.

Von dem auf- bzw. abgerundeten Reinbetrag der Steuerermittlungsgrundlage wird nun die Bruttosteuer nach dem vorgeschriebenen Steuersatze in Prozenten ermittelt (Pauschalsteuersatz) und dieser Steuerbetrag für jedes Monat ausgeworfen.

Von diesen Bruttosteuerbeträgen kommen unter

D) in die Steuer einzurechnende Beträge: sechs verschiedene Posten, wie Ausfuhrvergütungen, Rechtsgebühren, irrtümliche oder auf einem Rechtsverstoß beruhende Überzahlungen usw. in Abzug, so daß sich nunmehr der Nettobetrag der Warenumsatzsteuer ergibt.

Der Steuerberechnungsbogen ist nunmehr mit Datum und Unterschrift des Unternehmers versehen, mit der dem Vordrucke entsprechend ausgefüllten Steuererklärung dem zuständigen Steueramte einzusenden. Der Steuerrest ist mittels Erlagschein (eigene Drucksorte mit Aufdruck „Warenumsatzsteuer") zu überweisen.

Die Warenumsatzsteuer ist für das Dachdeckergewerbe durch nachstehendes Abfindungsübereinkommen per 1925, verlängert bis 31. Dezember 1927, mit dem Bundesministerium für Finanzen geregelt.

Warenumsatzsteuerabfindung

Für das Dachdeckergewerbe in Wien

Laut Ermächtigung des Bundesministeriums für Finanzen wird das Warenumsatzsteuer-Abfindungsübereinkommen per 1925 mit dem unter

Punkt 1 bis 4 vorgesehenen Abänderungen und Ergänzungen für die Zeit vom 1. Jänner bis 31. Dezember 1927 verlängert.

1. Das Abfindungsübereinkommen ist jederzeit, und zwar auch mit Rückwirkung auf den seit 1. Jänner 1927 verstrichenen Zeitraum widerruflich. Von dem vorbehaltenen Widerrufe wird insbesondere Gebrauch gemacht werden, wenn ein abgefundener Betrieb durch mehr als drei Monate entweder mit der Entrichtung der Abfindungssumme im Rückstande bleibt oder die Steuer nach allgemeinen statt nach Abfindungsgrundsätzen entrichtet.

2. Die Abfindungsbeiträge für die Zeit vom 1. Jänner bis 30. April 1927 sind unter Einrechnung der für diese Zeit etwa gezahlten Steuerbeträge bis zum 20. Mai 1927 bei der für den Geschäftsbetrieb zuständigen Steuereinhebungsstelle einzuzahlen.

3. Von Betrieben, die bis zum 20. Mai 1927 bei ihrer zuständigen Steuerbehörde hinsichtlich der Abfindung keine Erklärung abgeben, wird angenommen, daß sie sich dem Abfindungsübereinkommen anschließen.

4. Denjenigen Betrieben, die sich dem Abfindungsübereinkommen anschließen, steht weder ein Anspruch auf eine Vergütung im Sinne des § 12, Absatz 4 der Warenumsatzsteuer-Durchführungsverordnung (Lieferung an Ausfuhrhändler, die das Muster Formular K beibringen) und im Sinne der Ausführungsverordnung, noch auf eine Einrechnung von Rechtsgebühren im Sinne des § 12 der Warenumsatzsteuerverordnung und des § 16 der Warenumsatzsteuer-Durchführungsverordnung in den Abfindungsbetrag zu. Diese Vergütung (Einrechnung) ist bereits im Abfindungsbetrag berücksichtigt.

Die vereinbarten Abfindungssummen:

Die monatliche Abfindungssumme beträgt für jede gemäß Punkt 4 für die Ermittlung des Abfindungsbetrages maßgebende Arbeitskraft (mit Ausnahme der Lehrlinge), wenn im Betriebe außer dem Inhaber und den Lehrlingen beschäftigt sind:

1. Keine oder höchstens 3 Arbeitskräfte	S 4
2. 4 bis 12 Arbeitskräfte	„ 5
3. 13 „ 20 „	„ 6
4. Über 20 „	„ 7

Für jeden Lehrling im letzten Lehrjahre sind nicht die obigen Sätze, sondern sofern außer dem Betriebsinhaber und den Lehrlingen keine Arbeitskraft (Punkt 4) im Betriebe tätig ist, ein Schilling, in allen anderen Fällen zwei Schilling als monatlicher Abfindungsbetrag zu entrichten.

(Die für Lehrlinge festgesetzten Abfindungsbeiträge gelten auch für ausgelernte Lehrlinge während der dreimonatigen Behaltspflicht.)

18. Von der Fürsorgeabgabe

Die Fürsorgeabgabe ist eine Gemeindesteuer, welche nur für das Gemeindegebiet Wien gilt. Ihre Höhe beträgt gegenwärtig für Gewerbe, Industrien und Handel vier Prozent (4%), für Banken, Bankiers usw. $8\frac{1}{2}$% von allen Lohn- oder Gehaltsbezügen.

Als abgabepflichtige Lohnsummen kommen in Betracht: Bruttogehalte, Quartiergelder, Bruttolöhne jeder Art (Zeit-, Tag-Stücklohn usw.), Entlohnungen der Lehrlinge, mit Ausnahme der Naturalbezüge, der vom Dienstgeber übernommenen Einkommensteuer der Dienstnehmer, der Anschaffungsbeiträge, Überstundenentlohnungen, Entlohnung für Nachtarbeit, Kostgelder, Mittaggelder usw., Urlaubsgelder, Urlaubsentschädigungen, Remunerationen jeder Art, Provisionen an Angestellte usw.

Musterbeispiel:

Bezirk *Wien XII.*

Erw.-St.-Konto Nr. *3326*

Belehrung auf der letzten Seite.

I

Vom Amte auszufüllen.

Amts-siegel.

Verzeichnis Nr. ....

Wien, am ....

Namenschiffre: ....

Abrechnung der Fürsorgeabgabe

gemäß den Bestimmungen der L.-G. vom 4. August 1920, L.-G.-Bl. Nr. 728, vom 11. März 1921, L.-G.-Bl. für Wien Nr. 43, vom 29. August 1922, L.-G.-Bl. für Wien Nr. 139, vom 9. Februar 1923, L.-G.-Bl. für Wien Nr. 33, vom 16. Oktober 1925, L.-G.-Bl. für Wien Nr. 47 und vom 27. Dezember 1926, L.-G.-Bl. für Wien Nr. 1 ex 1927, für die im Monate *August 1927* ausbezahlten Lohn-(Gehalts-)Bezüge.

Name des Abgabepflichtigen: *N. Schüller, Dachdeckermeister.*

Art des Betriebes: *Dachdeckerei.* Standort: *Wien XII, Eichenstraße 30.*

Bei Zweig- oder Hilfsetablissements auch Standort des Hauptetablissements: ·/.

1	2	3		4		5		6	
Art	Anzahl*)	Höhe der geleisteten Monatslohnsumme						Die 4%ige, $8^1/_2$%ige Abgabe beträgt somit	
der beschäftigten Personen		in Geld		in Naturalbezügen		Zusammen			
		S	g	S	g	S	g	S	g
Büropersonal	1	300	—	·/.	·/.	300	—		
Arbeiter und Arbeiterinnen	10	1988	—	·/.	·/.	1988	—		
Praktikanten und Lehrlinge	2	304	—	·/.	·/.	304	—		
Sonstiges Personal (Provisionsagenten, Aushilfskräfte usw.)	·/.	·/.	·/.	·/.	·/.	·/.	·/.		
Zusammen	13					2592	—	103	68

*) Bei wechselnder Zahl ist die Durchschnittszahl anzugeben.

7		
Spezifizierung der Naturalbezüge in Rubrik 4	S	g
Wert der Naturalwohnung(en) bestehend aus ...... Zimmer, ... Kabinett(e), ... Küche(n)		
Verköstigung für .... Personen		
Kleidung für .... Personen		
Lebensmittel		
Beheizung und Beleuchtung		
Zusammen		

N. Schüller m. p., Dachdeckermeister.

Unterschrift des Abgabepflichtigen.

(Statutenmäßige Fertigung bei Gesellschaften.)

Für Bezüge der außerhalb der Betriebsstätte beschäftigten Personen gilt ab 1. Jänner 1926 folgendes: Werden von einem fürsorgeabgabepflichtigen Unternehmer, der den Standort seines Unternehmens in Wien hat, Arbeiten außerhalb Wiens verrichtet (Arbeitsstätte außerhalb des Standortes), so fließt die Fürsorgeabgabe nur von den Bezügen jener Dienstnehmer, deren Wohnsitz in Wien gelegen ist, der Gemeinde Wien zu.

Die Abrechnung der Fürsorgeabgabe erfolgt monatlich bis längstens 14. des folgenden Monats, und zwar mittels amtlichen Formulares in doppelter Ausfertigung (Durchschrift) bei der Fachrechnungsabteilung des magistratischen Bezirksamtes, in dessen Sprengel der Standort des Betriebes gelegen ist.

Die Fürsorgeabgabe ist bis zum 15. des Monats, welcher auf den Lohn(Gehalts-)auszahlungsmonat folgt, bei demselben Bezirksamte einzuzahlen. Bei Überschreitung obiger Termine werden Verzugszinsen bzw. ein 25%iger Verzögerungszuschlag berechnet.

Die Grundlage für die Berechnung der Fürsorgeabgabe bildet der Bruttolohn, das sind alle Bezüge, welche der Arbeiter oder Angestellte unter welchem Titel immer für die Überlassung seiner Arbeitskraft von dem Unternehmer erhält. Die Beiträge der Arbeitgeber und des Arbeitnehmers für die sozialen Versicherungsinstitute (Krankenkassen, Arbeitslosen-, Pensionsversicherungsbeiträge usw. und die auf die Lohnsummen entfallende Einkommensteuer, Arbeiterkammer, Gehilfen- und Betriebsratsumlagen usw.) dürfen nicht von den Bruttolöhnen abgezogen werden. Auch ist es nicht gestattet, von der Überstundenentlohnung unter irgend welchem Titel (Kostzubußen, Fahrtauslagen usw.) Abzüge zu machen.

Aus vorangeführten Gründen erfolge daher die Berechnung der Fürsorgeabgabe laut Gehaltsbuch und Lohnliste vom Bruttolohn (inkl. aller Zulagen, Überstunden usw.) laut nebenstehendem Musterbeispiel.

19. Von den Forderungsanmeldungen im Ausgleichs- und Konkursverfahren

Schriftliche Forderungsanmeldungen im Ausgleichs- oder Konkursverfahren sind in doppelter Ausfertigung bei Gericht zu überreichen.

In der Anmeldung sind der Betrag der Forderung und die Tatsachen, auf die sie sich gründet, sowie die in Anspruch genommene Rangordnung (dritte Klasse) anzugeben und die Beweismittel zu bezeichnen, die zum Nachweise der behaupteten Forderung beigebracht werden können. Die bis zur Ausgleichs- oder Konkurseröffnung entstandenen Nebengebühren stehen mit den Forderungen im gleichen Range.

Die Zinsen (gegenwärtig 9%) sind bis zum Tage der Ausgleichs- oder Konkurseröffnung zu berechnen. Die Gesamtsumme der angemeldeten Forderung samt Nebengebühren (Klagespesen usw.) ist anzugeben.

Man benötigt somit zu einer Anmeldung im Ausgleichs- oder Konkursverfahren zwei Ausfertigungen der Forderungsanmeldung und eine Rubrik (welche Rubrik von dem den Ausgleich oder Konkurs durchführenden Gericht, mit der Empfangsstampiglie versehen, wieder retourniert wird).

Zur Anmeldung nehme man am besten Formulare, die in vorschriftsmäßiger Form im Drucksortenverlag Th. Kollm in Wien I, Schulerstraße 21 oder im Sunny-Verlag in Wien IV, Wiedner Hauptstraße, um geringen Preis erhältlich sind.

Die Anmeldung erfolgt beim Bezirks- oder Kreis- oder Landesgericht für Zivilrechtssachen, in dessen Sprengel der Schuldner seine Betriebsstätte hat, und zwar in der Regel auf Grund einer amtlichen

Zuschrift des betreffenden Gerichtes, worin die Anmeldefrist, welche genau einzuhalten ist, angeführt erscheint.

In der Anmeldung ist als erstes die Geschäftszahl des Gerichtes anzuführen, sodann die Bezeichnung der Ausgleichs- oder Konkurssache, nämlich Gläubiger (der Anmeldende): Name, Stand und Adresse eventuell Namen und Adresse des Rechtsanwaltes, wenn der Gläubiger sich durch einen solchen vertreten läßt, sodann der Gemeinschuldner: Name, Stand und Adresse. Weiters ist anzugeben die Gesamtsumme der Forderung. (Forderungsbetrag samt Nebengebühren und Zinsen.)

Als Tatbestand hat man anzugeben, daß man dem Gemeinschuldner auf Bestellung zu vereinbarten und angemessenen Preisen Dachdeckerarbeiten (Instandhaltungs-, Reparaturarbeiten oder Neueindeckungen) laut Faktura vom .... um den Betrag von S ...... ausgeführt hat.

Weiters ist anzugeben, wann die Bezahlung dieser Schuld fällig war.

Den Beweis für den rechtlichen Bestand dieser Forderung erbringt man durch Vorlage der Fakturenabschrift (Kontoauszug, aus den vorschriftsmäßig geführten und gesetzlich gestempelten Handels- oder Geschäftsbüchern), ferner gebe man als Beweis die in eigenen Händen befindlichen Gegenscheine und die in Händen (Besitz) des Schuldners befindliche Originalfaktura an.

Sollte der Schuldner bereits geklagt worden sein, so ist dieser Umstand anzuführen, anderenfalls sind die betreffenden Vordrucke im Anmeldeformular durchzustreichen.

Nunmehr stellt man den Antrag: Da über das Vermögen des Gemeinschuldners der Konkurs (oder da auf Antrag des Schuldners das Ausgleichsverfahren) eröffnet wurde, melde ich diese Forderung im Betrage von S ..... samt 9% Zinsen seit (Fälligkeitstag der Faktura) ..... bis zum ..... als dem Tage der Konkurs- (Ausgleichs-)Eröffnung, daher einen Zinsenbetrag von S ....., demnach einen Gesamtbetrag von S ..... (Gesamtforderung) an und beantrage die Feststellung dieser Forderung in der dritten Klasse der Konkursgläubiger (oder bei Ausgleichsanmeldungen: „und beantrage, mir für diese Forderung samt Nebengebühren das Stimmrecht zu erteilen“).

Nunmehr ist das Datum der Anmeldung, die Anzahl der Beilagen (Fakturenabschriften, Kontoauszug) einzusetzen und die Forderungsanmeldung vom Gläubiger zu unterschreiben.

Die Rubrik ist im gleichen Sinne entsprechend dem Vordruck auszufüllen.

Die doppelt ausgestellte Forderungsanmeldung und Beilagen (ebenfalls doppelt) sowie die Rubrik werden nun nach dem tieferstehenden Stempeltarif gestempelt und sodann an das den Ausgleich oder Konkurs ausschreibende Gericht eingeschrieben (rekommandiert) per Post eingesandt.

Stempelgebühren bei Forderungsanmeldungen im Konkurs- und Ausgleichsverfahren

Anmeldungsformular

Bei einer Forderung		bis S 100,—	20-g-Stempel
„ „ „	über S 100,—	„ S 500,—	30-g- „
„ „ „	„ S 500,—	„ S 1500,—	50-g- „
„ „ „	„ S 1500,—	„ S 10000,—	1-S- „
„ „ „	„ S 10000,—		2-S- „

für jeden Bogen.

Beilagen (Fakturenabschriften, Kontoauszüge usw.) sind bei einer Forderung bis S 100,— mit S —,20, über S 100,— mit S —,50 für jeden Bogen zu stempeln.

Bücher, Broschüren, Situationspläne usw., die nicht Schriften sind, als Beilagen mit S —,50.

Rubriken sind stempelfrei!

20. Vom Angestelltengesetz

Bundesgesetz vom 11. Mai 1921, BGBl. Nr. 292

Die Bestimmungen dieses Gesetzes gelten für das Dienstverhältnis von Personen, die im Geschäftsbetrieb eines Kaufmannes, Unternehmungen jeder Art, auf welche die Gewerbeordnung Anwendung findet usw., vorwiegend zur Leistung kaufmännischer oder höherer nichtkaufmännischer Dienste oder zu Kanzleiarbeiten im Geschäftsbetriebe angestellt sind.

Art und Umfang der Dienstleistungen sowie die dafür gebührende Entlohnung (Geld- und Naturalbezüge) werden mangels Vereinbarung durch den für die betreffende Art des Unternehmens bestehenden Ortsgebrauch bestimmt.

Ist ein Angestellter nach Antritt des Dienstverhältnisses durch Krankheit oder Unglücksfall an der Leistung seiner Dienste verhindert, ohne daß er die Verhinderung vorsätzlich oder durch grobe Fahrlässigkeit herbeigeführt hat, so behält er seinen Anspruch auf das Entgelt bis zur Dauer von sechs Wochen. Der Anspruch auf das Entgelt erhöht sich auf die Dauer von acht Wochen, wenn das Dienstverhältnis fünf Jahre, von zehn Wochen, wenn es fünfzehn Jahre und von zwölf Wochen, wenn es fünfundzwanzig Jahre ununterbrochen gedauert hat. Durch je weitere vier Wochen behält der Angestellte den Anspruch auf das halbe Entgelt.

Der Angestellte behält ferner den Anspruch auf das Entgelt, wenn er durch andere wichtige, seine Person oder Familie betreffende Gründe ohne sein Verschulden während einer verhältnismäßig kurzen Zeit an der Leistung seiner Dienste verhindert wird.

Weibliche Angestellte behalten den Anspruch auf das Entgelt während sechs Wochen nach ihrer Niederkunft; während dieser Zeit dürfen sie zur Arbeit nicht zugelassen werden. Erkranken sie, so gelten die Bestimmungen über Krankheit vom Zeitpunkte der Niederkunft. Gegen Vorweisung eines ärztlichen Zeugnisses, daß ihre Niederkunft voraussichtlich innerhalb sechs Wochen stattfinden wird, können weibliche Angestellte die Arbeit einstellen. Nach der Niederkunft haben sie, wenn sie ihre Kinder selbst stillen, während der Arbeitszeit Anspruch auf zwei halbstündige Stillpausen täglich.

Die Zahlung des dem Angestellten zukommenden fortlaufenden Gehaltes hat spätestens am Fünfzehnten und am Letzten eines jeden Monates in zwei annähernd gleichen Teilen zu erfolgen. Die einmalige ganze Zahlung am Schluß eines jeden Kalendermonates kann vereinbart werden.

Falls der Angestellte Anspruch auf eine periodische Remuneration oder auf eine andere besondere Entlohnung hat, gebührt sie ihm, wenngleich das Dienstverhältnis vor Fälligkeit des Anspruches gelöst wird, in dem Betrage, der dem Verhältnisse zwischen der Dienstperiode, für die die Entlohnung gewährt wird, und der zurückgelegten Dienstzeit entspricht.

Hat das Dienstverhältnis ununterbrochen sechs Monate gedauert, so ist dem Angestellten in jedem Jahre ein ununterbrochener Urlaub in der Dauer von mindestens zwei Wochen zu gewähren. Das Ausmaß des Urlaubes erhöht sich nach fünf Jahren auf drei Wochen, nach zehn Jahren auf vier Wochen und nach fünfundzwanzig Jahren auf fünf Wochen.

Wenn das Dienstverhältnis wenigstens zwei Jahre ununterbrochen gedauert hat, so ist die bei anderen Dienstgebern im Inlande zugebrachte

Dienstzeit als Angestellter oder Arbeiter, soferne sie mindestens sechs Monate gedauert hat, für die Bemessung der Urlaubsdauer bis zum Höchstausmaße von fünf Jahren einzurechnen. Hat das Dienstverhältnis ununterbrochen sechs Monate gedauert, so ist dem Angestellten, der Hochschulstudien zurückgelegt hat, für die Bemessung der Urlaube eine der gewöhnlichen Dauer dieser Studien entsprechende Zeit, soweit sie fünf Jahre nicht übersteigt, einzuräumen.

Ein Dienstverhältnis auf Probe kann nur für die Höchstdauer eines Monates vereinbart werden und während dieser Zeit von jedem Vertragsteil jederzeit gelöst werden.

Ist das Dienstverhältnis ohne Zeitbestimmung eingegangen oder fortgesetzt worden, so kann es durch Kündigung nach folgenden Bestimmungen gelöst werden.

Mangels einer für den Angestellten günstigeren Vereinbarung kann der Dienstgeber das Dienstverhältnis mit Ablauf eines jeden Kalendervierteljahres durch vorgängige Kündigung lösen. Die Kündigungsfrist beträgt sechs Wochen und erhöht sich nach dem vollendeten zweiten Dienstjahr auf zwei Monate, nach dem vollendeten fünften Dienstjahr auf drei, nach dem vollendeten fünfzehnten Dienstjahr auf vier und nach dem vollendeten fünfundzwanzigsten Dienstjahr auf fünf Monate.

Mangels einer für ihn günstigeren Vereinbarung kann der Angestellte das Dienstverhältnis mit dem letzten Tage eines Kalendermonats unter Einhaltung einer einmonatigen Kündigungsfrist lösen.

Während der Kündigungsfrist sind dem Angestellten auf sein Verlangen wöchentlich mindestens acht Arbeitsstunden zum Aufsuchen eines neuen Dienstpostens ohne Schmälerung der Bezüge freizugeben.

Hat das Dienstverhältnis ununterbrochen drei Jahre gedauert, so gebührt bei Auflösung des Dienstverhältnisses eine Abfertigung. Diese beträgt das Zweifache der dem Angestellten für den letzten Monat des Dienstverhältnisses gebührenden Bezüge und erhöht sich nach fünf Dienstjahren auf das Dreifache, nach zehn Dienstjahren auf das Vierfache, nach fünfzehn Dienstjahren auf das Sechsfache, nach zwanzig Dienstjahren auf das Neunfache und nach fünfundzwanzig Jahren auf das Zwölffache des monatlichen Gehaltes.

Die Abfertigung wird, soweit sie den Betrag des Dreifachen des Monatsentgeltes nicht übersteigt, mit der Auflösung des Dienstverhältnisses fällig; der Rest kann vom vierten Monat an in monatlichen, im voraus zahlbaren Teilbeträgen abgestattet werden.

Wird das Dienstverhältnis durch den Tod des Angestellten aufgelöst, so beträgt die Abfertigung nur die Hälfte und gebührt nur den gesetzlichen Erben, zu deren Erhaltung der Angestellte gesetzlich verpflichtet war.

Der Anspruch auf Abfertigung besteht nicht, wenn der Angestellte kündigt, wenn er ohne wichtigen Grund vorzeitig austritt oder wenn ihn ein Verschulden an der vorzeitigen Entlassung trifft.

Das Dienstverhältnis kann, wenn es für bestimmte Zeit eingegangen wurde, vor Ablauf dieser Zeit, sonst aber ohne Einhaltung einer Kündigungsfrist von jedem Teile aus wichtigen Gründen gelöst werden.

Wichtige Gründe sind unter anderem folgende:

Für den Angestellten:

Wenn der Angestellte zur Fortsetzung seiner Dienstleistung unfähig wird oder diese ohne Schaden für seine Gesundheit oder Sittlichkeit nicht fortsetzen kann.

Wenn der Dienstgeber die dem Angestellten zukommenden Bezüge ungebührlich schmälert oder vorenthält, ihn bei Naturalbezügen durch

Gewährung ungesunder oder unzureichender Kost oder ungesunder Wohnung benachteiligt oder andere wesentliche Vertragsbestimmungen verletzt.

Wenn der Dienstgeber sich Tätlichkeiten, Verletzungen der Sittlichkeit oder erhebliche Ehrverletzungen gegen den Angestellten oder dessen Angehörige zu schulden kommen läßt oder es verweigert, den Angestellten gegen solche Handlungen eines Mitbediensteten oder eines Angehörigen des Dienstgebers zu schützen.

Für den Dienstgeber:

Wenn der Angestellte im Dienste untreu ist, sich in seiner Tätigkeit ohne Wissen oder Willen des Dienstgebers von dritten Personen unberechtigte Vorteile zuwenden läßt, insbesondere eine Provision oder sonstige Belohnung annimmt, oder wenn er sich einer Handlung schuldig macht, die ihn des Vertrauens des Dienstgebers unwürdig erscheinen läßt.

Wenn der Angestellte unfähig ist, die versprochenen oder die den Umständen nach angemessenen Dienste zu leisten.

Wenn der Angestellte ohne rechtmäßigen Hinderungsgrund während einer den Umständen nach erheblichen Zeit die Dienstleistung unterläßt oder sich beharrlich weigert, seine Dienste zu leisten oder sich den durch den Gegenstand der Dienstleistung gerechtfertigten Anordnungen des Dienstgebers zu fügen oder wenn er andere Bedienstete zum Ungehorsam gegen den Dienstgeber zu verleiten sucht.

Wenn der Angestellte durch Krankheit oder Unglücksfall länger als gesetzlich festgelegt oder durch eine längere Freiheitsstrafe oder durch Abwesenheit während einer den Umständen nach erheblichen Zeit an der Verrichtung seiner Dienste gehindert ist.

Wenn der Angestellte sich Tätlichkeiten, Verletzungen der Sittlichkeit oder erhebliche Ehrverletzungen gegen den Dienstgeber, dessen Stellvertreter, deren Angehörige oder gegen Mitbedienstete zu schulden kommen läßt.

Eine Vereinbarung, durch die der Angestellte für die Zeit nach Beendigung des Dienstverhältnisses in seiner Erwerbstätigkeit beschränkt wird (Konkurrenzklausel), ist unwirksam, wenn der Angestellte zur Zeit der Vereinbarung minderjährig ist oder der Monatsbezug zur Zeit der Beendigung des Dienstverhältnisses den Betrag von S 400,— nicht übersteigt.

Für Streitigkeiten aus den in diesem Gesetze geregelten Dienstverhältnissen sind die Gewerbegerichte zuständig.

Die obangeführten Rechte der Angestellten können durch den Dienstvertrag weder aufgehoben noch beschränkt werden.

21. Vom Angestelltenversicherungsgesetz

Bundesgesetz vom 31. Dezember 1926, betreffend die Kranken-, Stellenlosen-, Unfall- und Pensionsversicherung der Angestellten

Nach dem Angestelltenversicherungsgesetz sind alle Kanzleiangestellte, Buchhaltungs-, Rechnungs-, technische und sonstige Privatangestellte, Werkmeister, Werkführer, Handlungsgehilfen usw. versicherungspflichtig.

Die Versicherungspflicht beginnt bei der Kranken- und Unfallversicherung mit dem vollendeten vierzehnten Lebensjahre.

bei der Stellenlosenversicherung mit dem vollendeten sechzehnten Lebensjahre;

bei der Pensionsversicherung mit dem vollendeten siebzehnten Lebensjahre.

(Die Versicherungspflicht der Lehrlinge [Praktikanten] bleibt, solange das Lehrverhältnis nicht mit einem Barbezuge verbunden ist, auf die Kranken- und Unfallversicherung beschränkt.)

Nach dem neuen Angestelltenversicherungsgesetz treten in Kraft:

Die neuen (höheren) Renten in der Pensions- und Unfallversicherung am 1. Februar 1927.

Die neuen (höheren) Beiträge zur Pensions- und Unfallversicherung am 1. Jänner 1927.

Die Umgestaltung der Angestellten-Krankenkassen und die neuen Beiträge für die Kranken- und Stellenlosenversicherung am 1. Juli 1927.

Die neuen Barleistungen der Krankenversicherung am 1. September 1927.

Die Ausdehnung der Pensionsversicherungspflicht und der Unfallversicherung auf das Verkaufspersonal am 1. Juli 1927.

Die Anmeldungen zur Pensions- und Unfallversicherung erfolgen bei der Pensionsanstalt für Angestellte in Wien IV, Blechturmgasse 11 mittels amtlichen Formulares.

Die Anmeldungen zur Kranken- und Stellenlosenversicherung erfolgen in Wien bei einer der zwei Landesversicherungskassen, und zwar:

1. Versicherungskasse für Handlungsgehilfen in Wien IX, Kolingasse 13 (für die Mitglieder des Gremiums der Wiener Kaufmannschaft) oder

2. Versicherungskasse für Industrie und sonstige Angestellte in Wien I, Wildpretmarkt 2 (früher „Einigkeit") oder

3. bei der Wahlkasse „Collegialität" in Wien VII, Andreasgasse 3 (für alle Angestellte).

Die neuen Leistungen der Pensionsversicherung umfassen: Invaliditätsrenten, Altersrenten, Witwenrenten, Waisenrenten, Abfertigungen, Ausstattungsbeiträge, unentgeltliche Krankenversicherung der Rentenempfänger (und ihrer Angehörigen) bei der zuständigen Versicherungskasse und schließlich erweiterte Heilbehandlung und Heilfürsorge.

Invaliditätsrente

Die Invaliditätsrente gebührt, wenn der versicherte Angestellte wegen dauernder oder vorübergehender Invalidität seinen bisherigen Berufspflichten oder einer anderen angemessenen Beschäftigung nicht weiter zu obliegen vermag. Berufsunfähigkeit ist nicht zu verwechseln mit Arbeitsunfähigkeit. Voraussetzung für den Rentenanspruch ist eine fünfjährige Versicherungsdauer (60 anrechenbare Beitragsmonate). Bei Dienstunfall entfällt dieses Erfordernis.

Die Rente beträgt 35% der Bemessungsgrundlage zuzüglich so vieler weiterer Prozente, als anrechenbare Dienstjahre erworben wurden. Für Kinder unter achtzehn Jahren erhält der Rentner einen Kinderzuschuß. Er beträgt für jedes Kind im Monat 6% der Bemessungsgrundlage, mindestens S 7,50 und höchstens S 15,—. Im Falle der Hilflosigkeit gebührt dem Rentner ein Hilflosenzuschuß im Ausmaße der halben Invaliditätsrente.

Altersrente

Anspruch auf die Altersrente haben ohne Nachweis der Berufsunfähigkeit:

a) schon nach zehnjähriger Versicherungsdauer (120 anrechenbare Beitragsmonaten) für weibliche Angestellte nach

Vollendung des 55. Lebensjahres, männliche Angestellte nach Vollendung des 60. Lebensjahres;

b) im Falle kürzerer Versicherungsdauer, jedoch nach zurückgelegter Wartezeit für weibliche Angestellte nach Vollendung des 60., für männliche Angestellte nach Vollendung des 65. Lebensjahres.

Der Anspruch auf Altersrente besteht nicht, solange man in einem versicherungspflichtigen Dienst- oder Arbeitsverhältnisse steht.

Die Altersrente beträgt ebenso wie die Invaliditätsrente 35% der Bemessungsgrundlage zuzüglich so vieler weiterer Prozente, als anrechenbare Dienstjahre erworben wurden. Kinderzuschüsse und Hilflosenzuschuß gebühren in dem gleichen Ausmaße wie bei der Invaliditätsrente. Für jene Zeit, für welche auf Grund gesetzlicher Bestimmungen Gehalt oder Abfertigung gebührt, ruht der Rentenanspruch.

Witwenrente

Die Witwenrente gebührt der Witwe, wenn der versicherte Angestellte im Zeitpunkt seines Ablebens eine Rente bezog oder die Anwartschaft auf eine solche hatte. Die Witwenrente beträgt die Hälfte der Rente des Versicherten. Ist die Witwe hilflos oder hat sie das 55. Lebensjahr überschritten, so beträgt die Witwenrente mindestens 30% der Bemessungsgrundlage.

Waisenrenten

Anspruch auf Waisenrenten haben die Kinder unmittelbar Versicherter bis zum vollendeten achtzehnten Lebensjahr, unter bestimmten Voraussetzungen auch länger. Die Waisenrente beträgt für jedes einfach verwaiste Kind 12%, für jedes doppelt verwaiste Kind 24% der Bemessungsgrundlage des Versicherten, mindestens jedoch S 10,—, bzw. S 20,— im Monat. (Bei einer Bemessungsgrundlage von S 400,— beträgt beispielsweise die Waisenrente in dem einen Falle S 48,—, im anderen Falle S 96,— pro Kind und Monat.)

Witwen- und Waisenrenten zusammen dürfen weder die Invaliditätsrente (Altersrente) samt allfälligen Kinderzuschüssen, auf die der Versicherte bei seinem Ableben Anspruch oder Anwartschaft hatte, noch im allgemeinen 85% seiner Bemessungsgrundlage übersteigen.

Einmalige Abfertigung

Die einmalige Abfertigung gebührt:

a) im Ausmaße von 720% der Bemessungsgrundlage: der Witwe (Witwer) und, wenn keine (keiner) vorhanden ist, zu gleichen Teilen Kindern unter achtzehn Jahren, wenn nur mangels Vollendung der Wartezeit kein Anspruch auf Witwen- bzw. Waisenrenten besteht. (Bei einer Bemessungsgrundlage von S 400,— beträgt daher die Abfertigung S 2880,—.)

b) im Jahresausmaße der Witwenrente: der Wirtschaftsführerin, die bei Eintritt des Versicherungsfalles mindestens seit acht Monaten ununterbrochen in der Hausgemeinschaft der unmittelbar versicherten Person lebte und unentgeltlich die Hauswirtschaft führte, (Die Abfertigung gebührt, wenn ein Anspruch auf Witwenrente bestünde, aber keine anspruchsberechtigte Witwe zurückblieb), und

c) im Ausmaße von 360% der Bemessungsgrundlage, und zwar ohne Rücksicht darauf, ob die Wartezeit vollendet ist oder nicht, der Reihe nach: unversorgten Kindern über achtzehn Jahre, der Mutter, zu deren Unterhalt der Versicherte wesentlich beigetragen hat, ferner dem Vater, den Großeltern und den elternlosen Geschwistern (in den letzten drei Fällen aber nur dann, wenn die betreffenden Personen erwerbsunfähig sind, mit dem Versicherten im gemeinsamen Haushalt lebten und ausschließlich durch ihn erhalten wurden).

Bei einer Versicherungsdauer von weniger als sechs Monaten gebühren, soferne der Tod des Versicherten nicht die Folge eines Unfalles war, nur so viele Sechstel der Abfertigung, als Beitragsmonate anzurechnen sind.

Das aus der Krankenversicherung gebührende Begräbnisgeld bewirkt keine Kürzung der Abfertigung.

Ausstattungsbeitrag

Anspruch darauf haben weibliche Versicherte nach mindestens fünfjähriger Versicherungsdauer (60 anrechenbaren Beitragsmonaten), wenn sie innerhalb zweier Jahre nach Verehelichung aus der versicherungspflichtigen Dienststellung austreten oder innerhalb zweier Jahre nach Dienstaustritt heiraten. Der Ausstattungsbeitrag beträgt in den ersten 120 Beitragsmonaten für jeden Monat 5% der Bemessungsgrundlage, für jeden weiteren anrechenbaren Beitragsmonat 2% der Bemessungsgrundlage. (Bei einer Versicherungsdauer von beispielsweise zehn Jahren und einer Bemessungsgrundlage von S 250,— beträgt der Ausstattungsbeitrag S 1500,—.)

Mit dem Anfall des Ausstattungsbeitrages erlischt jeder weitere Anspruch aus der Versicherung.

Entfertigung

Auf die Entfertigung hat man Anspruch, wenn die Beitragszeiten ihre Anrechenbarkeit verloren haben, d. h. wenn die Versicherung durch mehr als sechs Jahre unterbrochen war. Der Anspruch, der nur vom unmittelbar Versicherten geltend gemacht werden kann, erlischt binnen Jahresfrist nach seiner Entstehung. Die Entfertigung beträgt 2% der Bemessungsgrundlage für jeden anrechenbaren Beitragsmonat.

Rentenberechnung

Beitragsgrundlage: Darunter ist das anrechenbare Diensteinkommen bis zu S 400,— im Monat zu verstehen. Für die Bemessung der Beiträge werden Bezüge unter S 80,— mit S 80,— und Bezüge über S 400,— mit S 400,— angenommen.

Der Beitrag für die Pensions- und Unfallversicherung beträgt derzeit 6% der Beitragsgrundlage.

Bemessungsgrundlage: Sie ist der Durchschnitt jener Dienstbezüge in jenem Zeitraum, die der Beitragsbemessung zugrundegelegt wurden. Für die Pensionsversicherung wird in der Regel der Durchschnitt der letzten 36 Beitragsmonate vor Eintritt des Versicherungsfalles genommen, wobei aber Gehaltssteigerungen in den letzten achtzehn Monaten unberücksichtigt bleiben. Für die Unfallversicherung gilt im allgemeinen der Durchschnitt der letzten zwölf Beitragsmonate.

Die Berechnung der Invaliditäts-(Alters-)Renten erfolgt folgendermaßen: Hat man die Bemessungsgrundlage (siehe vorher) ermittelt, so multipliziert man sie einfach mit der Anzahl der in Betracht kommenden Prozente. Die Anzahl der Prozente ist aber nichts anderes als die für jedes Jahr um 1 vermehrte Zahl 35. Man erhält daher für eine Versicherungsdauer von fünf Jahren 40, zehn Jahren 45, fünfzehn Jahren 50, zwanzig Jahren 55% der Bemessungsgrundlage usw. Bei Bruchteilen eines Jahres (z. B. $^1/_4$ Jahr, $^1/_2$ Jahr) setzt man für jeden Monat $^1/_{12}$% ein. Beträgt beispielsweise eine Versicherungsdauer neunzehn Jahre, sieben Monate, so erhält man als Anzahl der Prozente: 35 plus 19 plus $^7/_{12}$, d. i. $54^7/_{12}$%.

Beispiel: Wie hoch ist die Invaliditäts- (Alters-) Rente nach 25 Jahren bei einer Bemessungsgrundlage von S 380,—?

Lösung: Die Anzahl der Prozente beträgt 35 plus 25, d. i. 60. Nun multipliziert man 380 mit 60% und bekommt $\frac{380 \times 60}{100}$, d. i. 228. Die Rente beträgt daher S 228,— im Monat.

Um daraus die Witwenrente zu berechnen, braucht man bloß durch zwei zu dividieren. Die Waisenrenten richten sich nicht nach der Versicherungsdauer, sondern lediglich nach der Bemessungsgrundlage (siehe Waisenrenten). Sie sind also noch einfacher zu berechnen.

Nachstehend noch einige Beispiele:

Die Invaliditäts- (Alters-) Rente beträgt in Schillingen:

Bemessungs-Grundlage	nach 5 Jahren	10 Jahren	20 Jahren	30 Jahren
S 200,—	80,—	90,—	110,—	130,—
„ 250,—	100,—	112,50	137,50	162,50
„ 300,—	120,—	135,—	165,—	195,—
„ 350,—	140,—	157,50	192,50	227,50
„ 400,—	160,—	180,—	220,—	260,—

Bei Hilflosigkeit des Rentners
(mindestens 75% der Bemessungsgrundlage)

S 200,—	150,—	150,—	165,—	195,—
„ 250,—	187,50	187,50	206,25	243,75
„ 300,—	225,—	225,—	247,50	292,50
„ 350,—	262,50	262,50	288,75	341,25
„ 400,—	300,—	300,—	330,—	390,—

Für jedes Kind gebührt ein Kinderzuschuß von 6% der Bemessungsgrundlage, mindestens S 7,50, höchstens S 15,— im Monat. Invaliditäts- (Alters-) Rente, Hilflosenzuschuß und Kinderzuschüsse zusammen dürfen die Bemessungsgrundlage nicht übersteigen.

Mindestrenten: Da bei geringen Dienstbezügen und kurzer Versicherungsdauer die Invaliditäts- (Alters-) Renten ebenfalls sehr niedrig sein würden, hat das Gesetz für solche Fälle gewisse Mindestbeträge festgesetzt. Es gebühren daher bei einer Bemessungsgrundlage bis zu S 120,— 50% der Bemessungsgrundlage, mindestens aber S 50,—, von mehr als S 120,— bis S 175,— 40% der Bemessungsgrundlage, mindestens aber S 60,—, und von mehr als S 175,— mindestens S 70,— im Monat.

Die neuen Leistungen der Unfallversicherung

Die Unfallversicherung bietet: Verletztenrenten, Heilverfahren und Hinterbliebenenrenten: Witwen-, Waisenrenten und Renten für sonstige Hinterbliebene.

Dienstzeitanrechnung

Unter den gesetzlichen Bestimmungen, welche diesen Punkt betreffen, sind folgende von Wichtigkeit:

Vor dem 1. Jänner 1909 liegende Dienstzeiten werden, soweit sie bereits nach dem Pensionsversicherungsgesetz ab 1909 versicherungspflichtig waren, im Ausmaß eines Drittels angerechnet. Fallen diese Dienstzeiten aber in die Zeit nach dem 31. Dezember 1908 (also in die Zeit ab 1. Jänner 1909) und unterblieb damals die Anmeldung, so werden sie nicht eingerechnet, weil sie versicherungspflichtig waren und deshalb hätten angemeldet werden müssen. Das Gesetz will eben die Anrechenbarkeit nur in solchen Fällen gewähren, wo die betreffenden Dienstzeiten noch keiner Zwangsversicherung unterworfen waren.

Seinerzeit eingekaufte, tatsächlich zurückgelegte Dienstzeiten werden bis zu fünf Jahren voll, darüber hinaus (aber nur inländische Dienstzeiten) zur Hälfte eingerechnet. Zeiten, für welche Prämienrückerstattung geleistet wurde, werden entsprechend gekürzt. Dienstzeiten, die bisher nicht versicherungspflichtig waren, es aber nach dem neuen Gesetz ab 1. Juli 1927 sind (betrifft Angestellte in öffentlichen und ähnlichen Diensten mit bisher normalmäßigen Pensionsansprüchen), werden bis 1. Jänner 1904 zurück voll, weiter zurück im halben Ausmaß angerechnet.

Schließlich werden österreichischen und deutschen Staatsbürgern die Kriegsdienstzeiten im vollen Ausmaße bis zu fünf Jahren angerechnet, wenn die Versicherung mindestens 60 Beitragsmonate umfaßt, mindestens einer von diesen Beitragsmonaten innerhalb der letzten drei Jahre (36 Kalendermonate) vor der Kriegsdienstleistung erworben wurde und zwischen der Kriegsdienstleistung und einer sonstigen anrechenbaren nachfolgenden Dienstzeit nicht mehr als drei Jahre (36 Kalendermonate) liegen.

Renteneinheit: Darunter ist 1% der Bemessungsgrundlage zu verstehen.

Versicherte: Das Gesetz unterscheidet zwischen unmittelbar und mittelbar Versicherten. Die unmittelbar Versicherten sind die Angestellten, die mittelbar Versicherten ihre Angehörigen.

Das Erlöschen der Pensionsversicherungspflicht ist nicht identisch mit dem Verfall der Beitragszeiten. Die Versicherung erlischt mit dem Austritt aus der versicherungspflichtigen Dienststellung. Der Verfall der Beitragszeiten tritt ein, wenn die Versicherung durch mehr als sechs Jahre unterbrochen war. (Für Beitragszeiten vor dem 1. Jänner 1927 wurde in den Übergangsbestimmungen des neuen Gesetzes diese Frist um zwei Jahre verlängert.)

Der Beitrag für die Krankenversicherung beträgt $4\frac{1}{2}$% der Beitragsgrundlage.

Der Beitrag für die Stellenlosenversicherung beträgt $3\frac{2}{10}$% der Beitragsgrundlage.

Der Beitrag für die Pensions- und Unfallversicherung beträgt, wie bereits erwähnt, 6% der Beitragsgrundlage.

Die Beitragsgrundlage wird ermittelt, indem man den Jahresgehalt (Monatsgehalt mal 12) ermittelt, hiezu sämtliche Zulagen, Anschaffungsbeiträge, Remunerationen, Neujahrsremuneration usw. addiert und den Gesamtbetrag durch 12 dividiert.

Die Anmeldefrist für die Einrechnung der Hälfte bezw. des Drittels der Vordienstzeiten beträgt zwei Jahre ab 1. Jänner 1927.

Nachtrag zum Angestelltenversicherungsgesetz

Nach den Durchführungsverordnungen zum Angestelltenversicherungsgesetz vom 25. Juni 1927 ist folgendes zu beachten:

Anmeldung

1. Eine Verpflichtung zur Anmeldung besteht nicht für die der Angestelltenversicherungspflicht unterliegenden Personen, die schon bisher pensionsversichert waren und bei einer der nachstehenden Krankenkassen krankenversichert sind:

a) in Wien: bei der Krankenkasse „Einigkeit" oder bei der Krankenunterstützungskasse „Collegialität" oder bei der Krankenkasse der Handlungsgehilfen oder bei der Lehrlingskrankenkasse des Gremiums der Wiener Kaufmannschaft;

b) in Oberösterreich beim Handlungskrankenverein in Linz;

c) in Salzburg bei der Handlungsgremialkrankenkasse in Salzburg;

d) in Steiermark beim kaufmännischen Versorgungsverein oder beim Ersten steirischen Privatbeamtenverein in Graz;

e) in Kärnten bei der Krankenkasse des Handelsgremiums in Klagenfurt;

f) in Tirol bei der Krankenkasse des Handelsgremiums in Innsbruck.

Für die bei einer der vorstehenden Krankenkassen und bei der Pensionsanstalt bisher versichert gewesenen Personen ist, wie eingangs erwähnt, eine Verpflichtung zu einer neuerlichen Anmeldung derzeit nicht gegeben; soweit eine Überführung solcher Versicherter von einer Versicherungskasse zur anderen (z. B. in Wien von der Gremialkasse zur Industriekasse od. dgl.) erfolgt, werden die Daten über die Versicherten von den Versicherungsträgern selbst ausgetauscht.

Soviel uns bekannt ist, ersuchen allerdings die Versicherungskassen die Dienstgeber, auch für die jetzt bei ihnen versicherten Angestellten eine Anmeldung (wenigstens in den wichtigsten Rubriken) auszufüllen und einzusenden. Näheres hierüber enthalten die von den Versicherungskassen herausgegebenen Merkblätter für die Dienstgeber; wenn es auch empfehlenswert ist, diesem Wunsche der Krankenkassen womöglich nachzukommen, besteht doch eine Verpflichtung hiezu nicht.

2. a) Anzumelden sind — bis spätestens 3. Juli d. J. — bei der zuständigen Versicherungskasse jene der Angestelltenversicherungspflicht unterliegenden Personen, die bisher zwar bei der Pensionsanstalt gemeldet waren, aber bei einer anderen als den vorstehenden Krankenkassen, z. B. bei einer Bezirkskrankenkasse, Betriebskrankenkasse, Genossenschafts- oder Allgemeinen Arbeiterkrankenkasse od. dgl. versichert sind.

b) Angemeldet müssen ferner — und zwar bis spätestens 3. Juli 1927 — bei der zuständigen Versicherungskasse jene Personen werden, welche neu in die Angestelltenversicherungspflicht fallen, die also bisher noch nicht bei der Pensionsanstalt angemeldet waren. Dies gilt insbesondere für alle jene Gruppen, die eine Aufsichts- oder Überwachungstätigkeit überhaben (Werkmeister, Werkführer).

Als zuständig gilt in jedem Bundesland die dort errichtete Angestellten-Versicherungskasse. Diese wird in den Bundesländern Kärnten, Oberösterreich, Salzburg, Steiermark, Tirol und Vorarlberg mit dem Sitze in der Landeshauptstadt errichtet, für die Bundesländer Burgenland und Niederösterreich mit dem Sitze in Wien. Die Versicherungskasse für Niederösterreich hat vorläufig ihren Sitz im Gebäude der Pensionsanstalt, Wien V, Blechturmgasse 7.

In Wien ist zuständig die Versicherungskasse für Industrieangestellte „Einigkeit", Wien I, Wildpretmarkt 2, oder die Wahlkasse

(Versicherungskasse für Angestellte „Collegialität", Wien VII, Andreasgasse 3); letztere dann, wenn der Unternehmer mit ihr einen Vertrag geschlossen hat, in dem er sich verpflichtet, alle Angestellten des Betriebes bei ihr versichert zu halten. Dieser Vertrag ist gemäß § 60 AngVG. nur gültig, wenn die im Betriebe beschäftigten Angestellten vom beabsichtigten Vertragsabschluß ordnungsmäßig verständigt und aufgefordert wurden, ihre Stellungnahme innerhalb sechs Wochen dem Dienstgeber bekanntzugeben und nicht mehr als die Hälfte der Angestellten den Kassenwechsel ablehnt, oder wenn innerhalb der angegebenen Frist eine Stellungnahme nicht erfolgt.

Ein Wechsel zwischen Industriekasse und Wahlkasse wird auch künftig möglich sein, und zwar nach vorangegangener dreimonatiger Kündigung mit Schluß des Kalenderhalbjahres.

Für die Anmeldung sind offizielle Drucksorten aufgelegt, die bei der zuständigen Versicherungskasse erhältlich sind.

3. Abzumelden bei den vorgenannten Angestelltenkrankenkassen sind jene Personen, die bisher dort zugleich mit den übrigen Angestellten des Betriebes versichert waren, aber der Versicherungspflicht nach dem Angestelltenversicherungsgesetz nicht unterliegen, z. B. Diener, Lagerhilfsarbeiter, Chauffeure u. dgl. Die Abmeldung hat mit dem bisher bei der betreffenden Krankenkasse üblichen Abmeldungsformular oder brieflich zu geschehen. Diese Personen sind gleichzeitig, d. h. auch bis spätestens 3. Juli 1927 bei der für die Arbeiterversicherung zuständigen Krankenkasse (Gebietskrankenkasse, Betriebskrankenkasse od. dgl.) anzumelden.

4. Die Verpflichtung zur Anmeldung obliegt dem Dienstgeber; die Unterlassung der Anmeldung oder die verspätete Einsendung wird mit Geld bis zu S 100, bzw. mit Arrest bis zu zwei Wochen bestraft.

Erstattet der Dienstgeber die Anmeldung nicht innerhalb der angegebenen Frist, so steht es dem Dienstnehmer frei, die Anmeldung selbst durchzuführen.

Abgesehen von der Straffälligkeit ist aber eine Unterlassung der Anmeldung oder deren verspätete Einsendung insbesondere deshalb gefährlich, weil damit bei Eintritt des Versicherungsfalles Regreßfolgen sowie eine zivilrechtliche Schadenersatzpflicht verbunden sein können.

Die in die Beschäftigung nach dem 1. Juli 1927 neu eintretenden versicherungspflichtigen Personen sind jeweils binnen drei Tagen nach dem Eintritt in die Beschäftigung bei der zuständigen Versicherungskasse anzumelden, ebenso hat bei einem Austritt jeweils binnen drei Tagen die Abmeldung bei der zuständigen Versicherungskasse zu erfolgen.

Gehaltslisten und Beitragszahlung

Die Dienstgeber haben für alle nach dem Angestelltenversicherungsgesetz versicherungspflichtigen Personen Gehaltslisten zu führen. Für diese Gehaltslisten sind offizielle Drucksorten aufgelegt (Gehaltsliste für die Angestelltenversicherung), die den Dienstgebern von den zuständigen Versicherungskassen mit den erforderlichen Erläuterungen rechtzeitig zugesendet werden. Nötigenfalls hat deren Anforderung bei den Versicherungskassen zu erfolgen.

Diese Gehaltslisten sind ähnlich wie die im ersten Halbjahr 1927 für die Pensionsversicherung geltenden Gehaltslisten abgefaßt und zu verwenden.

Die neuen Gehaltslisten sind erstmalig für den Monat Juli bis spätestens 10. August 1927 an die zuständige Versicherungskasse einzusenden. Gleichzeitig sind die Beiträge für den Monat Juli bis längstens

10. August 1927 einzuzahlen. Die Beiträge sind für alle vier Versicherungszweige (Krankenversicherung, Unfallversicherung, Pensionsversicherung und Stellenlosenversicherung) einheitlich an eine Stelle, nämlich die zuständige Versicherungskasse zu bezahlen.

Die Beiträge sind gesetzlich einheitlich geregelt und werden von allen Versicherungskassen in dieser Höhe eingehoben. Eine Verschiedenheit in den Beiträgen entsteht nur dadurch, daß der Zusatzbeitrag für die Notstandsaushilfen nach dem Arbeitslosenversicherungsgesetz und der Arbeitsvermittlungsbeitrag bekanntlich für die verschiedenen Sprengel der Industriellen Bezirkskommissionen verschieden hoch festgesetzt sind.

Für ganz Österreich beträgt künftig der Beitrag für die

Krankenversicherung	4,5%
Pensions- und Unfallversicherung	6 %
Stellenlosenversicherung	3,2%

der Beitragsgrundlage.

Der Zusatzbetrag für die Notstandsaushilfen beträgt für Wien	1,8%,
so daß der Gesamtbeitrag für Wien	15,5%

ausmacht.

Zu dem vorerwähnten Angestelltenversicherungsbeitrag kommt noch der Beitrag für den Bundes-Wohn- und Siedlungsfonds (vom Dienstgeber zu tragen), für die Angestelltenkammer (vom Dienstnehmer zu tragen) und für die Arbeitsvermittlung (vom Dienstgeber und Dienstnehmer je zur Hälfte zu tragen). Letztere drei Beiträge in Wien gegenwärtig 44 Groschen pro Angestellten.

Abzuführen ist jedoch der gesamte Betrag vom Dienstgeber, dem das Recht zusteht, die auf den Angestellten entfallende Quote bei sonstigem Erlöschen innerhalb Monatsfrist nach der ersten auf die Fälligkeit des Beitrages (d. i. immer der Letzte jedes Monats) folgenden Gehaltszahlung abzuziehen. Der Beitrag für die Kranken-, Pensions-, Unfall- und Stellenlosenversicherung sowie der Zusatzbeitrag für die Notstandsaushilfen ist geteilt zur Hälfte vom Dienstgeber und vom Dienstnehmer zu tragen.

22. Haftpflichtversicherung

Es steht außer Zweifel, daß jeder Dachdeckermeister bzw. Inhaber eines solchen Betriebes sich von gewissen Ereignissen, die ihm Schaden bringen können, nur durch den Abschluß von zweckentsprechenden Versicherungen schützen kann. Einerseits verpflichten die bereits bestehenden Sozialversicherungsgesetze, wie Arbeiter-Unfall-, Arbeiter-Krankenkasse und Angestelltenversicherung den Unternehmer zu bestimmten Leistungen, die jedoch nur einen Schutz für den Arbeiter oder Angestellten bedeuten, während sich anderseits der Unternehmer gegen andere aus oder in seinem Betriebe entstehenden Unfälle und daraus folgenden Schadenersatzansprüchen Dritter selbst sicherstellen muß. Es ist daher für die Ausübung des Dachdeckerbetriebes der Abschluß einer Haftpflichtversicherung von ganz besonderer Wichtigkeit.

Die Stellung von Ansprüchen sind durch das Allgemeine Bürgerliche Gesetz begründet, welches im 30. Hauptstück von dem Rechte des Schadenersatzes und der Genugtuung ausführlich spricht. Die wichtigsten Bestimmungen werden im folgenden wörtlich angeführt:

Schade

§ 1293. Schade heißt jeder Nachteil, welcher jemandem an Vermögen, Rechten oder seiner Person zugefügt worden ist.

Quellen der Beschädigung

§ 1294. Der Schade entspringt entweder aus einer widerrechtlichen Handlung oder Unterlassung eines anderen oder aus einem Zufall. Die widerrechtliche Beschädigung wird entweder willkürlich oder unwillkürlich zugefügt. Die willkürliche Beschädigung aber gründet sich teils in einer bösen Absicht, wenn der Schade mit Wissen und Willen, teils in einem Versehen, wenn er aus schuldbarer Unwissenheit oder aus Mangel an der gehörigen Aufmerksamkeit oder des gehörigen Fleißes verursacht worden ist. Beides wird ein Verschulden genannt.

Von der Verbindlichkeit zum Schadenersatze

Von dem Schaden aus Verschulden

§ 1295. Jedermann ist berechtigt, von dem Beschädiger den Ersatz des Schadens, welchen ihm dieser aus Verschulden zugefügt hat, zu fordern; der Schaden mag durch Übertretung einer Vertragspflicht oder ohne Beziehung auf einen Vertrag verursacht worden sein.

§ 1297. Es wird aber auch vermutet, daß jeder, welcher den Verstandesgebrauch besitzt, eines solchen Grades des Fleißes und der Aufmerksamkeit fähig sei, welcher bei gewöhnlichen Fähigkeiten angewendet werden kann. Wer bei Handlungen, woraus eine Verkürzung der Rechte eines anderen entsteht, diesen Grad des Fleißes oder der Aufmerksamkeit unterläßt, macht sich eines Versehens schuldig.

Durch Zufall

§ 1311. Der bloße Zufall trifft denjenigen, in dessen Vermögen oder Person er sich ereignet. Hat aber jemand den Zufall durch ein Verschulden veranlaßt, hat er ein Gesetz, das den zufälligen Beschädigungen vorzubeugen sucht, übertreten; oder sich ohne Not in fremde Geschäfte gemengt, so haftet er für allen Nachteil, welcher außerdem nicht erfolgt wäre.

Durch fremde Handlungen (Dienstpersonen)

§ 1314. Wenn jemand eine Dienstperson ohne Zeugnis aufnimmt oder eine durch ihre Leibes- oder Gemütsbeschaffenheit gefährliche Person im Dienste wissentlich behält oder einem bekannten Verbrecher Aufenthalt gibt; so haftet er dem Hausherrn und den Hausgenossen für den Ersatz des durch die gefährliche Beschaffenheit dieser Personen verursachten Schadens.

§ 1315. Ebenso haftet derjenige, welcher wissentlich eine solche gefährliche oder wer zu einem Geschäfte eine untüchtige Person bestellt hat, für den Schaden, welchen ein Dritter hiedurch erlitten hat.

§ 1318. Wird jemand durch das Herabfallen einer gefährlich aufgehängten oder gestellten Sache; oder, durch Herauswerfen oder Herausgießen aus einer Wohnung beschädigt, so haftet derjenige, aus dessen Wohnung geworfen oder gegossen wurde, oder die Sache herabgefallen ist, für den Schaden.

Durch ein Tier

§ 1320. Wird jemand durch ein Tier beschädigt, so ist derjenige, der es dazu angetrieben, gereizt oder zu verwahren vernachlässigt hat, dafür verantwortlich. Kann niemand eines Verschuldens dieser Art überweisen werden, so wird die Beschädigung für einen Zufall gehalten.

Bei Verletzungen an dem Körper

§ 1325. Wer jemanden an seinem Körper verletzt, bestreitet die Heilungskosten des Verletzten, ersetzt ihm den entgangenen oder wenn der Beschädigte zum Erwerb unfähig wird, auch den künftig entgehenden Verdienst und bezahlt ihm auf Verlangen überdies ein den erhobenen Umständen angemessenes Schmerzensgeld.

§ 1327. Erfolgt aus einer körperlichen Verletzung der Tod, so müssen nicht nur alle Kosten, sondern auch der hinterlassenen Frau und den Kindern des Getöteten das, was ihnen dadurch entgangen ist, ersetzt werden.

An dem Vermögen

§ 1331. Wird jemand an seinem Vermögen vorsätzlich oder durch auffallende Sorglosigkeit eines anderen beschädigt, so ist er auch den entgangenen Gewinn und wenn der Schade vermittelst einer durch das Strafgesetz verbotenen Handlung oder aus Mutwillen und Schadenfreude verursacht worden ist, den Wert der besonderen Vorliebe zu fordern berechtigt.

§ 1332. Der Schade, welcher aus einem minderen Grade des Versehens oder der Nachlässigkeit verursacht worden ist, wird nach dem gemeinen Werte, den die Sache zur Zeit der Beschädigung hatte, ersetzt.

Die obgenannten Bestimmungen über den Schadenersatz haben die Versicherungsgesellschaft veranlaßt, allen jenen Personen, Unternehmern oder Firmen in Form der Haftpflichtversicherung Schutz zu gewähren für den Fall, daß an sie durch den Eintritt eines derartigen Ereignisses Forderungen von Schadenersatz gestellt werden.

Der Versicherungsschutz bezieht sich nicht nur auf die Bezahlung einer vom Gerichte oder im Vergleichswege zu zahlenden Summe, sondern auch auf die Bezahlung der Prozeßkosten, die nicht selten bedeutend sind.

Es ist wohl überflüssig, den Fachkollegen alle jene Gefahren, die der Betrieb mit sich bringt, aufzuzählen, aber es kann nicht oft genug betont werden, es nicht zu verabsäumen, gleich bei Anmeldung des Gewerbes auch eine Haftpflichtversicherung abzuschließen, da nur diese allein vor Geldausgaben schützt und eine gewisse Sicherheit in der Ausübung des Gewerbes bietet. Wird ein Meister von einem Unglücksfall betroffen, oder werden an ihn diesbezügliche gerichtliche oder außergerichtliche Forderungen gestellt, so hat der Unternehmer, wenn er haftpflichtversichert ist, sogleich die Versicherungsanstalt zu verständigen.

Die zweite wichtige Frage betrifft die Höhe der Haftpflichtversicherung. In allen anderen Versicherungszweigen ist der Wert der zu versichernden Gegenstände zu ermitteln. Will zum Beispiel ein Meister seinen Lagerplatz gegen Feuerschäden versichern, so weiß er ganz genau den Wert seiner Materialien, der Werkzeuge und der sonstigen Utensilien und kann daher eine bestimmte Summe festsetzen, die er zur Versicherung beantragt und welche ihm im Schadensfalle auch ersetzt wird. Nicht so bei der Haftpflichtversicherung! Der in einem Schadensfalle erlittene Grad der Verletzung läßt sich im vorhinein nicht bestimmen; während die eine Verletzung eine kurze Berufstörung verursachen kann, bei der weder Ärzte noch Heilungskosten in Betracht kommen, können ein anderes Mal Verletzungen vorkommen, die eine lange Krankheit verursachen und für die nicht nur allein der Ersatz der Heilungskosten, sondern noch Schmerzensgeld, Verdienstentgang, Prozeßkosten, Advokatenspesen usw. zu zahlen sind, ja bei Verletzungen, die eine teilweise oder gänzliche Invalidität hervorrufen, noch höhere Kosten verursachen. Dabei ist noch der Beruf des Beschädigten zu berücksichtigen. Es ist nicht gleichgültig, ob sich ein und derselbe Schadensfall bei einem Arbeiter, Angestellten, Kaufmann, Arzt, Advokaten oder Künstler ereignet. Würde zum Beispiel anläßlich einer Reparatur durch das Herabfallen eines Ziegels der rechte Arm eines Kaufmanns oder eines Chirurgen verletzt und amputiert werden müssen, so ist es klar, daß der Chirurge andere Forderungen stellen würde als der Kaufmann. Nicht zu vergessen ist, daß durch dasselbe Schadenereignis auch mehrere Personen betroffen werden können, daß aber auch durch einen Schadenfall an Gegenständen Beschädigungen hervorgerufen werden können. Es soll als Beispiel folgender Fall dienen: Einem Gehilfen entgleitete anläßlich einer Dachreparatur ein Werkzeug, durchschlägt das Glasdach eines Photographen, fällt auf einen Apparat, der umfällt und in Trümmer geht. Natürlich wird der Photograph seinen Schaden vom Dachdeckermeister verlangen und dieser kann sich eben, wenn er versichert ist, an der Versicherungsgesellschaft regressieren.

Bisher waren zumeist auf Summen von

S 10000,— für die Verletzung oder Tötung einer Person,
„ 40000,— „ „ „ „ „ mehrerer Personen
und „ 2000,— „ Sachbeschädigung

als Grundlage für die Versicherung üblich, jedoch hat die Praxis gezeigt, daß diese Beträge nicht ausreichen, weshalb im allgemeinen von jetzt ab die Beträge von

S 20000,— für die Verletzung oder Tötung einer Person,
„ 80000,— „ „ „ „ „ mehrerer Personen
und „ 4000,— „ Sachbeschädigungen

abgeschlossen werden.

Die Prämienberechnung erfolgt zumeist auf Grundlage der Beiträge der Unternehmer zur gesetzlichen Unfallversicherungsanstalt, perzentuell aufgeteilt, ist aber im Verhältnisse zum Risiko fast nicht in Betracht zu ziehen.

Für jene Meister, welche im Betriebe selbst mitarbeiten oder auf ihrem Betriebe die Aufsicht führen, das heißt, welche selbst ihre Arbeiten aufnehmen und daher auf das Dach zu steigen gezwungen sind, ist der Abschluß einer Unfallversicherung für die eigene Person unbedingt notwendig, denn während der Gehilfe im Betriebe für alle Gefahren versichert sein muß, ist für den Unternehmer in keiner Weise vorgesorgt und er muß sich daher im eigenen Interesse selbst schützen.

Jeder bedenke die Gefährlichkeit seines Berufes und das Risiko, dem er sich durch Unterlassung des Abschlusses einer Haftpflichtversicherung aussetzt!

Da der Abschluß einer Feuer-, Einbruchs-, Diebstahlsversicherung heute in unserem Gewerbe allgemein üblich ist, will ich mich darüber nicht verbreitern. Ich begnüge mich darauf hinzuweisen, daß die Unterlassung einer solchen Versicherung ein schwerer Fehler wäre.

In allen Versicherungsangelegenheiten wird jedem Mitglied oder dessen Angestellten vom Verfasser oder in der Genossenschaftskanzlei jederzeit Aufschluß erteilt und das Verhalten bei eingetretenen Schäden erläutert.

Posttarif für Österreich, gültig ab 1. Dezember 1926

Briefe (bis Gramm; S g)

Bestimmungsland	20	250	500	1000	2000	
Österreich, Deutschland, Danzig	— 15	— 30	— 50	1 —	2 —	
Ungarn	20 g	40 g	60 g	80 g	100 g	weitere 20 Gramm
	— 30	— 48	— 66	— 84	1 02	— 18
Italien, Polen, Rumänien, Tschechoslowakei	— 30	— 54	— 78	1 02	1 26	— 24
Übriges Ausland	— 40	— 64	— 88	1 12	1 36	— 24

Wertbriefe (bis Gramm; S g)

Bestimmungsland	20	250	500	1000	2000	
Österreich, Deutschland, Danzig	— 45	— 60	— 80	1 30	2 30	
Ungarn	20 g	40 g	60 g	80 g	100 g	weitere 20 Gramm
	— 90	1 08	1 26	1 44	1 62	— 18
Italien, Polen, Rumänien, Tschechoslowakei	— 90	1 14	1 38	1 62	1 86	— 24
Übriges Ausland	1 —	1 24	1 48	1 72	1 96	— 24

Gebühren

Bestimmungsland	Einschreibgebühr	Eilbestellgebühr	Rückschein bei Postanweisungen	Postkarten	Rohrpostzuschlag
Österreich, Deutschland, Danzig	—,30	—,20	—,25	—,10	—,20 Nur für Wien, Hochgew. 20 g Dimension: 15½ × 11 cm
Ungarn	—,60	—,80	—,40	—,18	
Italien, Polen, Rumänien, Tschechoslowakei	—.60	—,80	—,40	—,18	
Übriges Ausland	—,60	—,80	—,40	—,24	

Postanweisungen

Inland Betrag	Inland Gebühr (S g)	Ausland Betrag	Ausland Gebühr (S g)
25	— 15	10	— 15
50	— 30	20	— 20
100	— 50	40	— 30
200	— 60	60	— 40
400	— 80	80	— 50
600	1 —	100	— 60
800	1 20	120	— 70
weitere je 200	— 20	weitere je 20	— 10

Personaleinkommensteuer-Abzugstabelle, gültig ab 1. April 1925

Tabelle I: Taglohn

Zur Auszahlung gelangender Betrag von Schilling	bis Schilling	Steuerabzug
4,22	10,23	1%
10,24	15,95	2%
15,96	21,67	3%
21,68	30,71	3,6%
30,72	und darüber	4%

Tabelle II: Wochenbezug

Zur Auszahlung gelangender Betrag von Schilling	bis Schilling	Steuerabzug
29,60	71,86	1%
71,87	112,01	2%
112,02	152,16	3%
152,17	215,56	3,6%
215,57	und darüber	4%

Tabelle III: Monatsbezug

Zur Auszahlung gelangender Betrag von Schilling	bis Schilling	Steuerabzug
128,26	311,40	1%
311,41	485,39	2%
485,40	659,38	3%
659,39	934,11	3,6%
934,12	und darüber	4%

Dritter Teil:

Der Dachdecker als Genossenschafter

A. Kollektivvertrag

vom 16. Juni 1924

§ 1. Arbeitszeit und Pausen

1. Regelmäßige Arbeitszeit. Die Bestimmungen des § 1, Absatz 2, des Gesetzes vom 17. Dezember 1919 über den achtstündigen Arbeitstag (Nr. 581, StGBl. 205. Stück), betreffend die kürzere Arbeitszeit von männlichen Arbeitnehmern bis zum vollendeten 18. Lebensjahre und weiblichen Arbeitnehmern finden keine Anwendung, da deren Geltung nach § 1, Absatz 1, der ersten Ausnahmenverordnung zum Achtstundentaggesetz vom 28. Juli 1920 (Nr. 349, StGBl. 101. Stück), durch diesen Vertrag ausgeschlossen wird.

Die regelmäßige Arbeitszeit beträgt daher für alle im Dachdeckergewerbe beschäftigten Arbeitnehmer 48 Stunden die Woche. Sie ist eingeteilt wie folgt:

Montag bis einschließlich Freitag von 7 Uhr früh bis 12 Uhr mittags und von 1 Uhr bis 5 Uhr nachmittags. Vormittags ist die Arbeitszeit durch eine Frühstückpause von 9 bis ½10 Uhr unterbrochen. Samstag sowie an den Vortagen vor Weihnachten und Neujahr von 7 Uhr früh bis 1 Uhr nachmittags, unterbrochen durch eine Frühstückpause von ½10 bis 10 Uhr vormittags.

Bei **Arbeiten mit Material- oder Zeugbeförderung mit Handwagen oder Fuhrwerk,** gleichgültig ob die Arbeitnehmer früh oder nachmittags vom bzw. zum Werkplatze zu fahren und daselbst auf- oder abzuladen haben, beginnt die tägliche Arbeitszeit für alle Arbeitnehmer um 7 Uhr früh am Werkplatz und endigt um 5 Uhr bzw. 1 Uhr nachmittags am Werkplatze, und zwar haben die Arbeitnehmer für jeden Kilometer Luftlinie Entfernung der Arbeitsstelle vom Werkplatz die Arbeiten an der Arbeitsstelle um je 20 Minuten später zu beginnen bzw. früher zu beenden. An den Beförderungs- und Ladearbeiten haben sich sämtliche Arbeitsteilnehmer einschließlich der Gesellen bzw. Gehilfen zu beteiligen.

Bei **Arbeiten ohne Material- und Zeugbeförderung** mit Handwagen oder Fuhrwerk bzw. wenn die Arbeitnehmer am Werkplatze nicht auf- oder abzuladen haben und sich die Arbeitnehmer nach Anordnung des Arbeitgebers von ihren Wohnungen unmittelbar zur Arbeitsstelle bzw. von derselben in ihre Wohnung begeben, beginnt bzw. endigt die Arbeit an der Arbeitsstelle bei einer Luftlinie — Kilometer — Entfernung vom Werkplatze, und zwar:

	bis 3 km	um	7 Uhr	bis	17 Uhr	bzw.	13 Uhr
über 3 km	„ 5 „	„	¼8 „	„	¾17 „	„	¾13 „
„ 5 „	„ 7 „	„	½8 „	„	½17 „	„	½13 „
	über 7 „	„	¾8 „	„	¼17 „	„	¼13 „

Der Arbeitgeber kann jedoch auch anordnen, daß bei vorerwähnten Arbeiten die Arbeit an der Arbeitsstelle um 7 Uhr früh zu beginnen und um

5 Uhr bzw. 1 Uhr nachmittags an der Arbeitsstelle zu beenden ist; in diesem Falle hat er den Arbeitnehmern den Zeitunterschied zu bezahlen. Die Arbeitnehmer sind verpflichtet, diese Anordnungen zu befolgen.

Bei **Arbeiten,** für welche die **Landzulage** zu entrichten ist, beginnt die Arbeitszeit für sämtliche Arbeitnehmer um 7 Uhr früh an der Arbeitsstelle und endigt um 17 Uhr bzw. 13 Uhr daselbst.

Wenn wegen **ungünstiger Witterung** die regelmäßige Arbeitszeit, d. i. von 7 Uhr früh bis 17 Uhr bzw. 13 Uhr nachmittags, nicht eingehalten werden kann, werden Beginn und Beendigung derselben von seiten des Arbeitgebers oder dessen Beauftragten fallweise bestimmt; im Winter kann die regelmäßige Arbeitszeit verkürzt werden.

Werden **Arbeiten in einem Industrieunternehmen** ausgeführt, so kann durch Sondervereinbarung festgelegt werden, daß die Einteilung der Arbeitszeit derjenigen des betreffenden Unternehmens angepaßt wird, jedoch muß sie unbeschadet der im Lohn- und Arbeitsvertrag selbst vorgesehenen Ausnahmen 48 Stunden in der Woche betragen.

2. Überstunden sind tunlichst zu vermeiden und dürfen nur in dringenden Fällen nach Einschiebung einer halbstündigen Pause nach der regelmäßigen Arbeitszeit geleistet werden. Die Überstundenarbeit soll für eine Person und Tag zwei Stunden nicht übersteigen. Jede begonnene halbe Überstunde wird als halbe Überstunde entlohnt.

Für das Abliefern der vom Unternehmer beigestellten Handwerkzeuge und Arbeitsbelege steht eine besondere Entlohnung als „Überstunde" nicht zu.

Sonntag sowie an den hohen Feiertagen, das sind Neujahr, Ostermontag, Pfingstmontag, beide Weihnachtsfeiertage (Christfest und Stephanstag) und den Staatsfeiertagen (1. Mai und 12. November) werden nur die gesetzlich zulässigen sowie unaufschiebbaren Arbeiten vorübergehender Natur ausgeführt, welche aus öffentlichen, insbesondere sicherheitspolizeilichen Rücksichten vorgenommen werden müssen. Alle übrigen Feiertage gelten als Werktage.

Sollte sich die Notwendigkeit ergeben, daß an Sonntagen und hohen Feiertagen, am Vortage vor Weihnachten und vor Neujahr sowie an Samstagen wie an den ersten fünf Tagen der Kalenderwoche gearbeitet werden muß, so sind die Pausen dieser Arbeitstage einzuhalten.

3. Nachtzeit ist die Zeit von 8 Uhr abends bis 5 Uhr früh.

§ 2. Löhne

Gezahlt wird außer den in diesem Vertrage besonders angeführten Fällen und auch an die im Staatsgesetze Nr. 283 vom 15. Mai 1919 vorgesehenen Betriebsräte und Vertrauensmänner nur die tatsächlich geleistete Arbeitszeit.

Bei Betriebs- oder teilweiser Arbeitseinstellung infolge ungünstiger Witterungsverhältnisse, Arbeitsmangel usw. haben die Arbeitnehmer gegenüber dem Arbeitgeber keinerlei Anspruch für nicht ausgenützte Arbeitszeit.

1. Stundenlöhne ab 17. Juni 1927

Gesellen bzw. Gehilfen:

a) in den ersten zwei Gehilfenjahren . . . . S 1,57
b) welche bereits das zweite Gehilfenjahr zurückgelegt oder die Gesellenprüfung mit Erfolg abgelegt haben . . . . „ 1,61
c) alle übrigen Gesellen und Gehilfen . . . . „ 1,63

Männliche Hilfsarbeiter:

a) unter 16 Jahren . . . . „ 0,56
b) über 16 Jahre bis zum vollendeten 18. Jahre . . . . „ 0,72
c) über 18 Jahre bis zum vollendeten 22. Jahre . . . . „ 0,82

d) über 22 Jahre . . . . S 1,01

Bei qualifizierten Arbeiten am Dache verwendbare männliche Hilfsarbeiter erhalten um 5% höhere Stundenlöhne, und zwar: b) S 0,04, c) S 0,04, d) S 0,05

e) welche zu selbständigen Gehilfenarbeiten verwendet werden, erhalten für diese Verwendungsarbeit den Gehilfenlohn a) . . . . „ 1,57

Weibliche Hilfsarbeiter . . . . „ 0,78

Laut Bundesgesetz vom 11. Juli 1922 über die Einführung einer Entschädigung für Lehrlinge (Gewerbenovelle 1922) wurde mit dem Gehilfenausschuß vereinbart: Der Lohn eines Lehrlings muß

im 1. Lehrjahre	. . . .	5 Prozent
„ 2. „	. . . .	15 „
„ 3. „	. . . .	25 „

mehr betragen als der Kollektivvertragslohn eines männlichen Hilfsarbeiters gleicher Altersklasse samt Steigerzulage.

Selbständige Gehilfenarbeiten sind nur Eindeckungs- und Übersteigungsarbeiten, die der betreffende Arbeitnehmer als Partieführer im Vereine mit anderen Hilfsarbeitern ohne Leitung bzw. Anwesenheit von Gesellen bzw. Gehilfen ausführt.

Zuhängen und Zustecken von Windschäden, Rinnenreinigung sowie Aufdecken und Zuhängen (-stecken) für Spengler, Gerüste usw., Verstreich-, Schutträumungs- und Transportarbeiten zählen nicht zu selbständigen Gehilfenarbeiten.

Die Stundenlöhne erhöhen oder vermindern sich um den von der Abbaukommission nach der Indexliste des Abbaugesetzes vom 15. jeden Monates verlautbarten Prozentsatz der Verteuerung oder Verbilligung der Lebenshaltung, und zwar selbsttätig ohne Verhandlungen. Steigerungen und Senkungen der Indexziffer bis einschließlich 3% bleiben bei der monatlichen Lohnverrechnung mit Wirkung vom 20. Juni 1924 außer Betracht. Längstens zwei Monate nach der letzten Lohnänderung ist auf jeden Fall eine neue Berechnung der Löhne vorzunehmen. Die Durchrechnung hat so zu erfolgen, als ob eine Vernachlässigung des Indexes nicht erfolgt wäre. Die erste Durchrechnung erfolgt für den Lohnabschnitt ab 18. Juli 1924. Ab 19. September 1924 und 17. Oktober 1924 tritt — wie im Baugewerbe — je eine außerordentliche 2%ige Lohnerhöhung in Wirksamkeit. Im übrigen ist für die Entwicklung nur der Index maßgebend. Die neuen Löhne treten immer mit dem auf den 15. eines Monates folgenden Freitag in Kraft.

Für den Fall, als die Veränderungen in den Kosten der Lebenshaltung auf Grund des Abbaugesetzes nicht mehr errechnet werden, vereinbaren die vertragschließenden Teile schon jetzt, die Indexliste des Bundesamtes für Statistik anzunehmen, und sollte auch diese nicht verlautbart werden, rechtzeitig zu Verhandlungen wegen Festsetzung einer neuen Methode zur Errechnung der Teuerungszulage zusammenzutreten.

Den Dachdeckergesellen bzw. -gehilfen wird ein Lohn von 110% des Maurerstundenlohnes gleicher Klasse zugesichert.

2. Akkordlöhne sind nur schriftlich und im Sinne der Vollzugsanweisungen des Staatsamtes für soziale Verwaltung vom 11. Juli 1919 (Nr. 356 und 366, StGBl. 132. Stück) zu vereinbaren. Gleichzeitig ist auch die Aufteilung des Mehrverdienstes an alle Akkordteilnehmer einschließlich der Hilfsarbeiter zu regeln.

3. Landzulage. Bei Arbeiten außerhalb des Wiener Gemeindegebietes, sobald die Arbeitnehmer verhindert sind, in ihrem Heim übernachten zu können, erhalten dieselben nur für die regelmäßige Arbeitszeit, d. i. an Werktagen von 7 Uhr früh bis 5 Uhr bzw. 1 Uhr nachmittags, auf die Stundenlöhne § 2, Punkt 1 eine Aufzahlung von 30% als Landzulage. Für Überstunden wird die Landzulage nicht bezahlt.

Für Kurorte unterliegt die Zulage der freien Vereinbarung.

Die Landzulage wird auch für die regelmäßige Arbeitszeit, d. i. an Werktagen von 7 Uhr früh bis 5 Uhr bzw. 1 Uhr nachmittags bezahlt, wenn die

Arbeit infolge widriger Witterungsverhältnisse oder sonstiger ohne Verschulden der Arbeitnehmer entstandenen Ursachen unterbrochen werden muß und der Arbeitnehmer den Arbeitsort nicht verlassen hat.

Bei Landarbeiten in der Republik Österreich erhält der Arbeitnehmer für in die Ausführungszeit fallende Sonntage oder Feiertage, wenn nicht gearbeitet wird und derselbe den Arbeitsort nicht verläßt, eine Vergütung in der Höhe von vier Arbeitsstunden nach dem im § 2, Punkt 1 festgesetzten Stundenlohn zuzüglich 30% Aufzahlung. Dem Ermessen des Arbeitgebers steht es jedoch frei, wenn das Fahrgeld nach Wien und zurück geringer als diese Vergütung ist, dem Arbeitnehmer nur die Fahrtauslagen nach und von Wien zu bezahlen und findet in diesem Falle eine Entlohnung der Fahrzeit nicht statt.

Der Arbeitgeber ist verpflichtet, für reine und gesunde Schlafgelegenheit zu sorgen oder das Schlafgeld je nach den örtlichen Verhältnissen zu bezahlen.

4. **Überstunden, Sonntags- und hohe Feiertagsarbeit** wird mit 50%, **Nachtarbeit** mit 100% Aufzahlung nur auf den im § 2, Punkt 1 festgesetzten Stundenlohn entlohnt. Die gewöhnlichen Feiertage gelten als Werktage und werden als solche entlohnt.

5. **Reise- und Fahrtauslagen.** Als Reisezeit (Tag oder Nacht) gilt die Zeit vom Abgang des Zuges bis zum Eintreffen am Reiseziele und wird zu dem im § 2, Punkt 1 festgesetzten Stundenlohn ohne jedwede Aufzahlung vergütet; jede begonnene Stunde wird für voll gerechnet.

Die Arbeiterschaft ist verpflichtet, die erhaltenen Reise- oder Fahrvorschriften genauestens einzuhalten. In Ermanglung solcher ist die billigste Reisegelegenheit (Fahrtauslagen zuzüglich der in diesem Vertrage festgelegten Reisezeitvergütung) zu benützen und werden die berechtigten Kosten vergütet.

Die Rückreise (Fahrtauslagen, zuzüglich der in diesem Vertrage festgelegten Reisezeitvergütung) wird nur nach ordnungsmäßiger Vollendung der Arbeit oder bei einer durch den Arbeitgeber erfolgten Abberufung vergütet. Eine Ausnahme bilden nur glaubwürdig nachgewiesene Krankheits- oder Todesfälle in der Familie des Arbeitnehmers.

Bei Arbeiten im Ausland unterliegt die Reisezeitvergütung der freien Vereinbarung.

a) Bei **Landarbeiten,** welche bis 150 km vom Gemeindegebiete Wien entfernt sind, wird mit Ausnahme der nach § 2, Punkt 3, angeordneten allwöchentlichen Heimfahrten den Arbeitnehmern nach je drei Wochen eine Heimreise mit einem Aufenthalt bis zu zwei Tagen in Wien gewährt und werden die billigsten Fahrtauslagen sowie die Hälfte der tatsächlich verwendeten Reisezeit zu dem im § 2, Punkt 1, festgesetzten Stundenlohn ohne jede Aufzahlung vergütet. Eine Entlohnung dieser Aufenthaltszeit im Wohnsitze des Arbeitnehmers findet nicht statt. Bei Arbeiten, wo mehr als ein Gehilfe bzw. Geselle beschäftigt ist, dürfen solche Heimreisen nur abwechselnd gemacht werden.

b) Bei **Arbeiten im Gemeindegebiete Wien und Umgebung,** welche weiter als 4 km Luftlinie vom Werkplatze entfernt sind und bei welchem keine Material- oder Zeugebeförderung mit Handwagen oder Fuhre nötig ist, wird das tägliche Fahrgeld für die Hin- und Rückfahrt vergütet.

Wenn der Arbeitgeber bei Arbeiten von über 3 km Luftlinie Entfernung vom Werkplatz anordnet, daß die Arbeiten an der Arbeitsstelle zu anderen Zeitpunkten, z. B. um 7 Uhr früh zu beginnen und um 5 Uhr bzw. 1 Uhr nachmittags zu beenden sind, wird den Arbeitnehmern der Zeitunterschied bei Arbeiten von 3 bis 5 km mit $^1/_4$ Stunde, von 5 bis 7 km mit $\frac{1}{2}$ Stunde und über 7 km mit $^3/_4$ Stunden, und zwar Früh bzw. Nachmittag genau gerechnet zu dem im § 2, Punkt 1, festgesetzten Stundenlohn ohne Aufzahlung vergütet.

c) Bei **Arbeiten außerhalb des Gemeindegebietes Wien,** welche mehr als 4 km Luftlinie vom Werkplatze entfernt sind, werden den Arbeitnehmern die Fahrtauslagen und die vor 7 Uhr früh und nach 5 Uhr bzw. 1 Uhr nachmittags tatsächlich verwendete Fahrzeit zu dem im § 2, Punkt 1, festgesetzten Stundenlohn ohne jede Aufzahlung vergütet.

6. Abrechnung. Die bei auswärtigen Arbeiten oder im Akkord beschäftigten Arbeitnehmer erhalten während der Arbeit wöchentliche Abschlagszahlungen in der Höhe des gewöhnlichen Wiener Wochenverdienstes zuzüglich etwaigen Schlafgeldes und erfolgt die Lohnabrechnung nach ihrer Rückkunft bzw. ordnungsmäßigen Fertigstellung der Akkordarbeit, spätestens am zweiten darauffolgenden Lohntage.

Um eine geordnete Abrechnung und rasche Lohnauszahlung an Lohnzahltagen dem Unternehmer zu ermöglichen, kann derselbe die Lohnwoche unabhängig von der Kalenderwoche festsetzen.

An Lohnzahltagen erfolgt die Lohnauszahlung sofort nach Beendigung der Arbeitszeit und hat nach Tunlichkeit mittels Lohnsäckchen, auf welchen die Verrechnung ersichtlich gemacht ist, zu geschehen.

Fällt der Lohnzahltag auf einen Feiertag, so erfolgt die Auszahlung am vorhergehenden Wochentage.

Die Auszahlung hat für jene Arbeitnehmer, deren Arbeitsbelege zeitgerecht und richtig ausgefertigt abgegeben wurden, eine halbe Stunde nach Beendigung der Arbeitszeit vollendet zu sein und ist ein Überschreiten dieser Frist als Überstundenlohn zu bezahlen. Jedoch sind die Arbeitnehmer verpflichtet, behufs rechtzeitiger Abrechnung die Arbeitsbelege nach den Weisungen des Arbeitgebers rechtzeitig abzuführen.

§ 5. Handhabung des § 1154 b, Novelle zum ABGB.

1. Kranken- und Unfallsentgelt. Voraussetzung

Nach vierwöchiger ununterbrochener Dauer des Arbeitsverhältnisses hat der Arbeiter, sofern er durch Krankheit oder Unfall an der Dienstleistung verhindert wird, ohne dies vorsätzlich oder durch grobe Fahrlässigkeit verschuldet zu haben, Anspruch auf Entgelt vom ersten Tage der Erkrankung bzw. vom Tage des Unfalles an gerechnet auf die Höchstdauer der Betriebstage (-stunden) der ersten vier Krankheitswochen, jedoch nur einmal innerhalb sechs Wochen vom Tage der Erkrankung an gerechnet. Krankheitsfälle bis bloß zweitägiger Verhinderung fallen nicht unter den Anspruch auf Entgelt. Die Erkrankung ist durch eine Bescheinigung der Krankenkasse nachzuweisen. Wird nach Eintritt des Entgeltanspruches allenfalls die Entlassung des Arbeitnehmers ausgesprochen, so wird dieser Anspruch hiedurch nicht geschmälert.

Für die infolge ambulatorischer Behandlung notwendigerweise versäumten Arbeitsstunden erhält der Arbeiter das halbe Entgelt. Werden auf diese Weise innerhalb sechs Monaten mehr als 48 Arbeitsstunden versäumt, so wird für die diese Zahl übersteigenden Stunden keine Entschädigung geleistet.

Höhe der Krankenentschädigung

Als Kranken- und Unfallsentschädigung gebührt für die versäumten Arbeitsstunden in der ersten Woche das halbe Entgelt abzüglich des halben Krankengeldes, in der zweiten, dritten und vierten Woche ein Viertel des Entgeltes ohne Abzug des Krankengeldes. Das Entgelt gebührt bei ambulatorischer Behandlung nur dann, wenn diese nicht außerhalb der Arbeitszeit erfolgen konnte bzw. wenn hiefür nicht ein Krankenkassenarzt, der sie ohne oder mit geringerer Arbeitsversäumnis vornehmen konnte, zur Verfügung stand.

Unter Entgelt ist zu verstehen:

a) Bei Arbeitnehmern, die in Stundenlohn stehen, falls ein Tarifvertrag besteht, der Tarifstundenlohn einschließlich Tarifteuerungszulage, angerechnet auf die vertragsmäßige Arbeitszeit (im Winter verkürzte Arbeitszeit), wenn kein Vertrag besteht, der tatsächlich zuletzt bezahlte Stundenlohn, angerechnet auf die übliche Arbeitszeit;

b) bei Arbeitnehmern, die im Taglohn stehen, der Taglohn;

c) bei Arbeitnehmern, die im Wochenlohn stehen, der auf einen Arbeitstag entfallende Teil des festen Wochenlohnes.

Das Entgelt wird an dem dem Tage der Verhinderung folgenden ersten bzw. weiteren Zahltag ausbezahlt.

Grundsätzlich gebührt das Kranken- und Unfallsentgelt nur für jene Arbeitsstunden, die der Arbeiter versäumt hat, das heißt, es ist für die Zahlung des Entgeltes Voraussetzung, daß während der Versäumnisstunden auf der Arbeitsstätte des betreffenden Arbeiters gearbeitet wurde. Betriebseinstellungen wegen Regenwetter oder Frost bleiben jedoch bei solchen, welche vor Eintritt einer derartigen Arbeitsverhinderung erkrankten (verunglückten) unberücksichtigt. Erfolgt die Erkrankung erst während der vorbesagten Arbeitsverhinderung, so besteht der Anspruch auf das entfallende Krankengeld bloß bis zur Höchstdauer von drei Tagen; bei Wiederaufnahme der Arbeit auf der betreffenden Arbeitsstelle lebt bei Fortdauer der Erkrankung der Anspruch auf den Rest des Entgeltes wieder auf.

2. Andere Entgeltsfälle. — Voraussetzung

Nach vierwöchiger ununterbrochener Dauer des Arbeitsverhältnisses hat der Arbeiter, wenn er durch wichtige, seine Person betreffende Gründe ohne sein Verschulden an der Dienstleistung verhindert wird, Anspruch auf ein Entgelt auf die Höchstdauer der Betriebstage (-stunden) einer Woche; solch wichtige Verhinderungsgründe sind im folgenden beispielsweise angeführt. Desgleichen sind auch jene Fälle beispielsweise angeführt, bei welchen ein Entgelt nicht gebührt.

a) Als wichtige Verhinderungsgründe sind der Hauptsache nach anzusehen:

Vorladungen zu Gerichten, Behörden und öffentlichen Ämtern, wenn es sich nicht um selbstverschuldete Angelegenheiten handelt und sich der Dienstnehmer mit der gerichtlichen Vorladung ausweisen kann.

Ausübung des gesetzlichen Wahlrechtes in den Nationalrat, Landtag und Gemeinderat, wenn dasselbe außerhalb der Arbeitszeit nicht ausgeübt werden kann.

Klagen bei ordentlichen Gerichten, wenn dem Klagebegehren entsprochen wurde, insoferne die beklagte Partei nicht zum Ersatz der Prozeßkosten und demnach auch des Verdienstentganges verurteilt wurde.

Todesfall des Ehegatten (Ehegattin) bzw. des Lebensgefährten oder der Geschwister, Eltern (Schwiegereltern und Großeltern) sowie Kinder (Ziehkinder).

Eigene Trauung.

b) Nicht anzuerkennende Verhinderungsgründe:

Vorladungen zu Gerichten, Behörden und Ämtern, wenn es sich um selbstverschuldete Angelegenheiten handelt, zu Gerichtsverhandlungen, bei denen dem Klagebegehren nicht entsprochen wurde; in beiden Fällen steht auch seinen Zeugen ein Anspruch auf Entgelt nicht zu.

Vorladungen zu Steuerbehörden wegen rückständiger Steuern für den Fall, daß der Steuerrückstand tatsächlich besteht.

Arrest- oder sonstige Freiheitsstrafen.

Überreichen von Klagen oder Eingaben bei Gerichten und Behörden, die schriftlich erledigt werden können.

Anstellen beim Einkauf von Lebensmitteln und sonstigen Bedarfsgegenständen.

Verhandlungen bei Gerichten, Behörden und Ämtern aus selbstverschuldeten Ursachen.

Behinderungsgründe, die mit häuslichen Verrichtungen im Zusammenhange stehen.

Tätigkeit als Geschworener, Schöffe, Beisitzer beim Gewerbegericht, Einigungsamt, Bezirkskommission, Gemeinderat und anderen öffentlichen Institutionen.

Ein Entgelt gebührt überhaupt grundsätzlich nicht, wenn die Verhinderung auf eine ehrenamtliche Funktion zurückzuführen oder durch Gesetz, Verordnung, Statut oder privatrechtlichen Vertrag eine volle Entschädigung anderwärts vorgesehen ist.

Höhe des Entgelts bei anderen Entgeltsfällen

Als Entgelt für die unter 2. anerkannten wichtigen Verhinderungsgründe gebührt das halbe Entgelt für die versäumten Arbeitsstunden im Höchstausmaß einer Arbeitswoche.

Grundsätzlich gebührt die Entschädigung nur für jene Stunden, die der Arbeiter versäumt hat.

Der Zeitraum des Entgeltanspruches ist in folgenden Fällen in der Dauer besonders beschränkt:

Bei Teilnahme an der Beerdigung der im Abschnitt 2, Punkt a), 5. Absatz, genannten Angehörigen wird, wenn selbe im gemeinsamen Haushalte standen, ein ganzer Tag, wenn diese außerhalb des gemeinsamen Haushaltes sich befanden, ein halber Tag vergütet. Beim Todesfall der Eltern, wenn sie sich außerhalb Wiens befinden, wird das Entgelt nach Maßgabe der Entfernung und unter Berücksichtigung der besonderen Verhältnisse geregelt.

§ 4. Arbeiterurlaube

Außer dem Arbeiterurlaubsgesetz vom 30. Juni 1919 (Nr. 395, StGBl. 142. Stück) gelten noch folgende Begünstigungen und Bestimmungen.

Bei Betriebs- oder teilweiser Arbeitseinstellung infolge ungünstiger Witterungsverhältnisse, Arbeitsmangel usw. in den Wintermonaten Dezember, Jänner und Februar, in der Dauer von höchstens 13 Wochen, verliert der Arbeitnehmer, wenn er keine Arbeitslosenunterstützung für diese Zeit bezogen hat, nicht den Urlaubsanspruch. Der im Arbeiterurlaubsgesetz § 1, Absatz 2, jugendlichen Arbeitern vor dem vollendeten 16. Lebensjahre gewährte Anspruch eines Urlaubes von zwei Wochen schon nach einjähriger Dauer des Dienstverhältnisses wird jedoch durch vorangeführte Begünstigung nicht berührt und erfordert unbedingt, daß das Dienstverhältnis ununterbrochen schon ein Jahr gedauert hat.

Wird der Arbeitnehmer aus keinem wichtigen Grunde entlassen und sind zur Zeit der Entlassung seit Antritt der Dienstzeit oder seit Beginn des zweiten oder eines folgenden Dienstjahres noch keine zehn Monate, aber mindestens 13 Wochen Dienstzeit zu je mindestens 30 Arbeitsstunden verstrichen, so erhält der Arbeitnehmer für diese Zeit eine Urlaubsabfertigung, und zwar für jede Lohnwoche, in welcher der Arbeitnehmer mindestens 30 Arbeitsstunden geleistet hat, den Lohn einer Stunde, und zwar nach dem im § 2, Punkt 1, festgesetzten Stundenlohn des letzten Arbeitstages ohne jedwede Aufzahlung. Der Anspruch auf Urlaubsabfertigung erlischt, wenn der Arbeitnehmer selbst austritt oder wenn er aus einem wichtigen Grunde (§ 1162 ABGB. § 82 GO. usw.) entlassen wird.

Bei Eintritt eines Elementarereignisses haben die auf Urlaub befindlichen Arbeitnehmer der Einberufung zur Arbeitaufnahme durch ihren

Arbeitgeber Folge zu leisten, wodurch eine Unterbrechung der Urlaube bis zur Fertigstellung der notwendigen Arbeiten eintritt.

§ 5. Auflösung des Arbeitsverhältnisses

Das Arbeitsverhältnis kann von jeder Seite sofort ohne Kündigung gelöst werden, jedoch sind bei Entlassungen der im Staatsgesetz Nr. 283 vom 15. Mai 1919 genannten Vertrauensmänner und Betriebsräte die in diesem Gesetze angeführten Ausnahmsbestimmungen gültig.

Akkordarbeiter sind erst nach ordnungsmäßiger Vollendung der übernommenen Arbeit berechtigt, auszutreten.

Die Ausführung von Dacharbeiten für Rechnung des Arbeitnehmers oder einer dritten Person, gleichgültig ob solche Arbeiten während der Arbeitszeit, freien Zeit oder des Urlaubes erfolgen, sind verboten und bilden einen weiteren wichtigen Entlassungsgrund für jeden Arbeitnehmer, somit auch für die im Staatsgesetz Nr. 283 vom 15. Mai 1919 genannten Vertrauensmänner und Betriebsräte.

Entlassungen während der regelmäßigen Arbeitszeit sind nach Möglichkeit zu vermeiden.

Wenn ein Arbeitnehmer drei Tage unentschuldigt vom Werkplatz oder der Arbeitsstelle fernbleibt, ist der Arbeitgeber berechtigt anzunehmen, daß der Arbeitnehmer das Arbeitsverhältnis freiwillig gelöst hat.

§ 6. Sonstiges

Zur Überstunden-, Sonn- und Feiertagsarbeit darf kein Arbeitnehmer gezwungen werden, doch darf auch kein Arbeitnehmer solche Arbeiten, insbesondere bei Landarbeiten, ohne Bewilligung seines Arbeitgebers leisten.

Die Verwendung von männlichen Hilfsarbeitern zu Arbeiten auf Dächern hat tunlichst unter Aufsicht von Gehilfen oder Gesellen zu erfolgen.

Beide Vertragsteile übernehmen die Verpflichtung zur genauen Einhaltung dieses Lohn- und Arbeitsvertrages, sowie während der Dauer desselben weder Ausstand, Arbeitsverweigerung, absichtliche Arbeitsverzögerung oder Aussperrung zu veranstalten. Keinesfalls darf Arbeitsverweigerung oder absichtliche Arbeitsverzögerung, in welcher Form immer, geübt und von den Arbeitnehmern bzw. deren Vertretern gedeckt werden.

§ 7. Schlichtung von Streitigkeiten

Die Vertreter der beiden Vertragsteile, das ist der Lohnausschuß, bestehend aus fünf Arbeitnehmern und fünf Arbeitgebern, bilden für die Dauer des Vertrages das Schiedsgericht.

Vorkommende Streitigkeiten, welche aus diesem Vertrage entspringen, haben die Mitglieder des Schiedsgerichtes nach besten Kräften zu schlichten. Ist dies nicht möglich, so sind sie verpflichtet, derartige Fälle sofort zu melden, worauf das Schiedsgericht dieselben innerhalb vier Tagen zur Verhandlung bringen muß.

In Fällen, wo die Mitglieder des Schiedsgerichtes eine Einigung nicht erzielen können, unterwerfen sich die Streitteile dem Schiedsspruche des Einigungsamtes bzw. Obereinigungsamtes.

Bis zur erfolgten Einigung bezw. bis zum endgültig gefällten Schiedsspruche darf im Betriebe nichts geändert werden. Insbesondere ist eine Arbeitseinstellung seitens der Arbeitnehmer oder Maßregelung eines Arbeitnehmers ausgeschlossen. Als Arbeitseinstellung ist auch ein Verlassen der Arbeit eines Teiles der im Betriebe beschäftigten Arbeitnehmer in Verbindung mit einer dem Vertrage widersprechenden Forderung an den Arbeitgeber anzusehen.

§ 8. Vertragsdauer

Dieser Vertrag gilt für alle wo immer befindlichen Arbeitsorte und tritt, da der Lohnausschuß durch die Gehilfenversammlung vom 9. März 1924 und Genossenschaftsversammlung vom 16. März 1924 Vollmacht zum Abschluß dieses Vertrages besitzt, nach Fertigung desselben am 20. Juni 1924 in Kraft.

Gleichzeitig wird der Lohn- und Arbeitsvertrag vom 21. Juni 1921 mit Einverständnis beider Vertragsteile ohne vorhergegangene Kündigung außer Wirksamkeit gesetzt.

Durch diesen neuen Vertrag sind Sondervereinbarungen ausgeschlossen und ist die Satzungserhebung von beiden Vertragsteilen zu unterstützen.

Derselbe kann immer am 31. Dezember auf drei Monate gekündigt werden. Erfolgt keine Kündigung, so verlängert sich dieser Vertrag stillschweigend um ein Jahr.

Innerhalb acht Tagen nach erfolgter Kündigung haben die beiderseitigen Vertreter behufs Erneuerung des Vertrages in Verhandlung zu retten.

Wien, am 16. Juni 1924

Gehilfenausschuß der Genossenschaft der Dachdecker in Wien

Genossenschaft der Dachdecker in Wien

Registriert unter K 393-24 wird in allen seinen Bestimmungen gemäß § 16 des Gesetzes vom 18. Dezember 1919, Nr. 16, StGBl., als Satzung erklärt.

$A \frac{1299\text{-}24}{3}$ 18. Oktober 1924

Einigungsamt Wien

M. Abt. 49-7722-24 Wien, am 18. November 1924

Wird auf Grund des § 114 b GO. genehmigt. Vom Wiener Magistrate als politische Landesbehörde.

Gräf e. h.
Siegel Senatsrat.

B. Besondere Bestimmungen

Lohn- und Arbeitsordnung

§ 1. Aufnahme

Jeder Arbeitnehmer hat sich vor der Aufnahme mit der gesetzlich vorgeschriebenen Arbeitskarte dem Arbeitgeber oder dessen Beauftragten auszuweisen.

Lehrlinge werden nur auf Grund eines besonderen Vertrages aufgenommen.

Sämtliche Arbeitnehmer haben ihren genauen Wohnort anzugeben und jeden Wohnungswechsel zu melden.

Arbeitnehmer unter vollendetem 16. Lebensjahre müssen den Namen sowie den Wohnort ihrer Eltern bzw. Vormünder angeben und jeden Wohnungswechsel derselben melden.

Kinder vor vollendetem 14. Lebensjahre werden nicht aufgenommen.

Zur Aufnahme und Entlassung sind außer dem Arbeitgeber oder dessen Stellvertreter nur die Werkführer berechtigt.

§ 2. Verwendung der Arbeitnehmer

Die beschäftigten Arbeiterklassen sind: Gesellen, Gehilfen, männliche, weibliche, jugendliche Hilfsarbeiter und Lehrlinge.

Die Einreihung in eine dieser Arbeiterklassen enthebt den Betreffenden nicht von der Verpflichtung, sich vorkommendenfalls auch zu einer anderen, seinen Fähigkeiten und physischen Kräften entsprechenden Arbeit im Betriebe unter Aufrechterhaltung der Lohnvereinbarungen, insoweit im Kollektivvertrag nichts Gegensätzliches vorgesehen ist, verwenden zu lassen.

Jugendliche Hilfsarbeiter, das sind solche, welche das 16. Lebensjahr noch nicht vollendet haben, werden nur zu leichteren, ihren physischen Kräften entsprechenden Arbeiten, und zwar Auf- und Abladearbeiten, Sandführen, Mörtelmachen, Kalklöschen, Zutragen von Materialien, Werkzeugen u. dgl. sowie zu Reinigungsarbeiten verwendet. Hochschwangere Frauen dürfen zu keiner Arbeit verwendet werden.

Wöchnerinnen werden erst nach Verlauf von sechs Wochen nach ihrer Niederkunft zu regelmäßiger Arbeit zugelassen.

Zur Nachtarbeit, das ist zwischen 8 Uhr abends und 5 Uhr morgens, werden weibliche Hilfsarbeiter ohne Unterschied des Alters und männliche Hilfsarbeiter bis zum vollendeten 18. Lebensjahre nur insoweit verwendet, als diese nach den gesetzlichen Bestimmungen zulässig ist. Die Nachtruhe hat für diese eben bezeichneten Hilfsarbeiter mindestens elf aufeinanderfolgende Stunden zu betragen.

§ 3. Schulunterricht der Lehrlinge und der jugendlichen Hilfsarbeiter

Lehrlinge bis zum vollendeten 18. Lebensjahre werden zum Besuche der ihrer Vorbildung entsprechenden gewerblichen Lehranstalt verhalten.

Behufs Überwachung des Schulbesuches kann der Arbeitgeber oder dessen Beauftragter jederzeit den Nachweis des Schulbesuches verlangen. Die infolge Verschulden des Lehrlings versäumten Schulstunden, welche in die regelmäßige Arbeitszeit, d. i. an den ersten fünf Werktagen von 7 bis 12 Uhr und von 1 bis 5 Uhr, sowie an Samstagen von 7 bis 1 Uhr fallen, gelten nicht als Arbeitszeit und werden daher nicht bezahlt.

Den Hilfsarbeitern bis zum vollendeten 18. Lebensjahre wird gestattet, an Schultagen die Arbeitszeit früher zu beenden, jedoch ist dies früher dem Arbeitgeber oder dessen Beauftragten zu melden.

§ 4. Überstunden und Sonntagsarbeit

Zur Behebung einer Betriebsstörung, wenn Menschen gefährdet oder Güter in ihrem Bestande bedroht sind (worunter auch geleistete Arbeit zu verstehen ist), sind Überstunden ohne Einschränkung gegen bloße Anmeldung beim Gewerbeinspektorate für die Bauarbeiten in Wien, I., Hofgartenstraße 3, gestattet. Diese Anmeldung hat innerhalb 24 Stunden nach dem Beginn der Verlängerung der Arbeitszeit zu erfolgen. Die Aufgabe der Anzeige bei der Post gilt als Erstattung der Anmeldung.

Arbeitnehmern, welche an einem Sonntag länger als drei Stunden arbeiten, wird am darauffolgenden Sonntag eine mindestens 24stündige Ruhezeit gewährt.

§ 5. Löhne der Lehrlinge

Laut Bundesgesetz vom 11. Juli 1922 über die Einführung einer Entschädigung für Lehrlinge (Gewerbenovelle 1922) wurde mit dem Gehilfenausschusse vereinbart:

Der Mindestlohn eines Lehrlings muß im

1. Lehrjahre . . . 5%
2. „ . . . 15%
3. „ . . . 25% mehr betragen als der Kollektiv-

vertragslohn eines männlichen Hilfsarbeiters gleicher Altersklasse samt Steigerzulage.

§ 6. Auszahlung der Löhne

Die Lohnwoche beginnt .... und endet ....

Als Lohnzahltag gilt der ...., fällt dieser an einen Feiertag, an welchem nicht gearbeitet wird, erfolgt die Auszahlung am vorhergehenden Arbeitstage.

Die Auszahlung der Löhne erfolgt stets in barem Gelde nach Abzug der Vorschüsse, der Krankenkassenbeiträge, Gehilfenumlagen, Arbeiterkammerumlagen, Arbeitslosenversicherungsbeiträge [1]), Einkommensteuer und allfälliger weiterer gesetzlich bestimmter, durch den Arbeitgeber einzuhebenden Leistungen der Arbeitnehmer.

Die Auszahlung der Löhne in Wirtshäusern und Schanklokalitäten ist untersagt.

Gastwirte und Kantineure, welche an die Arbeiter Forderungen haben, dürfen bei den Lohnauszahlungen weder selbst gegenwärtig, noch durch andere Personen vertreten sein.

Vom Arbeitgeber entlassene Arbeiter haben Anspruch auf sofortige Ausbezahlung ihres verdienten Arbeitslohnes. Selbstaustretende Arbeiter haben den gleichen Anspruch, sofern sie ihren Austritt dem Arbeitgeber oder einem berufenen Vertreter mindestens 24 Stunden vorher anzeigen. Anderenfalls erfolgt die Auszahlung an dem ihrem Austritte folgenden Werktage. Jede Auszahlung erfolgt nur während der Kanzleistunden am Werkplatz.

Einwendung wegen unrichtiger Zuzählung ist sofort, solche gegen Abrechnung innerhalb dreier Tage vorzubringen, widrigenfalls sie nicht berücksichtigt werden.

Jeder Arbeitnehmer, der einen Lohnvorschuß erhält, verpflichtet sich jedoch unbeschadet der im § 82a der GO. vorgesehenen Fällen, bis zur Tilgung dieser Schuld im Dienste der Firma zu bleiben und erklärt sich damit einverstanden, daß die Firma, falls sie das Arbeitsverhältnis früher löst oder in eine frühere Lösung einwilligt, den noch aushaftenden Vorschuß vom Lohne bei der Lösung des Arbeitsverhältnisses zur Gänze in Abzug bringt.

§ 7. Kranken- und Unfallversicherung

Sämtliche Arbeiter sind verpflichtet, einer gesetzlich anerkannten, durch Gesetz oder von der Genossenschaft bestimmten Krankenkasse beizutreten, an welche der Arbeitgeber die statutenmäßigen Beiträge abzuführen hat.

Derzeit sind die Lehrlinge bei der Wiener Bezirkskrankenkasse und alle übrigen Arbeitnehmer bei der Krankenkasse der gewerblichen Hilfsarbeiter der Genossenschaften der Zimmerer und Dachdecker krankenversichert.

Die zu leistenden Beiträge sind aus den Kundmachungen der Krankenkassen ersichtlich.

Sämtliche versicherungspflichtigen Aufsichtspersonen und Arbeiter sind bei der Arbeiter-Unfallversicherungsanstalt in Wien versichert.

§ 8. Instandhaltung der Requisiten usw., Sicherheitsvorschriften

Jeder Arbeitnehmer ist verpflichtet, die ihm anvertrauten Werkzeuge und Gerätschaften rein und in gutem Zustande zu erhalten und alles Schadhafte und Reparaturbedürftige sofort seinen Vorgesetzten anzuzeigen.

Für mutwillig verdorbene oder durch Nachlässigkeit in Verlust geratene Werkzeuge und Gerätschaften haben die Arbeitnehmer nach Maßgabe der Bestimmungen des ABGB. Schadenersatz zu leisten.

---

[1]) Beitragsschema siehe Seite 21.

Den bei schwierigen Arbeiten oder infolge Partienvergrößerung sich einstellenden Mehrbedarf an Sicherheitsgerätschaften usw. haben die Partieführer von dem Arbeitgeber oder dessen Beauftragten zu verlangen und sind die Gerätschaften usw. auch ordnungsgemäß wieder zurückzustellen.

Jeder Arbeitnehmer ist ferner verpflichtet, die zur Sicherung gegen Gefahren angebrachten oder angeordneten Schutzvorkehrungen zu beachten, bzw. zu benützen und die hierauf bezüglichen Vorschriften, insbesonders die Verordnung des k. k. Handelsministeriums vom 7. Februar 1907, RGBl. Nr. 24, deren wichtigste Punkte nachstehend angeführt sind, genau zu befolgen:

1. Kalkgruben und andere den Verkehr gefährdende Vertiefungen sind durchbruchsicher zu bedecken oder genügend fest zu umwehren.

2. Leitern, Gerüstpfosten usw. sind vor ihrer Verwendung auf ihre Sicherheit zu untersuchen. Vorgefundene Mängel sind sofort zu beseitigen. Das Ersetzen fehlender Sprossen durch aufgenagelte Latten ist nicht statthaft.

3. Seile müssen biegsam sein und sind schadhafte oder nicht genügend tragfähige von der Verwendung auszuschließen.

Zur Materialbeförderung mittels Fördergefäßen dürfen Seile mit einfachem Haken nicht verwendet werden.

4. Die Benützung von Materialaufzügen zum Auf- und Abfahren von Personen ist unzulässig.

Unter freischwebenden Lasten ist der Verkehr auf das unbedingt erforderliche Maß einzuschränken.

5. Behufs Verhinderung belästigender Staubentwicklung ist der Schutt wiederholt zu bespritzen.

6. Arbeiten in der Nähe von Starkstromleitungen sind früher der betreffenden Werkstättenleitung zu melden und mit den gebotenen Vorsichtsmaßregeln auszuführen.

7. Rauchen auf Lagerplätzen und in Gebäuden, wo Rauchverbot herrscht, sowie auf den Dachböden und Dächern ist unbedingt verboten und wird polizeilich, eventuell gerichtlich geahndet.

8. Wo Materialien in größerer Menge übereinander geschlichtet werden, ist durch geeignete Vorkehrungen Vorsorge zu treffen, daß ein Zusammenbruch des gelagerten Gutes hintangehalten wird.

9. Personen, welche an Fallsucht, Krämpfen, zeitweiligen Ohnmachtsanfällen, Schwindel, Schwerhörigkeit oder an anderen körperlichen Gebrechen in dem Maße leiden, daß sie dadurch bei gewissen Arbeiten einer außergewöhnlichen Gefahr ausgesetzt wären, dürfen zu diesen Arbeiten nicht verwendet werden.

Betrunkene sind sofort, eventuell mit Polizeigewalt von der Arbeit zu entfernen.

10. Es ist untersagt, Werkzeuge, Hölzer, Ziegel, Steine und sonstige schwere Gegenstände von Gerüsten oder sonst vom Baue hinabzuwerfen.

11. Das Lockern der Klammern hat derart zu erfolgen, daß sie weder abspringen noch fortgeschleudert werden.

12. Jede eigenmächtige Entfernung von Gerüstteilen, Leitern, Pfosten, Riegeln, Klammern, Böcken, Belagen usw., wie überhaupt jede eigenmächtige Veränderung an den Betriebseinrichtungen ist untersagt.

13. Beim Aufziehen und Herablassen von Hängegerüsten sind die Windenvorrichtungen derart gleichmäßig zu handhaben, daß jede Schiefstellung des Gerüstes vermieden wird. Die Kurbeln der Winden sind außer der Zeit ihrer Verwendung festzustellen oder abzunehmen.

14. Der Aufenthalt auf den Gerüsten — mit Ausnahme von hohen Turm- und Essengerüsten — während der Mittagspause ist unzulässig.

15. Unterhalb der für die Materialaufzüge bestimmten Gerüstöffnungen. ist während des Aufzugbetriebes der Aufenthalt von Personen unzulässig

Während der Zeit, als ein solcher Aufzug außer Betrieb steht, muß der Schacht vollständig geschlossen sein.

16. Bei der Bedienung von Hebezeugen ist die Last sorgfältig und verläßlich zu befestigen bzw. derart zu lagern, daß das Ladegut nicht herabfallen kann.

Fördergefäße dürfen nicht so voll gefüllt werden, daß bei Schwankungen derselben Fördergut herabfallen oder überfließen kann.

17. Das Einschütten von Kalk, Mörtel usw. in die Gefäße hat derart zu geschehen, daß das Spritzen möglichst vermieden wird.

18. Beim Herablassen einer Last mittels Kranen oder Winden darf die Bremse erst gelöst werden, nachdem die Kurbeln abgezogen wurden oder, wo dies nicht möglich ist, die Arbeiter zur Seite getreten sind.

Das Auffangen in Bewegung befindlicher Windenkurbeln ist unzulässig.

Beim Aufwinden der Last soll die Sperrklinke stets im Sperrade liegen.

19. Bei Verschiebung von Eisenbahnwagen haben sich die Arbeiter der beigestellten Bremsknüttel, Bremsschuhe, Unterlagskeile und dergleichen zu bedienen.

Bei Verschiebung mittels Menschenkraft dürfen die Verschieber nie vorne schieben und nie auf den Schienen gehen. Wenn auf demselben Geleise gleichzeitig noch andere Wagen bewegt werden, dürfen die Verschieber nur an der Längsseite der Wagen schieben und nicht zwischen dieselben treten.

Bei Verschiebung mittels Zugtieren sollen diese stets mit der Hand und tunlichst außerhalb des Geleises geführt werden.

20. Drehscheiben und Schiebebühnen sind, bevor darüber gefahren wird, in ihrer richtigen Lage zu sichern.

21. Auf Geleisen befindliche Eisenbahnwagen sind bei Stillstand so festzustellen, daß sie nicht von selbst in Bewegung geraten können.

22. Beim Transport schwerer Lasten auf Geleisen im Gefälle und innerhalb der Bauplätze ist besondere Vorsicht anzuwenden.

23. Die Arbeiter sind gehalten, sich bei Dachdecker- und Schneeabräumarbeiten der ihnen beigestellten Sicherheitsgurte und Seile zu bedienen. Solche Seile müssen, wenn nicht besondere Einrichtungen am Dache deren Befestigung ermöglichen, in sicherer Weise an den gewerbsüblichen Leitergerüsten befestigt werden.

24. Das Betreten unbeleuchteter Bauobjekte ist unzulässig.

25. Lampen für leichtflüchtigte Brennstoffe mit unterhalb des Leuchtstoffbehälters angebrachten Brennern sind derart aufzuhängen und zu tragen, daß eine stärkere Erhitzung dieses Behälters vermieden wird. Die zur Aufbewahrung solcher Lampen sowie des für dieselben verwendeten Brennstoffes dienenden Räume dürfen nur für kurze Zeit betreten werden.

26. Räume, die mittels Heizvorrichtung ohne Rauchabzug ausgetrocknet werden, dürfen nur bei offenen Türen oder Fenstern und nur für ganz kurze Zeit betreten werden.

27. Bei Arbeiten, die für die betreffenden Arbeiter die Möglichkeit einer Gefährdung der Augen in sich schließen, haben sich die Arbeiter der beigestellten Schutzbrillen, Schutzschirme oder Gesichtsmasken zu bedienen.

28. Jede Beschädigung oder auffällige Erscheinung an den Betriebseinrichtungen ist dem von dem Unternehmer mit der Aufsicht betrauten Organe sofort anzuzeigen.

29. Die Benützung der Arbeits- und Schutzvorrichtungen zu anderen Zwecken als zu jenen, für die sie bestimmt sind, ist unzulässig.

30. Es ist den Arbeitern untersagt, sich an Arbeitsgeräten, maschinellen Einrichtungen, elektrischen Leitungen u. dgl., deren Bedienung, Benützung oder Instandhaltung ihnen nicht obliegt, zu schaffen zu machen und durch den Zwecken des Baubetriebes zuwiderlaufende Beschäftigungen, durch Spielereien, Neckereien, Zänkereien und sonstige mutwillige Handlungen sich oder andere zu gefährden.

31. Von jedem Betriebsunfalle ist seitens des hievon Betroffenen oder, wenn dieser hiezu außerstande wäre, von den Zeugen des Unfalles sofort dem vorgesetzten Aufsichtsorgane Meldung zu erstatten.

Etwaige noch von den Behörden erlassene Verfügung über „Sicherheitsvorschriften und Arbeiterschutz" werden am Werkplatze angeschlagen und gelten dann als verlautbart.

§ 9. Befugnisse, Obliegenheiten des Aufsichtspersonals

Die Aufseher (Werkführer, Partieführer) haben die Arbeitnehmer in der Ausführung der diesen übertragenen Arbeiten zu unterweisen und darauf zu sehen, daß die verschiedenen Arbeiten unter Beachtung der gebotenen Vorsichten sowie der behördlichen Vorschriften richtig ausgeführt, ferner, daß die Bestimmungen dieser Arbeitsordnung pünktlich eingehalten werden. Sie haben das Recht, Arbeitnehmer, welche nach der einen oder anderen Richtung hin sich Fehler zu schulden kommen lassen, zu rügen.

Schimpfworte zu gebrauchen, ist untersagt.

Beschwerden von seiten der Arbeitnehmer sind bei dem Arbeitgeber bzw. dessen Stellvertreter vorzubringen.

§ 10. Allgemeine Verhaltungsmaßregeln

Die Arbeitnehmer sind zur Ausführung aller ihnen aufgetragenen Arbeiten, zu denen sie bisher üblicherweise verwendet wurden und zu einer bei Aufstellung der Arbeitslöhne vorausgesetzten angemessenen Gegenleistung verpflichtet. Sie haben daher die Arbeitszeit pünktlich einzuhalten und die ihnen obliegenden Arbeiten ordnungsmäßig, mit anhaltendem Eifer und mit der zu Brauchbarkeit erforderlichen Geschicklichkeit und Genauigkeit zu verrichten.

Sämtliche Arbeitnehmer haben sich eines ordentlichen, anständigen, unpolitischen Betragens, besonders Kunden und deren Vertreter gegenüber, zu befleißigen. Zänkereien sowie Raufereien untereinander zu vermeiden und den Anordnungen ihrer Vorgesetzten pünktlich Folge zu leisten.

Es ist jedem Arbeitnehmer untersagt, ohne Erlaubnis fremde Personen in die Arbeitsstelle einzuführen und ebenso ist es ihm verboten, ohne Erlaubnis Besuche zu empfangen.

Wer durch nachgewiesene Unachtsamkeit oder leichtsinnig schlechte Arbeit leistet, ist verpflichtet, diese dem Wiederherstellungswert nach Maßgabe der Bestimmungen des ABGB. zu ersetzen.

Der Genuß geistiger Getränke während der Arbeitszeit ist untersagt.

Das Einnehmen von Mahlzeiten ist nur in den hiefür bestimmten Arbeitspausen gestattet.

Jeder Arbeitnehmer ist verpflichtet, alles, was dem Unternehmer, seinen Angestellten oder der Arbeit bzw. Gebäude Nachteil oder Gefahr bringen könnte, nach Kräften abzuwenden und alle hierauf Bezug habenden Wahrnehmungen unverweilt seinem Vorgesetzten mitzuteilen.

Weiters dürfen die Arbeiter nicht auf ihre Arbeitsgenossen behufs Aussetzung oder Verlangsamung der Arbeit Einfluß nehmen sowie auch nicht Arbeiter, welche keiner oder einer anderen Organisation angehören, deshalb belästigen oder auf deren Entlassung dringen. Dawiderhandelnde können ohneweiters sofort entlassen werden.

§ 11. Verpflichtung zur Einhaltung der Arbeitsordnung

Die Lohn- und Arbeitsordnung tritt nach Genehmigung durch die Gewerbebehörde und erfolgtem Anschlag in Kraft. Durch den Anschlag gilt dieselbe als verlautbart und ist für den Arbeitgeber und seine Arbeitnehmer rechtsverbindlich. Dieselbe bleibt für beide Teile auch dann verbindlich, wenn der Arbeitnehmer während der Dauer der Gültigkeit dieser Ordnung nach einer Unterbrechung des Arbeitsverhältnisses verwendet wird.

Jede Änderung der Arbeitsordnung unterliegt der vorhergehenden Genehmigung des Gewerbeinspektorates für Bauarbeiten in Wien.

Genossenschaft der Dachdecker in Wien

Gehilfenausschuß der Genossenschaft der Dachdecker in Wien

Zahl: 2354 Wien, am 22. Dezember 1924

„Im Zusammenhange mit den im Lohn- und Arbeitsvertrage gemäß § 114b, GO. enthaltenen und vom Wiener Magistrate als politische Landesbehörde unter ZMA. 49/772/24 genehmigten Bestimmungen zur Kenntnis genommen."

Gewerbeinspektorat für die Bauarbeiten

Siegel Der Amtsvorstand:
Neudeck e. h.

Firmenstempel und Unterschrift:

Merkblatt

für die Ablegung der Meisterprüfung der Genossenschaft der Dachdecker in Wien

1. Anmeldung zur Prüfung

Das Gesuch um Zulassung zur Prüfung ist an die Genossenschaftsvorstehung zu richten, welche es an den Vorsitzenden der Prüfungskommission weitergibt.

Das Gesuch ist stempelfrei; demselben sind beizufügen:

1. ein kurzer, eigenhändig geschriebener Lebenslauf des Prüfungswerbers;
2. Tauf- oder Geburtsschein;
3. der Nachweis der ordnungsmäßigen Beendigung des Lehrverhältnisses, das ist:
   a) Lehrzeugnisse,
   b) Zeugnis über die bestandene Gesellenprüfung,
   c) Lehrbrief oder Gesellenbrief.
4. die vorschriftsmäßig bestätigten Arbeitszeugnisse über eine mindestens dreijährige Verwendung als Geselle (Gehilfe);
5. die Zeugnisse der besuchten gewerblichen Unterrichtsanstalten;
6. der Nachweis über den Erlag der Prüfungstaxe von S 60,—.

Selbständige Gewerbetreibende, welche sich zur Ablegung der Meisterprüfung melden, haben an Stelle der unter Punkt 3 und 4 bezeichneten Nachweise den Gewerbeschein, Stellvertreter (Geschäftsführer) und Pächter das behördliche Dekret, mit welchem ihre Bestellung zur Kenntnis genommen wurde, beizubringen.

Im Gesuche ist auch die Gewerbegenossenschaft anzugeben, deren Mitglied oder Angehöriger der Prüfungswerber etwa ist, ferner der Prüfungstermin, zu welchem der Prüfungswerber die Prüfung ablegen will.

Die Prüfung kann beliebig oft, aber stets erst nach Ablauf eines Zeitraumes von mindestens drei Monaten und nach neuerlichem Erlag der Prüfungsgebühr wiederholt werden. Ergibt sich bei Wiederholung der Prüfung vor derselben Kommission aus dem Protokolle über die vorherige Prüfung, daß das bei der früheren Prüfung ausgeführte Meisterstück als genügend erachtet wurde, so ist der Prüfungswerber von der neuerlichen Anfertigung eines Meisterstückes befreit.

Die 60 Schilling betragende Prüfungsgebühr ist vor der Einbringung des Gesuches um Zulassung zur Prüfung oder zur Wiederholung derselben bei der Genossenschaft der Dachdecker in Wien zu erlegen.

2. Gegenstand der Prüfung

a) Praktischer Teil:

1. Regelrechte Ziegeldeckung bzw. Teilarbeiten derselben (Fußsaum für Hängerinne oder Saumrinne, Beidecken an Blechixen, Dachfenstern, Rauchfängen, senkrechte oder verschnittene Ortsäume, letztere drei ohne oder mit Blecheinfassung).

2. Einfache Deckung mit Rechteck- oder Quadratsteinen von Natur- oder Kunstschiefer auf Latten oder Schalung (diesfalls bei vorzuschreibender Übergreifung), Teilarbeiten solcher Eindeckungen wie bei der Ziegeldeckung. Bei Deckung auf Schalung mit genauer Abschnürung der oberen Schieferkanten.

3. Deckung mit Normalschablonen- oder Spitzwinkelschablonenschiefer auf Schalung mit wagrechter Abschnürung für die oberen Schieferspitzen.

4. Doppelte Eindeckung mit Rechteck- oder Quadratschiefer auf Schalung mit wagrechter Abschnürung für die oberen Schieferkanten.

5. Wie 3 und 4, jedoch auch mit senkrechter Abschnürung für Dessindeckung.

6. Deutsche Schuppendeckung in schrägen Gebinden mit Gleich- oder Spitzort, ohne oder mit über die Traufkante vorspringendem Fußgebinde.

7. Zurichten kleiner Rechteck-, Quadrat- oder Schablonenschiefer vorgeschriebener Größe und Nation aus vorhandenen neuen oder alten Bruchstücken von Naturschiefer verschiedener Art, bei Schablonschiefer für die vorgeschriebene Übergreifung.

8. Ausmessen und Berechnen selbstgezeichneter Skizzen nach Modell oder nach der Natur in reinem Ausmaß oder nach den Wiener städtischen Normen.

9. Bedarfsermittlung für bestimmte Deckmateriale für nach vorigem vorhandene oder vorzulegende Dachskizzen oder Pläne.

Allgemein: Innerhalb der für die Herstellung der Arbeitsprobe festgesetzten Frist, nebst einem selbstgeschriebenen Bericht über die zur Verwendung gelangenden Rohstoffe und deren Verarbeitung, Bedarfs- und Kostenberechnung für ein bestimmtes Ausmaß. Gleichzeitig hat der Prüfling schriftlich die Versicherung abzugeben, daß er die Probearbeit und den Bericht ohne fremde Hilfe gemacht hat. Ist ihm Hilfe geleistet worden, so hat er anzugeben, worin sie bestanden hat.

Für die Fertigstellung des Meisterstückes kann von der Prüfungskommission eine angemessene Nachfrist bewilligt werden. Einem dahingehenden Ansuchen hat der Vorsitzende auf jeden Fall stattzugeben, wenn der Prüfling durch Krankheit, nicht vorhergesehene Störungen bei der Arbeit oder andere Umstände, die zu beseitigen außer seiner Macht lag, an der rechtzeitigen Fertigstellung des Meisterstückes gehindert worden ist. Vorschläge in Betreff der Prüfungsarbeit und der Arbeitsstelle, wo und wann selbe auszuführen ist, können vom Prüfungswerber bei der Anmeldung zur Prüfung ausgesprochen werden. Über die Annahme eines solchen Vorschlages entscheidet die Prüfungskommission.

b) Theoretischer Teil:

1. Fachkenntnis über wichtigste und gebräuchliste Rohstoffe und Halbfabrikate, über deren Bezugsquellen und Preise, die Arbeitsverfahren, Werkzeuge und Vorrichtungen sowie deren Handhabung, dem mit dem Arbeitsverfahren verbundenen Zeit- und Kostenaufwand, fachtechnische Fragen des Gewerbes.

2. Anlegung und Führung von Arbeiterverzeichnis, Lohnliste.

3. Ausfertigung von Unfallsanzeigen, An- und Abmeldung der Arbeitnehmer bei Krankenkasse, Genossenschaft, gewerblicher Fortbildungsschule, dann Arbeitszeugnis, Lehrzeugnis, Bestätigung für Arbeitslosenversicherung.

4. Einfacher Briefwechsel, wie Anbot, Mahnbrief, Bestellschreiben.

5. Allgemeine Regeln des Postsparkassenwesens.

6. Allgemeine Regeln des Wechselverkehres.

7. Einfache Grundkenntnis über Gewerbewesen, Arbeiterschutz.

8. Kenntnis des jeweiligen Kollektiv-, Lohn- und Arbeitsvertrages, der Arbeitsordnung.

9. Verhalten der Meister bei Verletzung der kollektiven Vereinbarungen durch Arbeitnehmer.

Statut

des Bundesfachverbandes der Verbände und Genossenschaften der

Dachdecker Österreichs

§ 1. Name, Umfang und Sitz des Verbandes

Der Verband ist auf Grund des § 130 c des Gesetzes vom 5. Februar 1907, RGBl. Nr. 26 errichtet, umfaßt die Verbände und Genossenschaften der Dachdecker und führt den Namen „Bundesfachverband der Verbände und Genossenschaften der Dachdecker Österreichs“. Der Verband hat seinen Sitz am Wohnort des jeweiligen Verbandsvorstehers.

§ 2. Zweck des Verbandes

Zweck des Verbandes ist die Wahrung der gemeinsamen Interessen der demselben angehörenden Verbände und Genossenschaften bzw. der in denselben vertretenen Gewerbe.

Insbesondere bezweckt der Verband:

a) Förderung der Organisation der Verbände und Genossenschaften;

b) Unterstützung der dem Verbande angehörigen Verbände und Genossenschaften in Bezug auf die Erfüllung ihrer gesetzlichen Aufgaben;

c) Förderung der gewerblichen Ausbildung der Lehrlinge und der Fürsorge für dieselben;

d) Förderung der Fortbildung der Angehörigen und der Mitglieder der Verbandsgenossenschaften;

e) Förderung des gewerblichen Unterrichtswesens;

f) Förderung der Arbeitsvermittlung und des Herbergswesens bezüglich der dem Verbande angehörenden Verbände und Genossenschaften;

g) Förderung des Krankenversicherungs- und Unterstützungswesens für Mitglieder und Angehörige der Verbandsgenossenschaften;

h) Förderung der Invaliditätsunterstützung für erwerbsunfähig gewordene Mitglieder und Angehörige der Verbandsgenossenschaften;

i) Förderung des Arbeitsvermittlungswesens für die im Verbande vertretenen Gewerbe;

k) Förderung der ökonomischen Beschaffung der Rohstoffe, der Erleichterung des Kredites und der technischen Vervollkommnung des Betriebes bezüglich der den Verbandsgenossenschaften angehörigen Gewerbe;

l) Förderung des Absatzes der Erzeugnisse der den Verbandsgenossenschaften angehörigen Gewerbe;

m) Erstattung von Auskünften und Gutachten an die Behörden und deren Organe gemäß den Bestimmungen der Gewerbeordnung.

§ 3. Mittel

Die Erreichung des Zweckes des Verbandes wird angestrebt:

a) Durch Eingaben, Vorschläge und Gutachten an die Behörden und Vertretungskörper, und zwar entweder für sich allein oder mit anderen Verbänden oder auch mit nicht zum Verbande gehörigen Genossenschaften in Bezug auf die Gewerbegesetzgebung im allgemeinen und auf die gesetzliche Regelung der Verhältnisse der Gewerbegenossenschaften im besonderen;

b) durch regelmäßigen Verkehr der Verbände und Genossenschaften untereinander;

c) durch Inspizierung der dem Verbande angehörigen Genossenschaften, insbesondere bezüglich der von den letzteren getroffenen Vorsorge für ein geordnetes Lehrlingswesen, für eine geregelte Arbeitsvermittlung und für das gewerbliche Bildungswesen;

d) durch gemeinsame Beratungen über die Interessen des Gewerbestandes als solchen oder der Gewerbegenossenschaften;

e) durch Anbahnung eines gleichartigen Vorgehens der Genossenschaften in allen genossenschaftlichen Angelegenheiten, insbesondere in Bezug auf das Lehrlingswesen, die Arbeitsvermittlung, die genossenschaftlichen Krankenkassen und die Errichtung gewerblicher Fortbildungsschulen;

f) durch Einführung einer gleichartigen genossenschaftlichen Amtierung, durch Benützung gleichartiger Behelfe, Drucksorten usw.;

g) durch Errichtung oder Subventionierung von gewerblichen Fach- und Fortbildungsschulen, Fachkursen und anderen gewerblichen Bildungsanstalten;

h) durch Abhaltung von Wanderversammlungen mit Vorträgen über gewerbliche und volkswirtschaftliche Fragen an verschiedenen Orten des Verbandssprengels;

i) durch Führung von statistischen Nachweisungen über die dem Verbande angehörigen Verbände und Genossenschaften und Gewerbebetriebe, Veröffentlichung und Verbreitung von Fachschriften und Herausgabe von Fachzeitschriften;

k) durch Veranstaltung von Ausstellungen von kleingewerblichen Erzeugnissen, von Motoren und Arbeitsbehelfen für das Kleingewerbe und von Lehrlingsarbeiten;

l) durch Errichtung besonderer Anstalten für die Arbeitsvermittlung oder durch sonstige Maßregeln zur Herstellung eines geregelten Arbeitsnachweises;

m) durch Anregung und Begründung von wirtschaftlichen Verbindungen, insbesondere von Erwerbs- und Wirtschaftsgenossenschaften zur Beschaffung von Rohstoffen, zur Erleichterung des Kredites, zur Einführung gemeinschaftlichen Maschinenbetriebes, zur Erhaltung gemeinschaftlicher Verkaufsstellen, zur Förderung anderer gemeinschaftlicher Unternehmungen, zu Lieferungen, insbesondere für Staatsbedarf u. dgl.

§ 4. Mitgliedschaft

Mitglied des Verbandes kann jeder Verband und jede einem Fachverbande nicht angehörige Fachgenossenschaft werden, die örtlich oder fachlich in die Kategorie der im § 1 erwähnten Genossenschaften und Verbände fällt.

Die Anmeldung des Beitrittes eines Verbandes oder einer Genossenschaft erfolgt auf Grund des Beschlusses der Verbandsversammlung und ist jedesmal vom Verbandsvorsteher der Aufsichtsbehörde schriftlich bekanntzugeben.

§ 5. Rechte und Pflichten der Mitglieder

Die dem Verbande angehörigen Verbände und Genossenschaften genießen die den Mitgliedern nach diesem Statute zustehenden Rechte. Sie haben insbesondere auch das Recht, durch schriftlichen oder mündlichen Antrag beim Verbandsvorsteher gewerbliche Fragen zur Verhandlung des Verbandsausschusses, bzw. der Verbandsversammlung zu bringen.

Die Mitglieder des Verbandes sind verpflichtet, das Statut des Verbandes genau zu beobachten und den Bestimmungen über die Beiträge zum Verbande nachzukommen.

§ 6. Vertretung des Verbandes

Der Verband wird vertreten durch:

a) Die Verbandsversammlung;
b) den Verbandsausschuß;
c) den Verbandsvorsteher.

§ 7. Verbandsversammlung

Die Verbandsversammlung wird durch die Vertreter der zugehörigen Verbände und Genossenschaften gebildet.

Die einzelnen Genossenschaften bzw. Verbände entsenden bis 50 Mitglieder 2, für je weitere 50 Mitglieder je 1 Vertreter in die Verbandsversammlung, doch wird die Höchstzahl der von einer Körperschaft zu entsendenden Vertreter mit 5 bestimmt. Die von den betreffenden Verbands- (Genossenschafts-) Versammlungen gewählten Vertreter sind innerhalb dreier Tage nach erfolgter Wahl dem Verbandsvorsteher namhaft zu machen. Eine Stimmenübertragung ist nicht zulässig. Die Vertreter haben sich bei der Verbandsversammlung durch die von ihrer Genossenschaft ausgefertigte Legitimation auszuweisen.

§ 8. Einberufung der Verbandsversammlung

Die Verbandsversammlung, welche vom Verbandsvorsteher einberufen wird, tritt jährlich wenigstens einmal zusammen. Sie ist auch dann einzuberufen, wenn der Verbandsvorsteher oder der Verbandsausschuß es für notwendig erachten sowie wenn der dritte Teil der Mitglieder es verlangt.

Die Einberufung der Verbandsversammlung hat mindestens drei Wochen vor ihrer Abhaltung durch Verständigung der einzelnen Genossenschaften zu erfolgen sowie Ort und Zeit der Abhaltung zu enthalten.

Die Tagesordnung ist den Verbänden und Genossenschaften spätestens acht Tage vor der Versammlung bekanntzugeben.

Von der Einberufung ist auch die Aufsichtsbehörde unter Mitteilung der Tagesordnung wenigstens acht Tage vor der Versammlung zu verständigen. Derselben steht das Recht zu, die Versammlung zu untersagen, wenn die Tagesordnung Gegenstände umfaßt, welche nicht mit den Verbandszwecken in Beziehung stehen.

§ 9. Beschlußfähigkeit der Verbandsversammlung

Zur Beschlußfähigkeit der Verbandsversammlung ist die Anwesenheit des dritten Teiles der Vertreter der zugehörigen Genossenschaften erforderlich.

Wenn die einberufene Verbandsversammlung beschlußunfähig geblieben ist, sind die zu derselben erschienenen Mitglieder nach Ablauf einer Wartestunde berechtigt, über die vorliegende Tagesordnung gültig zu beraten und zu beschließen, insofern nicht zur Beschlußfassung über besondere

Angelegenheiten durch das Gesetz oder dieses Statut die Anwesenheit einer bestimmten Anzahl von Mitgliedern festgesetzt ist.

§ 10. Geschäftsordnung der Verbandsversammlung

Für die Geschäftsbehandlung bei der Verbandsversammlung gelten folgende Grundsätze:

a) Der Verbandsvorsteher oder dessen Stellvertreter leiten die Verhandlungen;

b) auf die Tagesordnung sind nur jene Anträge zu bringen, welche sich 14 Tage vor der Verbandsversammlung in den Händen des Verbandsvorstehers befinden;

c) Anträge, welche später eingebracht wurden oder erst in der Verbandsversammlung gestellt werden, sind zuzulassen, wenn ein Drittel der anwesenden Vertreter die Dringlichkeit anerkennt;

d) Änderungen der Statuten können nur dann zur Beratung und Beschlußfassung kommen, wenn dieselben auf der Tagesordnung stehen;

e) für die Wahlen ist die absolute Stimmenmehrheit erforderlich. Wird diese Majorität nicht erzielt, so haben sich die Wähler bei der engeren Wahl auf jene zwei Personen zu beschränken, welche die relativ meisten Stimmen erhalten haben. In Fällen von Stimmengleichheit entscheidet das vom Vorsitzenden zu ziehende Los, wer in die engere Wahl einzubeziehen, bzw. in derselben als gewählt zu betrachten ist;

f) die Beschlüsse werden, soweit in der Gewerbeordnung, bzw. im Statute keine abweichenden Bestimmungen enthalten sind, mit absoluter Stimmenmehrheit gefaßt;

g) die von der Verbandsversammlung gefaßten Beschlüsse sind für alle dem Verband angehörigen Verbände und Genossenschaften bindend;

h) über die Verhandlungen ist ein Protokoll zu führen, welches von dem Vorsitzenden und einem vom Vorsitzenden zu bestimmenden Ausschußmitgliede zu unterzeichnen ist.

§ 11. Wirkungskreis der Verbandsversammlung

In den Wirkungskreis der Verbandsversammlung gehört:

a) Die Beratung und Beschlußfassung über das Verbandsstatut;

b) die Wahl des Verbandsausschusses;

c) die Prüfung und Genehmigung des Rechnungsabschlusses und des Jahresvoranschlages sowie die Verfügung über das Verbandsvermögen;

d) die Bestimmung der Höhe der zur Deckung der Erfordernisse des Verbandes auf die einzelnen Genossenschaften aufzuteilenden Beträge;

e) die Beschlußfassung über die Errichtung einer Verbandskasse für die Mitglieder aller oder mehrerer der zugehörigen Genossenschaften als Trägerin eines Versicherungszwanges. Die Errichtung einer solchen Verbandskasse ist jedoch von der im § 115 h, Alinea 2, des Gesetzes vom 5. Februar 1907, RGBl. Nr. 26, vorgesehenen übereinstimmenden Beschlußfassung (§ 115 c des bezogenen Gesetzes) der betreffenden Genossenschaften abhängig;

f) Die Beschlußfassung über die Errichtung der im § 114, Alinea 2, des bezogenen Gesetzes erwähnten, auf Freiwilligkeit beruhenden Kranken- und Unterstützungskassen und wirtschaftlichen Unternehmungen für Mitglieder sowie Unterstützungsfonds, ferner über die materielle Förderung dieser Einrichtungen aus Mitteln des Verbandes und die Geschäftsteilnahme des letzteren an wirtschaftlichen Unternehmungen;

g) die Beschlußfassung über die Errichtung von Arbeitsvermittlungsstellen für die im Verbande vertretenen Gewerbe;

h) die Beschlußfassung über die allfällige Errichtung von Fachsektionen und Aufstellung der Geschäftsordnung für dieselben;

i) die Systemisierung des besoldeten Hilfspersonals;

k) die Beschlußfassung über den Beitritt zu einem Verbande höherer Ordnung, bezw. über den Austritt aus demselben;

l) die Ausschließung von Verbänden und Genossenschaften aus dem Verbande nach Maßgabe der in diesem Statute enthaltenen Bestimmungen;

m) die Beschlußfassung über die Auflösung des Verbandes.

§ 12. **Errichtung und materielle Förderung der auf Freiwilligkeit beruhenden Kranken- und Unterstützungskassen und wirtschaftlichen Unternehmungen für Mitglieder der dem Verbande angehörenden Genossenschaften sowie Unterstützungsfonds**

Die Errichtung der im § 11, lit. f (§§ 115 x und 130 d des Gesetzes vom 5. Februar 1907, RGBl. Nr. 26) erwähnten, auf Freiwilligkeit beruhenden Kranken- und Unterstützungskassen und wirtschaftlichen Unternehmungen für Mitglieder der dem Verbande angehörenden Genossenschaften sowie Unterstützungsfonds kann von der Verbandsversammlung nur, nachdem der Gegenstand in der Tagesordnung dieser Versammlung genau angegeben und mit der Tagesordnung vorher gehörig verlautbart worden ist, mit einer Majorität von drei Vierteln sämtlicher anwesenden Vertreter der zugehörigen Genossenschaften beschlossen werden.

Die materielle Förderung dieser Einrichtungen aus den Mitteln des Verbandes sowie die Geschäftsteilnahme des letzteren an wirtschaftlichen Unternehmungen kann die Verbandsversammlung mit der im Absatze I angegebenen Majorität nur dann beschließen, wenn die Anwesenheit wenigstens der Hälfte der Vertreter der zugehörigen Genossenschaften konstatiert ist.

Für die vorstehende Bestimmung ist die Zahl der Vertreter der zugehörigen Genossenschaften am Tage der Einberufung der Versammlung maßgebend.

Kommt zu einer solchen Versammlung des Verbandes die beschlußfähige Anzahl der Vertreter der zugehörigen Genossenschaften nicht zusammen, so ist innerhalb des Zeitraumes von vier Wochen eine neue Versammlung mit derselben Tagesordnung einzuberufen, welche gleichfalls nur unter den vorstehenden Modalitäten gültige Beschlüsse fassen kann. Auf diese Bestimmungen muß bei dieser neuen Einberufung ausdrücklich hingewiesen werden.

Die Beschlußfassung des Verbandes über die im Absatz 2 bezeichneten Gegenstände unterliegt der Genehmigung der politischen Landesbehörde.

Zur aktiven Beteiligung an den im Absatz 1 erwähnten wirtschaftlichen Unternehmungen kann, außer in Fällen wo derlei Anlagen aus öffentlichen Rücksichten errichtet oder angeordnet werden, kein Mitglied oder Angehöriger der zugehörigen Genossenschaften wider seinen Willen herangezogen werden.

Die im Absatz 1 erwähnten Kranken- und Unterstützungskassen werden nach den Vorschriften des Vereinspatentes vom 26. November 1852, RGBl. Nr. 253 und der MinV. vom 7. März 1921 BGBl. Nr. 141 (Versicherungsregulative) errichtet.

§ 13. **Verbandsausschuß**

Die Verbandsversammlung wählt aus ihrer Mitte auf die Dauer von drei Jahren einen Verbandsausschuß.

Dieser besteht aus sechs Mitgliedern und ebensoviel Ersatzmitgliedern und wird in der Art zusammengesetzt, daß sämtliche dem Verbande angehörenden Genossenschaften angemessen berücksichtigt erscheinen.

Die Ersatzmänner haben für die vorzeitig ausscheidenden sowie die zeitweilig oder dauernd verhinderten Ausschußmitglieder einzutreten.

Wer in einem solchen Falle als Ersatzmann einzutreten hat, bestimmt der Verbandsausschuß durch das Los.

Die Funktion der Ausschußmitglieder ist ein Ehrenamt. Jedoch können denselben die im Interesse des Verbandes gemachten notwendigen Barauslagen sowie längere Zeitversäumnisse vergütet werden.

Von der Zusammensetzung des Ausschusses sowie von den in demselben eintretenden Veränderungen ist der Aufsichtsbehörde die Anzeige zu erstatten.

§ 14. Geschäftsführung des Verbandsausschusses

Der Verbandsausschuß wählt aus seiner Mitte auf die Dauer von drei Jahren einen Vorsteher und dessen Stellvertreter, für deren Wahl die Bestimmungen des § 10, lit. e, sinngemäße Anwendung finden.

Zu den Sitzungen des Verbandsausschusses, welche nach Erfordernis veranlaßt werden, sind sämtliche Mitglieder desselben von dem Verbandsvorsteher einzuberufen.

Zu einer gültigen Beschlußfassung ist mindestens die Anwesenheit von drei Ausschußmitgliedern und außerdem des Verbandsvorstehers oder dessen Stellvertreters erforderlich.

Die Beschlüsse werden mit einfacher Stimmenmehrheit gefaßt. Bei Stimmengleichheit gibt die Stimme des Vorsitzenden den Ausschlag.

Über die Verhandlungen ist ein Protokoll zu führen, welches von dem Vorsitzenden und einem vom Vorsitzenden zu bestimmenden Ausschußmitgliede zu unterzeichnen ist.

§ 15. Wirkungskreis des Verbandsausschusses

Der Verbandsausschuß führt die von der Verbandsversammlung gefaßten Beschlüsse aus und besorgt die Geschäfte des Verbandes; in seinen Wirkungskreis gehören alle Angelegenheiten, welche nicht der Verbandsversammlung vorbehalten sind.

Insbesondere obliegt ihm:

a) Die Verwaltung des Verbandsvermögens gemäß den Beschlüssen der Verbandsversammlung;

b) die Einhebung und Verwaltung der Beiträge der Verbandsgenossenschaften;

c) die Erstattung von Auskünften und Gutachten über die im Wirkungskreise des Verbandes liegenden Verhältnisse an die Behörde sowie deren Organe, an die Handels- und Gewerbekammern und anderen hiezu berufenen Körperschaften;

d) die jährliche Zusammenstellung einer Statistik;

e) die Unterstützung der Verbandsgenossenschaften bei Errichtung gemeinnütziger Unternehmungen;

f) die Aufstellung der Tagesordnung für die Verbandsversammlung und die Ausarbeitung der der Versammlung zu machenden Vorlagen und Anträge;

g) die Veröffentlichung von Beschlüssen der Verbandsversammlung und sonstiger Mitteilungen an die Verbandsgenossenschaften;

h) die Bestellung und Entlassung des von der Verbandsversammlung systemisierten Hilfspersonals sowie die Hinausgabe von Instruktionen an dasselbe;

i) die Erstattung der Anzeige an die Aufsichtsbehörde von der Zusammensetzung des Ausschusses und von den dem Verbande angehörigen Verbände und Genossenschaften zu Beginn des Geschäftsjahres, dann die jeweilige Anzeige von den in diesen Verhältnissen eintretenden Veränderungen;

k) die jeweilige Erstattung der Anzeige von der Verlegung des Verbandssitzes sowohl an die bisherige Aufsichtsbehörde als auch an die Aufsichtsbehörde des neuen Verbandssitzes;

l) die alljährliche Vorlage des Jahresberichtes und der Schlußrechnung an die Aufsichtsbehörde.

Der Ausschuß ist berechtigt, im Voranschlage nicht vorgesehene Beträge bis S 50,— gegen nachträgliche Genehmigung der Verbandsversammlung zu verausgaben.

§ 16. Verbandsvorsteher

Der Verbandsvorsteher bzw. sein Stellvertreter vertritt den Verband nach außen, beruft die Ausschußsitzungen und Verbandsversammlungen ein, führt in denselben den Vorsitz und sorgt für die Durchführung der Beschlüsse des Ausschusses und der Verbandsversammlung.

Er übernimmt alle an den Verband oder an den Ausschuß gerichteten behördlichen Erlässe und sonstigen Einläufe, erledigt alle Angelegenheiten, die nicht eine Beschlußfassung des Ausschusses oder der Verbandsversammlung erheischen, besorgt die in den §§ 4 und 25 vorgesehene schriftliche Anzeige an die Aufsichtsbehörde und unterschreibt alle Ausfertigungen.

Er besorgt ferner die Verteilung der Geschäfte an die Mitglieder des Verbandsausschusses und ist berechtigt, die Kassen zu skontrieren, sowie dringende Auslagen bis zum Betrage von S 50,— gegen nachträgliche Genehmigung des Ausschusses zu bewilligen.

§ 17. Schiedsgerichtliche Institution

Bei allen aus dem Verbandsverhältnisse entstehenden Streitigkeiten entscheidet ein Schiedsgericht, welches in der Weise gebildet wird, daß jede der streitenden Parteien aus der Mitte der dem Verbande angehörenden Genossenschaftsmitglieder zwei Schiedsrichter bestimmt und letztere ihrerseits mit absoluter Stimmenmehrheit ein fünftes zum Obmanne wählen. Kommt die absolute Majorität nicht zustande, so benennt der Verbandsvorsteher den Obmann. Das so gebildete Schiedsgericht entscheidet mit einfacher Stimmenmehrheit. Bei Stimmengleichheit gibt die Stimme des Obmannes den Ausschlag.

§ 18. Besoldetes Hilfspersonal

Die Bestellung und Entlassung des von der Verbandsversammlung systemisierten Hilfspersonales erfolgt unter Bedachtnahme auf die hinsichtlich der einzelnen Dienstverhältnisse geltenden Bestimmungen, bzw. Vereinbarungen durch den Verbandsausschuß (§ 15, lit. h).

Zur Leitung der Kanzleigeschäfte und zur Führung der Kassengeschäfte dürfen nur vertrauenswürdige Personen von entsprechender allgemeiner Bildung und sachlicher Erfahrung bestellt werden.

§ 19. Einnahmen des Verbandes

In die Verbandskasse fließen:

a) Die Jahresbeiträge der Verbandsmitglieder;

b) die Erträgnisse des Verbandsvermögens;

c) sonstige außerordentliche Einnahmen und Zuwendungen.

§ 20. Jahresbeiträge der Verbandsgenossenschaften

Die Kosten des Verbandes werden auf die dem Verbande angehörenden Verbände und Genossenschaften nach Maßgabe der Zahl der ihnen mittelbar oder unmittelbar angehörenden Gewerbeinhaber umgelegt.

Über die Höhe der durch Umlagen zu bedeckenden Kosten wird alljährlich für das kommende Jahr in jener Verbandsversammlung Beschluß gefaßt, in welcher der Jahresvoranschlag genehmigt wird.

§ 21. Verwaltung des Verbandsvermögens

Über das gesamte Vermögen des Verbandes ist ein Inventar zu errichten und vom Verbandsvorsteher stets in Ordnung zu halten.

Bei der Verwaltung des Vermögens und Einkommens des Verbandes hat sich der Verbandsausschuß, bzw. der Verbandsvorsteher an den von der Verbandsversammlung genehmigten Voranschlag zu halten.

Das vorhandene Vermögen ist mit Ausnahme einer dem Verbandsvorsteher zu belassenden Handkasse bis S 400,— pupillarsicher anzulegen; die Einlagebücher bzw. Wertpapiere sowie die Barbestände sind vom Verbandsvorsteher und einem Mitgliede des Verbandsausschusses unter Gegensperre in Verwahrung zu nehmen.

Die Verbandsrechnung ist für jedes Jahr, d. i. für die Zeit vom 1. Jänner bis Ende Dezember jedes Jahres abzuschließen, vom Verbandsvorsteher zu fertigen und nach Überprüfung durch den Verbandsausschuß der auf den Rechnungsabschluß zunächst folgenden Verbandsversammlung vorzulegen.

Nach Richtigstellung allfälliger Mängel ist der Abschluß zur Einsichtnahme beim Verbandsvorsteher durch 14 Tage vor der Verbandsversammlung aufzulegen.

§ 22. Jahresbericht und Schlußrechnung des Verbandes

Alljährlich sind der Gewerbebehörde ein Bericht über die Jahresversammlung sowie eine Schlußrechnung über die Einnahmen und Ausgaben des Verbandes vorzulegen, welche vom Verbandsvorsteher und zwei Ausschüssen gefertigt sein muß.

§ 23. Beaufsichtigung

Die Aufsicht über den Verband wird von der Gewerbebehörde, in deren Bezirk sich der Sitz des Verbandes befindet, ausgeübt.

Dieselbe kann zur Überwachung eines gesetzmäßigen Vorganges beim Verbande einen eigenen Kommissär bestellen und hat über Beschwerden gegen Beschlüsse der Verbandsversammlung oder des Ausschusses, welche binnen 14 Tagen einzubringen sind, nach Einvernehmung beider Teile die Entscheidung zu treffen.

§ 24. Austritt und Ausschluß aus dem Verbande

Der Austritt aus dem Verbande steht jedem Verbande und jeder Genossenschaft frei; doch ist dem Verbandsausschusse davon schriftlich Mitteilung zu machen und zugleich der etwa noch rückständige Jahresbeitrag zu entrichten. Der Wiedereintritt in den Verband steht jederzeit frei.

Der Ausschluß eines Verbandes oder einer Genossenschaft kann wegen Nichtzahlung ihres Beitrages durch einfachen Mehrheitsbeschluß der Verbandsversammlung, aus anderen Gründen aber nur mit Zwe drittel Stimmenmehrheit der letzteren erfolgen.

Jeder Austritt sowie jeder Ausschluß eines Verbandes oder einer Genossenschaft ist vom Verbandsvorsteher der Aufsichtsbehörde schriftlich bekanntzugeben.

§ 25. Änderung des Statutes

Änderungen des Statutes beschließt die Verbandsversammlung mit Zweidrittelmehrheit, jedoch nur, wenn der betreffende Antrag ordnungsmäßig auf die Tagesordnung gebracht wurde.

Die Änderungen des Verbandsstatutes unterliegen der Genehmigung des Bundesministeriums für Handel und Verkehr.

§ 26. Auflösung

Die Auflösung des Verbandes kann von der Verbandsversammlung jederzeit mit Zweidrittelmehrheit beschlossen werden.

Die Verbandsversammlung, welche die Auflösung des Verbandes beschließt, hat zugleich auch über die Verwendung des nach Erfüllung aller Verpflichtungen verbleibenden Verbandsvermögens zu verfügen; doch muß dieses Vermögen einem Zwecke zugeführt werden, welcher den Gewerbetreibenden des Verbandssprengels oder ihren Hilfsarbeitern zu gute kommt. Eine Verteilung des Vermögens unter die Verbandsgenossenschaften ist unstatthaft.

Bei wiederholt vorgekommenen Gesetzwidrigkeiten kann die Auflösung des Verbandes von der politischen Landesbehörde verfügt werden.

Gegen den Auflösungsbescheid steht dem Verbandsvorsteher binnen der Frist von 14 Tagen der Rekurs an das Bundesministerium für Handel und Verkehr zu.

Siegel der Genossenschaft

Maringer
in Linz
Vorsteher

Bundesministerium für Handel und Verkehr.

Z. 66055 — 12. 27.

Wird im Grunde des § 190 I GewO. genehmigt.

19. Februar 1927.

Siegel des Handelsministeriums

Für den Bundesminister:
Unterschrift unleserlich.

GPSR Compliance

The European Union's (EU) General Product Safety Regulation (GPSR) is a set of rules that requires consumer products to be safe and our obligations to ensure this.

If you have any concerns about our products, you can contact us on ProductSafety@springernature.com

In case Publisher is established outside the EU, the EU authorized representative is:

Springer Nature Customer Service Center GmbH
Europaplatz 3
69115 Heidelberg, Germany

Batch number: 10682323

Printed by Printforce, the Netherlands